连续管工程失效与安全评定

Engineering Failure and Safety Assessment of Coiled Tubing

刘少胡 等 著

科学出版社

北 京

内 容 简 介

连续管工程失效是制约连续管发展的瓶颈问题。本书集连续管工程失效理论研究、实验研究和数值模拟研究于一体，是在当前国内外连续管工程最新技术的基础上，对作者长期从事连续管工程失效和安全评定研究最新成果的总结。本书主要内容包括连续管腐蚀失效、冲蚀磨损失效、疲劳裂纹萌生与扩展、疲劳寿命评估、基于极限承载的安全评定、基于数据驱动的安全评定等。

本书可供石油工程技术和石油机械领域的大专院校、科研院所的工程研究人员阅读，也可供相关专业的本科生、研究生参考使用。

图书在版编目(CIP)数据

连续管工程失效与安全评定 / 刘少胡等著. -- 北京：科学出版社，2025.3. -- ISBN 978-7-03-081220-9

Ⅰ. TE973

中国国家版本馆 CIP 数据核字第 20254VN011 号

责任编辑：罗 莉 刘莉莉 / 责任校对：彭 映
责任印制：罗 科 / 封面设计：墨创文化

科学出版社 出版
北京东黄城根北街16号
邮政编码：100717
http://www.sciencep.com

四川煤田地质制图印务有限责任公司 印刷
科学出版社发行 各地新华书店经销
*
2025 年 3 月第 一 版 开本：787×1092 1/16
2025 年 3 月第一次印刷 印张：18
字数：427 000
定价：228.00 元
(如有印装质量问题，我社负责调换)

序

　　石油与天然气行业是我国国民经济的支柱产业，直接关系到工业的稳定增长和国家能源安全。连续管工程技术是实现油气高效开发的关键技术之一，已广泛应用于气举、排液、冲砂、解堵、压裂、射孔、测井、钻磨、修井和钻井等多个领域。经过多年的发展，我国连续管工程技术整体水平已显著提升。然而，随着油气开发逐步向超深层推进、水平段长度不断增加以及作业环境日益复杂，连续管作为"小管径、薄管壁、低刚度、长柔管"的特殊装备，面临着更加严峻的挑战，失效形式也愈加多样化。

　　长江大学油气装备研究所团队长期致力于连续管装备和工程技术的研究，针对连续管在实际工况中的复杂问题，开展了多项深入研究，取得了重要成果：①腐蚀失效预测：通过对低碳合金连续管和耐蚀连续管在氢致开裂、CO_2 腐蚀和应力腐蚀条件下的系统分析，建立了连续管腐蚀失效的预测模型，为防腐设计和失效预防提供了科学依据。②磨损机制研究：深入研究了连续管在多种工况下的内壁冲蚀磨损及外壁摩擦磨损行为，揭示了其磨损规律，并提出了绿色高效的减摩抗磨方法，具有显著的工程应用价值。③疲劳失效分析：通过开展连续管母材和焊缝的原位疲劳试验，结合扩展有限元模拟，系统研究了连续管的疲劳失效机制，总结了弯曲、内压、拉伸等多载荷作用下的裂纹扩展规律，为延缓裂纹萌生与扩展提供了理论支持。④疲劳寿命评估：针对连续管在弯曲形态下受弯矩、扭矩、内压等多种载荷组合的影响，进行了受力分析，同时综合考虑表面缺陷的形状、尺寸、数量及分布，建立了适用于多种工况的高精度低周疲劳寿命预测模型，为连续管的延寿设计奠定了理论基础。⑤服役管理策略：在极限载荷条件下分析连续管的受力情况，提出了基于累计生存率和服役风险的管理策略，并利用机器学习算法评估影响连续管寿命的敏感参数，为连续管的安全应用提供了科学依据。

　　该书的出版不仅对提升我国连续管作业能力具有重要的借鉴意义，也为从事油气开采和机械工程领域的科研人员及工程技术人员提供了宝贵的参考。作为一名从事油气钻采装备教学与研究的一线人员，我在审阅本书后深感受益匪浅，特此推荐给所有关注石油工程领域，特别是致力于连续管作业技术及装备研究的同行参考使用。

2025 年 3 月 12 日

前　言

连续管是一种强度高和塑性好的低碳微合金钢管。自 1962 年美国加利福尼亚石油公司和波恩石油工具公司研发并应用了首套真正意义上的连续管装备以来，连续管技术不断发展。目前，连续管的单根长度可达几千至上万米，屈服强度在 368MPa 至 1050MPa 之间，直径范围为 19.1～88.9mm，壁厚范围为 1.78～7.62mm。相较于传统管柱，连续管具备通过性好、作业效率高、带压作业能力强以及可连续起下等特点，因此被广泛应用于钻井、测井、修井、完井、气举、压裂和油气集输等多个石油工程领域，并以其多功能性和高效性而享有"万能作业机"的美誉。目前，连续管作业技术在全球石油工程领域中占据了不可替代的优势地位。

随着连续管及其配套设备的不断丰富和完善，连续管在工程领域的应用范围不断扩大，使用数量也日益增加。然而，连续管面临的挑战也在不断加剧：作业环境变得越来越恶劣，服役工况日益复杂，这导致了连续管的失效形式越来越多、失效概率越来越高。连续管失效主要包括腐蚀、机械损伤、制造缺陷和人为误操作，这四种原因引起的连续管失效数合计占连续管失效总数的 80%～90%。此外，连续管在非工作时间被缠绕在滚筒上，作业时则经过鹅颈管和注入头进入井筒，作业完成后再回缠。这意味着在一次起下过程中，连续管至少经历 6 次弯直塑性大变形，塑性应变高达 3%。同时，连续管还要承受内压、拉伸和扭矩等多种载荷，这进一步加剧了失效的风险。因此，为了应对连续管在现场作业中面临的问题，需要重点研究连续管在不同工况下的失效机制，并建立可靠的连续管安全评估系统。这对预防连续管失效和推动连续管技术的发展具有重要的意义。

本书总结和展示了作者团队在连续管工程失效及安全评定方面的最新成果。全书共分为 10 章，主要内容包含连续管装备、作业载荷及失效形式的介绍，腐蚀、冲蚀磨损、摩擦磨损、裂纹萌生和扩展、疲劳等失效分析，以及集过载保护、数据驱动和作业工况于一体的安全评定体系。

第 1～2 章为基础介绍部分。第 1 章连续管装备与工程，详细阐述连续管作业系统的关键部件以及典型井下工具的结构和工作原理，并介绍当前连续管的典型作业工况。第 2 章连续管失效与作业载荷，展示国内外连续管工程失效的相关案例，系统总结连续管在实际工况下所承受的作业载荷类型，以及在生产、运输和作业过程中出现的失效形式。

第 3～6 章为连续管的失效规律分析部分。第 3 章连续管腐蚀失效，通过室内试验和模拟现场试验等方法，对比低碳微合金钢连续管和耐蚀合金连续管的抗氢致开裂和抗应力腐蚀方面的能力。同时，结合 CO_2 腐蚀试验与有限元模拟，分析母材和焊缝、完整管和含缺陷连续管的抗腐蚀性能，并基于 BP 神经网络建立连续管腐蚀速率预测模型。第 4 章连续管冲蚀磨损失效，通过理论推导建立连续管壁厚损失模型和剩余使用寿命模型；利用有限元法，分析在不同影响因素下，连续管内外壁的冲蚀磨损规律；并分别考虑缺陷参数和焊肉结构参数对连续管冲蚀磨损的影响。第 5 章连续管与套管摩擦磨损，系统研究温度和润滑介质对连续管与套管之间磨损情况的影响；并进一步探讨生物润滑剂在减磨效果方面的作用；基于响应面法对 Archard 模型进行修正，建立适用于连续管与套管的摩擦磨损模型。第 6 章连续管裂纹萌生与扩展，结合原位疲劳试验法和电子背散射衍射 (EBSD) 等表征技术，揭示连续管母材和焊缝在抗疲劳裂纹萌生和扩展能力上的差异机理；基于 Python 语言对 Abaqus 进行二次开发，研究在不同影响因素下，连续管的裂纹萌生规律；同时分析无预置裂纹缺陷处的裂纹自然萌生及萌生后扩展规律。

第 7～10 章为连续管作业的安全评定部分。第 7 章完整连续管疲劳寿命评估，结合实验法、有限元法和理论研究，通过编制相关软件，清晰展示弯曲半径、壁厚和内压对连续管纯低周弯直疲劳寿命的影响；同时，进一步揭示连续管扭转疲劳的影响因素，并建立在弯、扭、内压组合下的连续管疲劳寿命预测模型。第 8 章含缺陷连续管疲劳寿命评估，重点研究球形缺陷、槽形缺陷和锥形缺陷的形状、位置及数量对连续管疲劳寿命的影响。基于研究结果，分别建立三种缺陷的疲劳寿命预测模型。第 9 章基于极限承载的连续管安全评定，建立拉伸载荷、弯曲位移和内压载荷复合作用下的连续管极限承载理论模型；研究内压和复合载荷对连续管直径增长的影响规律；最后，分析含缺陷连续管的极限承载能力，为连续管的安全评定提供了重要参考。第 10 章基于数据驱动的连续管安全评定，利用 Kaplan-Meier 单因素分析法和 Cox 比例风险模型，分析连续管的服役安全；基于 BP 神经网络，结合粒子群优化算法进行优化，运用灰色关联度法对数据进行处理，建立多种影响因素下的疲劳寿命预测模型。

本书主要由长江大学撰写完成，参与撰写、统稿的人员有刘少胡、马卫国、钟虹、曲宝龙、杨洋、张磊、雷磊、吴远灯、朱克勤、周浩、刘元亮、吴文闯、侯如意、黄瑞等。中国石油集团宝石管业有限公司毕宗岳、鲜林云、李博锋等，西南石油大学郑华林、张益维、肖晖、钟林等，中石化江汉石油工程有限公司页岩气开采技术服务公司张国锋、赵勇、江强等，中石油江汉机械研究所有限公司曾永锋、周忠诚等，中国石油集团西部钻探工程有限公司井下作业公司娄增和信达科创(唐山)石油设备有限公司段建良参与本书撰写。

本书的完成得益于产学研深度协同创新：长江大学联合中国石油集团宝石管业有限公司、西南石油大学、中石化江汉石油工程有限公司页岩气开采技术服务公司、中国石油集团西部钻探工程有限公司井下作业公司、中石油江汉机械研究所有限公司和信达科创(唐山)石油设备有限公司等七家单位组建跨学科攻关团队，在国家自然科学基金(NO.51604039、NO.51974036、NO.52374002)、湖北省首届青年拔尖人才项目、湖北省高等学校优秀中青年科技创新团队项目(NO.T2021035)等课题支持下，完成理论突破-方法创新-工程验证的全链条研究。

鉴于油气工程技术的快速演进，书中部分前沿方向的研究仍存在深化空间。由于撰写人员的基础理论研究和工程实践具有一定的局限性，加上时间有限，书中难免存在疏漏与不足，恳请广大读者不吝赐教，多批评指正，以便在今后的工作中加以修正和完善。

目 录

第1章 连续管装备与工程

本章概述连续管作业机的主要组成部分，包括注入头、导向器、滚筒、连续管、控制室等，并详细介绍它们的结构组成及工作原理，以便读者宏观地认识连续管装备。同时以典型的连续管钻磨桥塞作业为案例，优选连续管及作业装备，初步了解连续管作业过程。连续管装备及工程概述，为连续管工程失效研究奠定基础。

1.1 连续管作业机关键部件

连续管的起源可追溯到 20 世纪 40 年代第二次世界大战期间盟军的"PLUTO"计划，该计划在英吉利海峡铺设一条海底输油管道。这条输油管道由 23 条管线组成，管线由内径为 76.2mm、对缝焊接而成的连续钢管制成。1962 年，美国加利福尼亚石油（California Oil）公司和波恩石油工具（Bowen Oil Tools）公司联合研制了第一台连续管轻便修井装置，所用连续管外径为 33.4mm，主要用于墨西哥海湾油气井的冲砂洗井作业。进入 20 世纪 90 年代，连续管作业机（coiled tubing unit，CTU）迅猛发展，并广泛应用于修井、钻井、完井、测井等作业，涵盖了油气勘探、开发和生产的全过程，被誉为"万能作业机"[1,2]。

如图 1.1 所示，连续管作业机一般采用车载移动结构，主要由注入头、导向器、滚筒、连续管、控制室等部件组成，包含井口压力控制、动力与控制以及数据采集等系统。

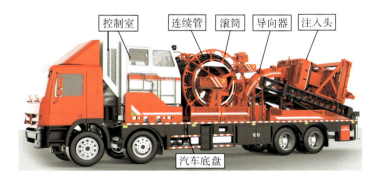

图 1.1 连续管作业机

1.1.1 注入头及导向器

注入头的主要作用是将连续管持续输送至井下进行作业，并且在作业完成后顺利回收连续管。注入头夹紧系统是整个注入头的核心区域，夹紧系统从功能上分夹紧与传动两部分。在作业过程中，现场工作人员根据经验与推荐的负载与夹紧、张紧曲线图对夹紧油缸以及张紧油缸进行实时调整。注入头对连续管的上提与下放功能，是由夹紧与传动两个部分协调实现。夹紧油缸推动夹紧推板进而传递到卡瓦上实现连续管夹持动作。传动系统通过滚子链的传动带动卡瓦实现连续管连续地上升或下放。

注入头导向器即鹅颈，主要作用是引导连续管进入夹紧系统。因连续管通常采用钢质材料，具备一定的韧性，因此合理的鹅颈结构可以降低连续管磨损风险，增加连续管使用寿命。注入头鹅颈系统一般由四个部分构成，分别是鹅颈主体组件、鹅颈折叠组件、鹅颈支撑组件及鹅颈液压系统。在作业过程中连续管从滚筒至鹅颈折叠组件，通过开角的鹅颈折叠组件及两个尼龙导向辊子实现初步定位，再通过鹅颈上滚轮实现精确导向。在设计时需考虑整体强度、高空作业安全性、结构紧凑性等因素。

1.1.2　滚筒

连续管滚筒作为连续管作业机的核心部分，在作业过程中发挥着重要的作用。滚筒由筒芯和边凸缘组成，其转动由液压马达控制。液压马达在连续管起下时能够在油管上保持一定的拉力，确保连续管紧绕在滚筒上。滚筒前上方装有排管器和计数器，排管器控制连续管整齐排列，计数器用于记录连续管的下入和起点的长度。滚筒所能缠绕连续管的长度和直径的大小主要取决于滚筒的外径、宽度、滚筒筒芯的直径、运输设备及公路承载能力的要求等。

1.1.3　井口压力控制系统

连续管作业设备的井口压力控制系统主要由两部分组成，为四闸板防喷器组和注入头下部防喷盒(填料盒)。

四闸板防喷器组是连续管作业机的重要组成部分，所有连续管作业中都应安装。该装置包括四套液压驱动防喷芯子。四套液压驱动防喷芯子自上而下为：全封闸板总成、剪切闸板总成、卡瓦闸板总成和半封闸板总成。全封闸板总成用于失控时在地面封井，芯子的弹性密封元件彼此关紧实现全封闭式密封，全封时油管或其他物件不得穿过芯座。剪切闸板总成用于防喷器以下的油管卡死时或有其他需要(如作为生产管柱或虹吸管悬挂)时机械剪断油管。在需要剪断时，剪切闸板围拢油管并加压，使油管受剪切而断开。卡瓦闸板总成装有卡瓦，用于支撑管柱重量。另外当卡瓦关闭时，芯子内缘与连续管外缘压实将管子固定，以防止井内高压把油管从井内冲出。半封闸板总成用于把连续管外环空与大气隔离，其密封弹性元件与油管外径相匹配，当芯子关闭时，实现油管外环空的密封。

在连续管进出井口的过程中，防喷盒能够有效地密封连续管周围环空压力，防止油、气、水等的溢出，从而避免油气资源浪费和环境污染。这一设备不仅保障了作业顺利进行，还确保了人员安全，是连续管作业中的重要井控设备。

1.1.4　动力与控制系统

连续管作业机动力系统来自底盘发动机。底盘发动机通过传动轴驱动分动箱,分动箱带有液压泵,分别驱动防喷器、滚筒、排管器、注入头、辅助液路等。连续管作业机所有传动为液压传动,具体回路有防喷器液压系统、先导控制液压系统、滚筒液压系统、排管器液压系统、辅助液压系统、注入头液压系统等。

1.1.5　数据采集系统

连续管作业机配备了相应的数据采集系统,可显示和记录其工作参数。数据采样速率足以显示和记录相关参数的变化过程,同时可在现场进行实时数据分析,如注入头指重参数是连续管作业最重要的指标之一。在作业期间,注入头指重参数实时变化,现场作业人员根据这些参数变化判断施工情况。在注入头作业过程中,可以将整个主箱体及夹紧系统视为一个整体,在进行连续管下放作业时,注入头对连续管持续施加方向向下的力。由于主箱体一侧与底座铰链连接作为支点,可以将注入头对连续管施加的向下力比例换算至指重传感器位置,进而实时反馈注入头连续管下放载荷(管重)。在进行连续管提升作业时,注入头对连续管持续施加方向向上的力,与下放作业原理相同,同样可以实时反馈注入头连续管提升载荷(管轻)。

1.1.6　连续管

1. 连续管分类

按材质,连续管可分为低碳微合金钢连续管、耐蚀合金连续管、非金属连续管。低碳微合金钢连续管是目前市场上应用量最大的连续管产品,按照国家标准《连续油管》(GB/T 34204—2017)[3],目前钢级主要包括 CT55、CT60、CT70、CT80、CT90、CT100、CT110。近年来,根据国内外深井和高压井作业需求,中国石油宝鸡石油钢管有限责任公司(以下简称宝鸡钢管公司)又陆续开发了超高强度连续管产品,钢级包括 CT120、CT130、CT140、CT150,对应的最低屈服强度等级从 827MPa 到 1035MPa,其中 CT150 是目前全球强度等级最高的连续管产品。耐蚀合金连续管是适用于含有 H_2S、CO_2、Cl^- 等腐蚀介质井况的连续管,目前材质主要有 2205 双相不锈钢,316L、18Cr 奥氏体不锈钢以及抗硫化氢 80S/SS、90S/SS 等。与低碳微合金钢相比,耐腐蚀连续管腐蚀速率可大幅降低。非金属连续管由聚合物内衬层、金属和/或非金属材质的结构层和外保护层构成,具有良好的柔性、抗腐蚀性、耐磨性、质量轻等特点。

按结构,连续管可分为单通道连续管、多通道连续管、变壁厚连续管及内置电缆连续管。变壁厚连续管是管体外径不变,壁厚沿长度方向按一定规律变化的连续管产品。多通道连续管是指截面存在多个流体单元,各单元之间相互独立,可单独控制的连续管。内置电缆连续管是将信号缆、动力缆、光纤等使用专用设备或方法注入连续管，以实现在油田作业中的应用。

按用途，连续管可分为工作管柱、完井管柱等。工作管柱是指广泛应用于钻井、测井、修井等油气井作业的连续管。完井管柱是指悬挂于井筒内，用于天然气、油生产的连续管。连续管还可以作为管线管，用于地面、海洋的油气、水等流体输送。

2. 连续管规格

按照国家标准《连续油管》（GB/T 34204—2017），连续管外径范围为19.1～88.9mm，对应的壁厚范围为2.0～7.6mm。表1.1为连续管尺寸、单位长度质量和产品出厂前静水压试验压力。按照标准规定，表中最小静水压试验压力不高于116.8MPa。

表 1.1 连续管尺寸、单位长度质量和最小静水压试验压力

尺寸/in 或尺寸代号	外径 D/mm	壁厚/mm		单位长度质量 W_{pe} /(kg/m)	计算内径 ID/mm	最小静水压试验压力/MPa										
		规定值 t	最小值 t_{min}			CT55	CT60	CT70	CT80	CT90	CT100	CT110	CT120	CT130	CT140	CT150
0.750	19.1	2.0	1.9	0.85	15.0	60.7	66.2	77.2	88.3	99.3	103.4	103.4	103.4	103.4	103.4	103.4
	19.1	2.1	2.0	0.88	14.8	63.1	68.8	80.3	91.8	103.3	103.4	103.4	103.4	103.4	103.4	103.4
	19.1	2.2	2.1	0.92	14.6	66.6	72.4	84.4	96.5	103.4	103.4	103.4	103.4	103.4	103.4	103.4
	19.1	2.4	2.3	0.99	14.2	72.8	79.4	92.7	103.4	103.4	103.4	103.4	103.4	103.4	103.4	103.4
	19.1	2.6	2.5	1.05	13.9	78.5	85.6	99.9	103.4	103.4	103.4	103.4	103.4	103.4	103.4	103.4
1.000	25.4	1.9	1.8	1.10	21.6	42.5	46.3	54.1	61.8	69.5	77.2	84.9	92.7	100.5	103.4	103.4
	25.4	2.0	1.9	1.17	21.3	45.5	49.6	57.9	66.2	74.5	82.7	91.0	99.3	103.4	103.4	103.4
	25.4	2.1	2.0	1.21	21.2	47.3	51.6	60.2	68.8	77.4	86.0	94.7	103.2	103.4	103.4	103.4
	25.4	2.2	2.1	1.26	21.0	49.8	54.3	63.3	72.4	81.4	90.5	99.5	103.4	103.4	103.4	103.4
	25.4	2.4	2.3	1.37	20.6	54.6	59.6	69.5	79.4	89.4	99.3	103.4	103.4	103.4	103.4	103.4
	25.4	2.6	2.5	1.46	20.2	58.9	64.2	74.9	85.6	96.3	103.4	103.4	103.4	103.4	103.4	103.4
	25.4	2.8	2.6	1.55	19.9	63.1	68.8	80.3	91.8	103.3	103.4	103.4	103.4	103.4	103.4	103.4
	25.4	3.0	2.8	1.66	19.4	66.7	72.8	84.9	97.1	103.4	103.4	103.4	103.4	103.4	103.4	103.4
	25.4	3.2	3.0	1.74	19.1	71.0	77.4	90.3	103.3	103.4	103.4	103.4	103.4	103.4	103.4	103.4
	25.4	3.4	3.2	1.85	18.6	76.4	83.4	97.3	103.4	103.4	103.4	103.4	103.4	103.4	103.4	103.4
1.250	31.8	1.9	1.8	1.40	27.9	34.0	37.1	43.2	49.4	55.6	61.8	68.0	74.1	80.2	86.4	92.6
	31.8	2.0	1.9	1.49	27.7	36.4	39.7	46.3	53.0	59.6	66.2	72.8	79.4	86.0	92.7	99.4
	31.8	2.2	2.1	1.61	27.3	39.8	43.4	50.7	57.9	65.1	72.4	79.6	86.8	94.0	101.0	103.4
	31.8	2.4	2.3	1.75	26.9	43.7	47.7	55.6	63.5	71.5	79.4	87.4	95.3	103.2	103.4	103.4
	31.8	2.6	2.5	1.86	26.6	47.1	51.4	59.9	68.5	77.0	85.6	94.2	102.7	103.4	103.4	103.4
	31.8	2.8	2.6	1.98	26.2	50.5	55.1	64.2	73.4	82.6	91.8	101.0	103.4	103.4	103.4	103.4
	31.8	3.0	2.8	2.13	25.8	53.4	58.2	68.0	77.7	87.4	97.1	103.4	103.4	103.4	103.4	103.4
	31.8	3.2	3.0	2.24	25.4	56.8	62.0	72.3	82.6	92.9	103.4	103.4	103.4	103.4	103.4	103.4
	31.8	3.4	3.2	2.38	24.9	61.2	66.7	77.8	89.0	100.1	103.4	103.4	103.4	103.4	103.4	103.4
	31.8	3.7	3.5	2.55	24.4	66.5	72.5	84.6	96.7	103.4	103.4	103.4	103.4	103.4	103.4	103.4
	31.8	4.0	3.8	2.72	23.8	71.8	78.4	91.4	103.4	103.4	103.4	103.4	103.4	103.4	103.4	103.4
	31.8	4.4	4.2	2.99	22.9	81.1	88.4	103.2	103.4	103.4	103.4	103.4	103.4	103.4	103.4	103.4

尺寸/in 或尺寸代号	外径 D/mm	壁厚/mm		单位长度质量 W_{pe}/(kg/m)	计算内径 ID/mm	最小静水压试验压力/MPa										
		规定值 t	最小值 t_{min}			CT55	CT60	CT70	CT80	CT90	CT100	CT110	CT120	CT130	CT140	CT150
1.500	38.1	2.2	2.1	1.96	33.7	33.2	36.2	42.2	48.2	54.3	60.3	66.3	72.4	78.5	84.5	90.6
	38.1	2.4	2.3	2.12	33.3	36.4	39.7	46.3	53.0	59.6	66.2	72.8	79.4	86.1	92.8	99.4
	38.1	2.6	2.5	2.27	32.9	39.2	42.8	49.9	57.1	64.2	71.3	78.5	85.6	92.8	99.7	103.4
	38.1	2.8	2.6	2.41	32.6	42.1	45.9	53.5	61.2	68.8	76.5	84.1	91.8	99.5	103.4	103.4
	38.1	3.0	2.8	2.59	32.1	44.5	48.5	56.6	64.7	72.8	80.9	89.0	97.1	103.4	103.4	103.4
	38.1	3.2	3.0	2.73	31.8	47.3	51.6	60.2	68.8	77.4	86.0	94.7	103.2	103.4	103.4	103.4
	38.1	3.4	3.2	2.91	31.3	51.0	55.6	64.9	74.1	83.4	92.7	101.9	103.4	103.4	103.4	103.4
	38.1	3.7	3.5	3.13	30.7	55.4	60.5	70.5	80.6	90.7	100.8	103.4	103.4	103.4	103.4	103.4
	38.1	4.0	3.8	3.34	30.2	59.9	65.3	76.2	87.1	98.0	103.4	103.4	103.4	103.4	103.4	103.4
	38.1	4.4	4.2	3.69	29.2	67.6	73.7	86.0	98.3	103.4	103.4	103.4	103.4	103.4	103.4	103.4
	38.1	4.8	4.6	3.92	28.5	72.8	79.4	92.7	103.4	103.4	103.4	103.4	103.4	103.4	103.4	103.4
	38.1	5.2	5.0	4.21	27.7	79.3	86.5	100.9	103.4	103.4	103.4	103.4	103.4	103.4	103.4	103.4
1 3/4	44.5	2.4	2.3	2.50	39.6	31.2	34.0	39.7	45.4	51.1	56.7	62.4	68.1	73.7	79.6	85.3
	44.5	2.6	2.5	2.67	39.3	33.6	36.7	42.8	48.9	55.0	61.1	67.3	73.4	79.5	85.5	91.7
	44.5	2.8	2.6	2.85	38.9	36.1	39.3	45.9	52.4	59.0	65.6	72.1	78.7	85.2	91.8	98.4
	44.5	3.0	2.8	3.06	38.5	38.1	41.6	48.5	55.5	62.4	69.3	76.3	83.2	90.1	97.0	103.4
	44.5	3.2	3.0	3.23	38.1	40.6	44.3	51.6	59.0	66.4	73.8	81.1	88.5	95.8	103.3	103.4
	44.5	3.4	3.2	3.45	37.6	43.7	47.7	55.6	63.5	71.5	79.4	87.4	95.3	103.2	103.4	103.4
	44.5	3.7	3.5	3.7	37.1	47.5	51.8	60.5	69.1	77.7	86.4	95.0	103.4	103.4	103.4	103.4
	44.5	4.0	3.8	3.96	36.5	51.3	56.0	65.3	74.6	84.0	93.3	102.6	103.4	103.4	103.4	103.4
	44.5	4.4	4.2	4.39	35.6	57.9	63.2	73.7	84.2	94.7	103.4	103.4	103.4	103.4	103.4	103.4
	44.5	4.8	4.6	4.67	34.9	62.4	68.1	79.4	90.8	102.1	103.4	103.4	103.4	103.4	103.4	103.4
	44.5	5.2	5.0	5.02	34.1	68.0	74.1	86.5	98.8	103.4	103.4	103.4	103.4	103.4	103.4	103.4
	44.5	5.7	5.5	5.44	33.1	74.9	81.7	95.3	103.4	103.4	103.4	103.4	103.4	103.4	103.4	103.4
	44.5	6.4	6.1	5.97	31.8	83.9	91.5	103.4	103.4	103.4	103.4	103.4	103.4	103.4	103.4	103.4
2.000	50.8	2.8	2.6	3.28	45.3	31.6	34.4	40.2	45.9	51.6	57.4	63.1	68.8	74.6	80.2	86.0
	50.8	3.0	2.8	3.53	44.8	33.4	36.4	42.5	48.5	54.6	60.7	66.7	72.8	78.9	84.8	90.9
	50.8	3.2	3.0	3.73	44.5	35.5	38.7	45.2	51.6	58.1	64.5	71.0	77.4	84.0	90.3	96.7
	50.8	3.4	3.2	3.98	44.0	38.2	41.7	48.6	55.6	62.5	69.5	76.4	83.4	90.4	97.3	103.4
	50.8	3.7	3.5	4.28	43.4	41.6	45.3	52.9	60.5	68.0	75.6	83.1	90.7	98.3	103.4	103.4
	50.8	4.0	3.8	4.58	42.9	44.9	49.0	57.1	65.3	73.5	81.6	89.8	97.9	103.4	103.4	103.4
	50.8	4.4	4.2	5.08	41.9	50.7	55.3	64.5	73.7	82.90	92.1	101.3	103.4	103.4	103.4	103.4
	50.8	4.8	4.5	5.42	41.2	53.4	58.2	68.0	77.7	87.4	97.1	103.4	103.4	103.4	103.4	103.4
	50.8	5.2	4.9	5.83	40.4	58.2	63.5	74.1	84.7	95.3	103.4	103.4	103.4	103.4	103.4	103.4
	50.8	5.7	5.4	6.33	39.4	64.3	70.2	81.9	93.5	103.4	103.4	103.4	103.4	103.4	103.4	103.4
	50.8	6.4	6.0	6.96	38.1	72.2	78.8	91.9	103.4	103.4	103.4	103.4	103.4	103.4	103.4	103.4
	50.8	7.0	6.6	7.57	36.8	79.2	86.4	100.8	103.4	103.4	103.4	103.4	103.4	103.4	103.4	103.4
	50.8	7.1	6.8	7.69	36.5	80.7	88.0	102.7	103.4	103.4	103.4	103.4	103.4	103.4	103.4	103.4
2 3/8	60.3	2.8	2.6	3.93	54.8	26.6	29.0	33.8	38.6	43.5	48.3	53.1	58.0	62.9	67.6	72.4
	60.3	3.0	2.8	4.24	54.3	28.1	30.7	35.8	40.9	46.0	51.1	56.2	61.3	66.5	71.4	76.5

尺寸/in 或尺寸代号	外径 D/mm	壁厚/mm 规定值 t	壁厚/mm 最小值 t_{min}	单位长度质量 W_{pe} /(kg/m)	计算内径 ID/mm	最小静水压试验压力/MPa CT55	CT60	CT70	CT80	CT90	CT100	CT110	CT120	CT130	CT140	CT150
	60.3	3.2	3.0	4.47	54.0	29.9	32.6	38.0	43.5	48.9	54.3	59.8	65.2	70.7	76.0	81.5
	60.3	3.4	3.2	4.78	53.5	32.2	35.1	41.0	46.8	52.7	58.5	64.4	70.2	76.2	81.9	87.8
	60.3	3.7	3.5	5.14	53.0	35.0	38.2	44.5	50.9	57.3	63.6	70.0	76.4	82.8	89.1	95.5
	60.3	4.0	3.8	5.51	52.4	37.8	41.2	48.1	55.0	61.9	68.7	75.6	82.5	89.5	96.3	103.2
	60.3	4.4	4.2	6.13	51.4	42.7	46.5	54.3	62.1	69.8	77.6	85.3	93.1	101.0	103.4	103.4
2 3/8	60.3	4.8	4.5	6.54	50.8	45.0	49.0	57.2	65.4	73.6	81.8	89.9	98.1	103.4	103.4	103.4
	60.3	5.2	4.9	7.05	50.0	49.0	53.5	62.4	71.3	80.3	89.2	98.1	103.4	103.4	103.4	103.4
	60.3	5.7	5.4	7.67	48.9	54.2	59.1	68.9	78.8	88.6	98.5	103.4	103.4	103.4	103.4	103.4
	60.3	6.4	6.0	8.45	47.6	60.8	66.3	77.4	88.4	99.5	103.4	103.4	103.4	103.4	103.4	103.4
	60.3	7.0	6.6	9.22	46.3	66.7	72.7	84.9	97.0	103.4	103.4	103.4	103.4	103.4	103.4	103.4
	60.3	7.1	6.8	9.36	46.1	68.0	74.1	86.5	98.8	103.4	103.4	103.4	103.4	103.4	103.4	103.4
	60.3	7.6	7.2	9.90	45.1	72.8	79.4	92.7	103.4	103.4	103.4	103.4	103.4	103.4	103.4	103.4
	66.7	3.7	3.5	5.72	59.3	31.7	34.5	40.3	46.1	51.8	57.6	63.3	69.1	74.9	80.6	86.3
	66.7	4.0	3.8	6.13	58.8	34.2	37.3	43.5	49.8	56.0	62.2	68.4	74.6	80.9	87.0	93.3
	66.7	4.4	4.2	6.82	57.8	38.6	42.1	49.1	56.1	63.2	70.2	77.2	84.2	91.3	98.1	103.4
2 5/8	66.7	4.8	4.5	7.29	57.1	40.7	44.4	51.8	59.2	66.6	74.0	81.4	88.7	96.2	103.4	103.4
	66.7	5.2	4.9	7.86	56.3	44.4	48.4	56.5	64.6	72.6	80.7	88.8	96.8	103.4	103.4	103.4
	66.7	5.7	5.4	8.56	55.3	49.0	53.5	62.4	71.3	80.2	89.1	98.0	103.4	103.4	103.4	103.4
	66.7	6.4	6.0	9.45	54.0	55.0	60.0	70.0	80.0	90.0	100.0	103.4	103.4	103.4	103.4	103.4
	66.7	7.0	6.6	10.32	52.7	60.3	65.8	76.8	87.7	98.7	103.4	103.4	103.4	103.4	103.4	103.4
	66.7	7.1	6.8	10.48	52.4	61.5	67.1	78.3	89.4	100.6	103.4	103.4	103.4	103.4	103.4	103.4
	66.7	7.6	7.2	11.10	51.4	65.9	71.9	83.8	95.8	103.4	103.4	103.4	103.4	103.4	103.4	103.4
	73.0	3.4	3.2	5.84	66.2	26.6	29.0	33.8	38.7	43.5	48.3	53.2	58.0	62.9	67.7	72.5
	73.0	3.7	3.5	6.30	65.7	28.9	31.5	36.8	42.1	47.3	52.6	57.8	63.1	68.4	73.6	78.9
	73.0	4.0	3.8	6.75	65.1	31.2	34.1	39.8	45.4	51.1	56.8	62.5	68.1	73.9	79.5	85.2
	73.0	4.4	4.2	7.52	64.1	35.2	38.4	44.9	51.3	57.7	64.1	70.5	76.9	83.4	89.7	96.1
2 7/8	73.0	4.8	4.5	8.04	63.5	37.1	40.5	47.3	54.0	60.8	67.5	74.3	81.0	87.9	94.5	101.3
	73.0	5.2	4.9	8.67	62.7	40.5	44.2	51.6	58.9	66.3	73.7	81.0	88.4	95.9	103.2	103.4
	73.0	5.7	5.4	9.45	61.6	44.7	48.8	56.9	65.1	73.2	81.3	89.5	97.6	103.4	103.4	103.4
	73.0	6.4	6.0	10.44	60.3	50.2	54.8	63.9	73.1	82.2	91.3	100.5	103.4	103.4	103.4	103.4
	73.0	7.0	6.6	11.41	59.0	55.1	60.1	70.1	80.1	90.1	100.1	103.4	103.4	103.4	103.4	103.4
	73.0	7.1	6.8	11.6	58.8	56.1	61.2	71.4	81.7	91.9	102.1	103.4	103.4	103.4	103.4	103.4
	73.0	7.6	7.2	12.29	57.8	60.1	65.6	76.5	87.5	98.4	103.4	103.4	103.4	103.4	103.4	103.4
	82.6	3.7	3.5	7.16	75.2	25.6	27.9	32.6	37.2	41.9	46.5	51.2	55.8	60.5	65.0	69.7
	82.6	4.0	3.8	7.68	74.6	27.6	30.1	35.2	40.2	45.2	50.2	55.3	60.3	65.3	70.3	75.3
	82.6	4.4	4.2	8.56	73.7	31.2	34.0	39.7	45.3	51.0	56.7	62.4	68.0	73.7	79.3	84.9
3 1/4	82.6	4.8	4.5	9.16	73.0	32.9	35.8	41.8	47.8	53.8	59.7	65.7	71.7	77.7	83.6	89.5
	82.6	5.2	4.9	9.89	72.2	35.8	39.1	45.6	52.1	58.7	65.2	71.7	78.2	84.7	91.2	97.7
	82.6	5.7	5.4	10.78	71.2	39.6	43.2	50.4	57.6	64.8	72.0	79.2	86.3	93.6	100.6	103.4
	82.6	6.4	6.0	11.93	69.9	44.4	48.5	56.5	64.6	72.7	80.8	88.9	96.9	103.4	103.4	103.4

续表

尺寸/in 或尺寸代号	外径 D/mm	壁厚/mm 规定值 t	壁厚/mm 最小值 t_{min}	单位长度质量 W_{pe} /(kg/m)	计算内径 ID/mm	最小静水压试验压力/MPa CT55	CT60	CT70	CT80	CT90	CT100	CT110	CT120	CT130	CT140	CT150
3 1/4	82.6	7.0	6.6	13.06	68.5	48.7	53.2	62.0	70.9	79.7	88.6	97.5	103.4	103.4	103.4	103.4
	82.6	7.1	6.8	13.27	68.3	49.7	54.2	63.2	72.2	81.3	90.3	99.3	103.4	103.4	103.4	103.4
	82.6	7.6	7.2	14.08	67.3	53.2	58.0	67.7	77.4	87.1	96.7	103.4	103.4	103.4	103.4	103.4
3 1/2	88.9	4.0	3.8	8.3	81.0	25.7	28.0	32.7	37.3	42.0	46.6	51.3	56.0	60.7	65.3	70.0
	88.9	4.4	4.2	9.26	80.0	29.0	31.6	36.8	42.1	47.4	52.6	57.9	63.2	68.5	73.6	78.9
	88.9	4.8	4.5	9.91	79.3	30.5	33.3	38.8	44.4	49.9	55.5	61.0	66.6	72.2	77.6	83.2
	88.9	5.2	4.9	10.7	78.5	33.3	36.3	42.4	48.4	54.5	60.5	66.6	72.6	78.7	84.8	90.8
	88.9	5.7	5.4	11.68	77.5	36.8	40.1	46.8	53.5	60.1	66.8	73.5	80.2	86.9	93.4	100.1
	88.9	6.4	6.0	12.93	76.2	41.3	45.0	52.5	60.0	67.5	75.0	82.5	90.0	97.6	103.4	103.4
	88.9	7.0	6.6	14.16	74.9	45.2	49.4	57.6	65.8	74.0	82.3	90.5	98.7	107.0	103.4	103.4
	88.9	7.1	6.8	14.39	74.6	46.1	50.3	58.7	67.1	75.5	83.8	92.2	100.6	109.0	103.4	103.4
	88.9	7.6	7.2	15.27	73.7	49.4	53.9	62.9	71.9	80.8	89.8	98.8	103.4	116.8	103.4	103.4

注：1in = 25.4mm。

1.2　连续管钻磨桥塞作业

近年来，国内不断加大油气勘探开发力度，深层、深海等新领域和页岩油气、煤层气等非常规油气资源成为勘探开发的主攻方向。钻磨桥塞作业是连续管作业中最为典型的作业工艺之一。钻磨桥塞管柱结构主要由连续管、连续管连接器、单流阀、震击器、液压丢手、水力振荡器、螺杆马达和磨鞋等组成，钻磨桥塞示意图如图 1.2 所示。以超深井连续管钻磨桥塞为对象进行设计计算，采用软绳模型，结合微元段法，建立了连续管力学计算模型，给出了井眼轨迹计算方法、不同井段屈曲计算模型。对三口超深水平井连续管作业进行力学计算，主要包括轴向力计算、悬重计算、屈曲与锁死、最大钻塞作业深度等。

图 1.2　钻磨桥塞示意图

1.2.1 井眼轨迹

为计算需要，参考 TKC1-1H 井的垂直井段、弯曲井段和 MHHW21009 井的水平段，进行适当的数据处理，构造了超深井 DX1、DX2、DX3，井眼轨迹如图 1.3 和图 1.4 所示。

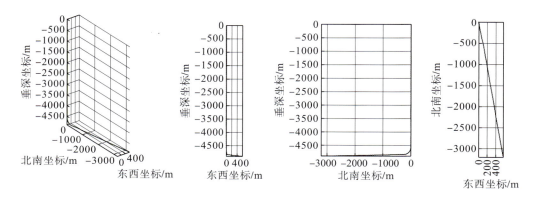

图 1.3 DX1 井眼轨迹

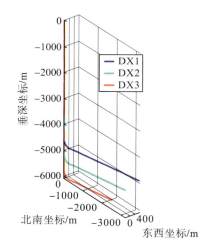

图 1.4 三口超深井井眼轨迹

三口超深井井深、垂直井段长度、水平井段长度和最大垂深如表 1.2 所示。

表 1.2 三口超深井井眼数据

井号	井深/m	垂直井段长度/m	水平井段长度/m	最大垂深/m
DX1	8000	4650	3000	4902
DX2	8000	5250	2400	5494
DX3	8000	5850	1800	6083

三口井的井深均为 8000m，从 DX1 至 DX3，垂直井段长度逐渐增大，水平井段长度逐渐减小，最大垂深相应增大，间隔均约为 600m。

1.2.2   连续管规格

连续管作业轴向力计算所用数据如表 1.3 所示。

表 1.3   连续管作业轴向力计算数据

参数	数值	参数	数值
连续管外径 d_o/mm	50.8	连续管内部工作流体密度 ρ_i/(kg/m^3)	1030
连续管壁厚 t/mm	多种	连续管外部工作流体密度 ρ_o/(kg/m^3)	1100
连续管密度 ρ_{CT}/(kg/m^3)	7800	连续管内部流体(范宁)摩阻系数 f_i	0.003
连续管模量 E/Pa	2.06×10^{11}	连续管外部流体(范宁)摩阻系数 f_o	0.0005
连续管屈服强度 σ_y/MPa	676	工具串当量外径 $d_{o,BHA}$/mm	73
套管 1 外径 d_1/mm	244.5	工具串当量内径 $d_{i,BHA}$/mm	22
套管 2 外径 d_1/mm	139.7	工具串长度 L/m	6.7
井口压力 p_{WHA}/MPa	15	连续管-井筒摩擦系数(上提)	0.3
排量 Q/(L/min)	350	连续管-井筒摩擦系数(下放)	0.25

表 1.3 所示数据中，计算所用连续管采用等壁厚和不等壁厚多种规格，并进行对比优选，共对比 4 种壁厚规格的连续管，如表 1.4 所示。第 1、第 3 种壁厚规格为现场使用的最小、最大壁厚连续管。第 4 种为变壁厚连续管，变壁厚段长度参考了宝鸡钢管公司生产的 CT 系列相关连续管数据。第 2 种为根据第 4 种变壁厚连续管规格尺寸计算得到的当量壁厚连续管。

表 1.4   不同连续管壁厚与长度

序号	壁厚/mm	长度/m
1	4.45	8500
2	4.881	8500
3	5.2	8500
4	5.2—4.8—4.45	8500[3640+360(变壁厚段)+600+400(变壁厚段)+3500]

首先对以上四种规格的连续管在 DX1 井中进行上提和下放轴向力计算，结果如图 1.5 所示。由图 1.5 可知，所有规格连续管均可正常下放至井底或从井底提升至井口，但不同规格连续管轴向力不同，螺旋屈曲情况也不同。

　　根据图 1.5(a)所示，从上提作业来看，壁厚 5.2mm 规格连续管井口轴向力最大，数值为 431kN；变壁厚和 4.881mm 壁厚连续管井口轴向力居中，数值分别为 404kN 和 405kN；壁厚 4.45mm 规格连续管井口轴向力最小，数值为 370kN。从下放作业来看，壁厚 5.2mm 规格连续管和变壁厚连续管井口轴向力较大，数值分别为 180kN 和 179kN；4.881mm 壁厚连续管井口轴向力居中，数值为 169kN；而壁厚 4.45mm 规格连续管井口轴向力最小，数值为 155kN。从上提作业和下放作业连续管井口轴向力差值来看，壁厚 5.2mm、变壁厚、壁厚 4.881mm 和壁厚 4.45mm 四种规格连续管计算结果依次为 251kN、225kN、236kN、215kN。显然，变壁厚连续管井口轴向力差值低于 4.881mm 和 5.2mm 壁厚连续管，拥有更好的抗疲劳性能。此外，4.45mm 壁厚连续管虽然井口轴向力差值较小，但由于壁厚稍小，刚度降低，在抗屈曲方面性能较弱，这一点也可以从图 1.5(b) 中看出。

　　根据图 1.5(b)四种规格连续管屈曲计算结果情况来看，5.2mm 规格连续管螺旋屈曲长度最大，虽然其壁厚最大，但因为连续管重量增加，轴向压缩载荷也增加，所以发生螺旋锁死的可能性最大。同样原因，4.881mm 壁厚连续管螺旋屈曲长度也较大。而变壁厚连续管优化了壁厚结构，螺旋屈曲长度最小，因而发生螺旋锁死的可能性最小。

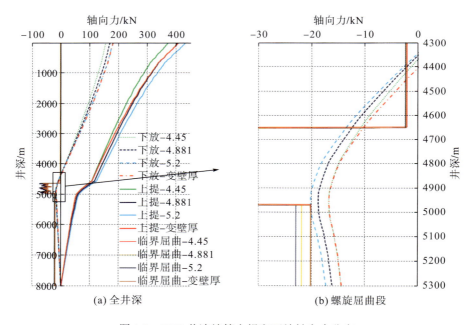

(a) 全井深　　　　　　　　　　　　(b) 螺旋屈曲段

图 1.5　DX1 井连续管上提和下放轴向力分布

　　图 1.6 所示为四种规格连续管在上提和下放作业中的应力分布，由图可见：在下放作业中，四种规格连续管应力分布基本相等，但在上提作业中，变壁厚连续管应力低于其他三种。

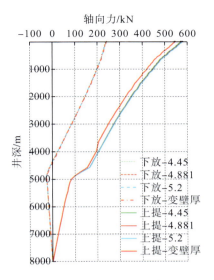

图 1.6　DX1 井连续管应力分布

综上所述，变壁厚连续管拥有较好的疲劳特性，发生螺旋锁死的可能性较小，作业过程中横截面应力较小，建议采用。

1.2.3　上提及下放轴向力分布

采用变壁厚连续管在三口超深井中进行上提和下放作业轴向力计算，结果如图 1.7 所示。

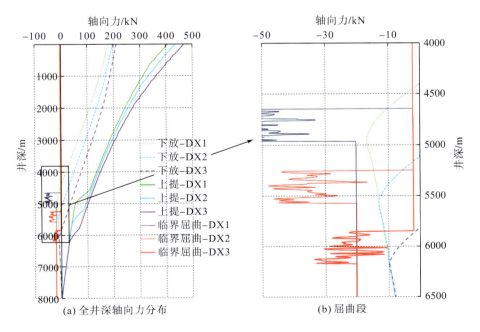

(a) 全井深轴向力分布　　　　　　　　　(b) 屈曲段

图 1.7　三口超深井连续管上提和下放轴向力分布

由图 1.7 可知，对于这三口超深井来说，连续管均可以下放至井底或从井底提出。

随垂直井段长度增大，连续管在垂直井段和弯曲井段的轴向力也增大。也就是说，垂直井段越长，连续管在井口处的轴向力越大。下放至井底时，连续管在井口处的轴向力分别为 180kN、197kN 和 212kN；从井底上提时，连续管在井口处的轴向力分别为 406kN、434kN 和 467kN。因此，垂直井段越长，对连续管强度等级要求越高。

此外，由屈曲段局部放大图可见，水平井段越短，螺旋屈曲长度越小，自锁可能性也就越小。原因是这三口井全井深均为 8000m，垂直井段越长，水平井段越短，所以螺旋屈曲长度越小。在不考虑连续管内外部流体压力情况下，连续管在井口处的最大横截面应力分别为 545MPa、582MPa 和 627MPa。若选用 CT130 连续管，其抗拉强度为 931MPa，则连续管安全系数分别为 1.71、1.60 和 1.49。若选用 CT150 连续管，其抗拉强度为 1074 MPa，则连续管安全系数分别为 1.97、1.85 和 1.72。

1.2.4 悬重

计算连续管上提和下放作业的悬重，结果如图 1.8 所示。

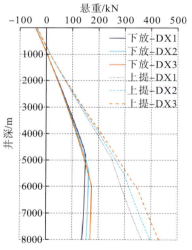

图 1.8 DX1～DX3 井连续管上提和下放悬重

根据图 1.8 计算可知，由于井口压力、防喷盒摩阻和滚筒卷绕力影响，连续管下放进入井口时为注入状态，悬重数值为 -41kN 左右。随连续管下放，井口以下连续管浮重力逐渐平衡井口外部载荷，连续管重力成为连续管下放的动力，注入头承受连续管拉力。在下放至弯曲井段时，注入头拥有最大悬重，数值分别为 151kN、163kN、174kN。继续下放，井斜角增大，浮重力影响逐渐减小，连续管-井筒摩擦影响逐渐增大，导致连续管轴向力减小，直到下放至井底，注入头悬重分别为 138kN、155kN、170kN。

连续管从井底上提时，注入头承受连续管拉力，悬重分别为 365kN、397kN 和 431kN。随连续管逐渐提出，注入头悬重不断减小，直至上提至接近井口 1000m 左右时，拉伸载荷转变为压缩载荷，提升至井口时，悬重约为−35kN。考虑连续管上提作业最大载荷，若采用 58t 注入头，安全系数分别为 1.59、1.46 和 1.34；若采用 63t 注入头，安全系数分别为 1.73、1.59 和 1.46。

1.2.5　钻塞作业能力计算

考察变壁厚连续管到达井底时的有效钻压和不同钻压下的最大作业深度，以 DX1 为例，计算结果如图 1.9 和图 1.10 所示。

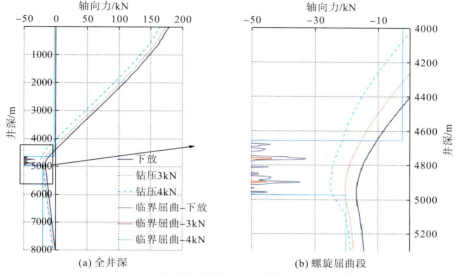

图 1.9　DX1 连续管下放至井底时最大有效钻压

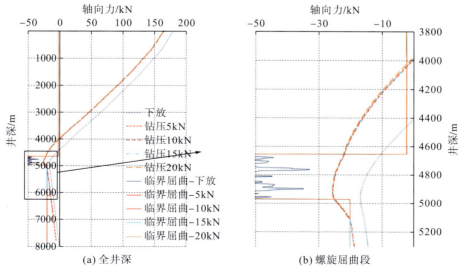

图 1.10　钻压对连续管最大钻塞作业深度的影响

　　根据图 1.9 计算结果，DX1 连续管正常下放作业可以到达井底，但在钻塞作业中，连续管到达井底时有效钻压仅为 4kN，此时在垂直井段和水平井段均发生螺旋屈曲。继续提高钻压将导致连续管在垂直井段锁死。采用同样方法考察 DX2 和 DX3 井连续管到达井底时的有效钻压，大约分别为 7kN 和 10kN。因此，在全井深相同情况下，垂直井段越长，水平井段越短，连续管在井底可提供的钻压越高。其原因是水平井段越短，连续管摩阻累积越少。

　　图 1.10 计算结果表明，DX1 井钻压达到 5kN 以上时，连续管将不能到达井底，连续管在水平井段和垂直井段均发生螺旋屈曲，但螺旋锁死发生在垂直井段。此外，连续管钻塞作业时，不同钻压情况下，连续管下入深度不同，但临界锁死轴向力分布基本相同，其原因是连续管在垂直井段的锁死状态相同。采用同样方法考察 DX2 和 DX3 井，得到不同钻压下连续管最大下放深度，如表 1.5～表 1.7 所示。

表 1.5　DX1 钻压对连续管最大钻塞作业深度的影响

钻压/kN	最大作业深度/m	垂直井段螺旋屈曲长度/m	水平井段螺旋屈曲长度/m
0	8000	0	0
5	7828	614	144
10	6868	614	144
15	5916	618	148
20	5104	632	136

表 1.6　DX2 钻压对连续管最大钻塞作业深度的影响

钻压/kN	最大作业深度/m	垂直井段螺旋屈曲长度/m	水平井段螺旋屈曲长度/m
0	8000	98	0
5	8000	320	0
10	7424	568	114
15	6456	594	111
20	5672	618	104

表 1.7　DX3 钻压对连续管最大钻塞作业深度的影响

钻压/kN	最大作业深度/m	垂直井段螺旋屈曲长度/m	水平井段螺旋屈曲长度/m
0	8000	0	0
5	8000	176	0
10	8000	598	106
15	7068	632	116
20	6272	636	104

　　以最大作业深度与钻压关系作图，得到如图 1.11 所示连续管最大钻塞作业深度与钻压关系曲线。

　　根据以上计算结果，随钻压升高，连续管最大钻塞作业深度下降。相同钻压情况下，垂直井段越长，水平井段越短，连续管最大作业深度越大。此外，对于这三口井来说，连续管螺旋锁死均发生于垂直井段。

当钻压较高，连续管不能下放至井底时，继续增加钻压，最大作业深度-钻压关系基本呈线性关系。钻压每增加 5kN，连续管最大作业深度约减小 900m。钻压达到 20kN 时，连续管最大作业深度分别为 5104m、5672m 和 6272m。显然，对于水平井段分别为 3000m、2400m 和 1800m 的超深井来说，这样的作业深度仅仅是刚刚到达水平井段，远远达不到钻塞的深度，需要辅助水力振荡器或减阻剂等措施达到水平井段延伸的目的。出现这种情况的原因是 50.8mm 连续管在 139.7mm 套管内，水平井段中的连续管临界螺旋屈曲载荷刚好约为 20kN。所以，当钻压达到 20kN 时，连续管底部马上进入螺旋屈曲状态，连续管与套管间的附加接触力以轴向力的平方增加，摩阻急剧增加，再考虑连续管在弯曲井段的摩阻累积，导致连续管在垂直井段底部发生螺旋锁死。

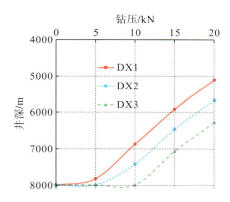

图 1.11　不同钻压下的连续管最大钻塞作业深度

综上所述，超深水平井连续管作业建议采用 50.8mm 规格 5.2mm—4.8mm—4.45mm 变壁厚连续管，强度等级 CT130 或 CT150，滚筒容量（允许连续管的最大缠绕长度）不低于 8500m，注入头规格 58t 或 63t。钻塞作业至井底时，有效钻压较低，高钻压作业建议采用水力振荡器或减阻剂等措施延伸连续管作业深度。

参 考 文 献

[1] 国家能源局. 连续管作业机: SY/T 6761—2014[S]. 北京: 石油工业出版社, 2015.

[2] 袁发勇, 马卫国. 连续管水平井工程技术[M]. 北京: 科学出版社, 2018.

[3] 中华人民共和国国家质量监督检验检疫总局, 中国国家标准化管理委员会. 连续油管: GB/T 34204—2017[S]. 北京: 中国标准出版社, 2017.

第 2 章　连续管失效与作业载荷

连续管承受载荷和含缺陷是引起连续管失效的主要原因。本章通过数据统计和典型失效案例分析概述连续管在国内外作业过程中的失效情况，得出引起连续管失效的形式主要有腐蚀、磨损、冲蚀、疲劳等。在复杂的连续管作业环境中，连续管失效与作业过程中承受的内压、弯曲载荷、拉伸载荷等有关。本章内容为后续章节研究奠定了基础。

2.1　国外连续管工程失效

2.1.1　总体失效情况

连续管作业技术不断发展，逐渐向深井和超深井推进，服役环境变得愈发恶劣，在作业过程中由于失效造成的事故也越来越多，给油气田开采过程造成了重大的经济损失。如图 2.1 所示为 Crabtree 统计的 1997~2007 年连续管失效情况，并与服务公司统计的 2006~2017 年的失效情况进行了对比[1-3]。由 Crabtree 统计的结果可知，连续管 33%的失效由腐蚀引起，29%的失效由机械损伤引起，15%的失效与制造缺陷有关，9%的失效由人为误操作导致，其他失效类型占 14%（其中氢致开裂占 8%，冲蚀和焊接引起的失效各占 2%，疲劳失效和过载失效各占 1%）。从图中可以看出，Crabtree 的统计结果与服务公司的类似，导致连续管失效的主要原因为：腐蚀、机械损伤、制造缺陷和人为误操作。

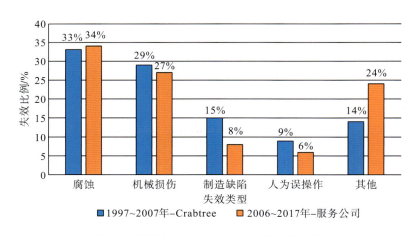

图 2.1　连续管在 1997~2017 年的失效数据

（注：图中数据有四舍五入）

2.1.2　工程失效典型案例

国外调查研究显示，造成连续管失效的因素有很多，其中包括连续管的材质及加工工艺、复杂的受力情况、高温高压的服役环境、人为的误操作等多方面因素。文献[2]～文献[6]对连续管的失效原因进行了详细分析统计，主要包括：①制造缺陷；②机械损伤；③人为误操作；④过载；⑤撕裂；⑥腐蚀；⑦疲劳。图 2.2 为连续管不同失效形式图。

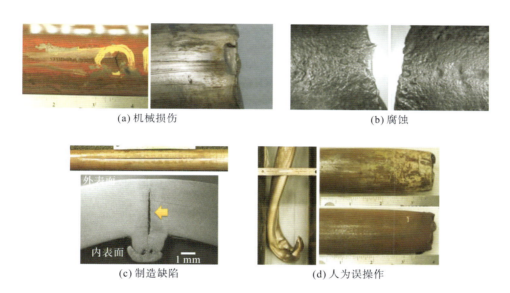

(a) 机械损伤　　　　　　　　　　　　　　　(b) 腐蚀

(c) 制造缺陷　　　　　　　　　　　　　　　(d) 人为误操作

图 2.2　连续管失效图

由于连续管的服役环境是井下，井下的 CO_2 与 H_2S 等酸性气体、地层矿化物、氯离子、pH、水与微生物、温度以及压力等因素的共同作用极易造成连续管的腐蚀。研究连续管在高温高压下的腐蚀规律，有望对连续管的使用及防护提供参考，有助于预防连续管的失效，提升其使用寿命，对连续管的发展具有重要意义。

国外针对连续管腐蚀的研究主要集中于对现场失效的调查和追踪，以及对连续管在酸性环境下耐腐蚀性的研究。Duque 等[7]对连续管在巴西海上进行注氮作业后发生的腐蚀问题调研发现，在井下压力和温度条件下，含氧量高达 5%的氮气会导致连续管发生严重腐蚀。然后模拟连续管泵送处理液的实际工况，开展了实验研究，测试了几种缓蚀剂及其混合物对连续管腐蚀的控制能力，并根据现场应用结果论证缓蚀剂的效果。

Silva 和 Shah[8]通过理论、实验室研究和现场失效应用案例，对 CT70 和 CT80 连续管在酸性环境下的腐蚀低周疲劳、管道寿命和表面损伤进行了理论预测，并与实际观测结论进行比较，讨论了连续管作业技术在实际应用过程中的规范行为。

McCoy[9]针对较低强度的连续管不能适应含 H_2S 的高温高压深井作业等问题，通过开展 QT-900 和 QT-1000 在含 H_2S 的酸化水溶液环境开裂试验，对比了两者在酸性环境中的适应情况，结果表明 QT-900 可以适应轻度和中度酸性环境，而 QT-1000 只能适应轻度酸性环境，使用抑制剂 CG 可提高 QT-900 在酸性油田中的可靠性。

2.2　国内连续管工程失效

2.2.1　总体失效情况

调查表明，国内每台作业机平均每年要消耗 4000m 左右的连续管。因此，从连续管作业中总结各种失效形式，弄清连续管失效的主要原因，从而采取相应措施提高连续管的使用寿命、避免失效事故的发生，对促进石油天然气工业的发展具有重大意义。在常规操作中，连续管常受到机械损伤而造成其外表面出现不同形式的缺陷，如划痕、切口、凹陷等。这些缺陷都将导致连续管产生应力集中和应变集中，从而诱发裂纹萌生和加速裂纹扩展，使连续管过早疲劳失效，严重降低连续管的疲劳寿命[10-12]。

连续管作业属于高风险作业，工艺类型繁多，尤其在"三高"井的情况下，恶劣的施工条件及复杂多变的井况进一步加剧了连续管失效形式的复杂性和多样性，如表 2.1 所示。

表 2.1　近年某钻探工程公司井下作业公司连续管失效概况表

卷号	油管外径/mm	使用时间/月	目前总长/m	起下次数	失效形式	失效原因
1212-014	50.8	1	4450	8	折弯、拉长	连续管打滑，严重受损
32073	31.8	4	5220	13	机械损伤	夹持块夹伤，割去夹伤的 430m
32064	31.8	—	5663	8	腐蚀	硫化氢腐蚀严重
351980000	50.8	—	4920	47	疲劳	软件检测，疲劳度超过 100%
1112-001	50.8	6	4200	71	表面损伤	2300m 处有严重外伤，建议报废
317060000	44.5	4	3075	26	断裂	封隔器解封导致连续管断裂，整个工具串落井
310980000	31.8	5	—	21	过载断裂	遇卡后上提拉断 51m 连续管
283750000	38.1	17	—	35	穿孔	外压大于内压，油管发生穿孔

2.2.2　工程失效典型案例

通过近年国内某钻探工程公司井下作业公司连续管失效概况分析，其失效形式分为三种类型。

1. 表面损伤失效

磨损：外界物质对连续管外表面造成的划痕、刮伤等，包括搬运过程中发生的磨损，以及在起下过程中连续管与鹅颈管、注入头夹持块、生产油管或套管、井内异物等之间的磨损，如图 2.3 所示。

图 2.3　磨损

腐蚀：连续管腐蚀主要分为在存放和使用过程中发生的均匀腐蚀，使用过程中连续管内外表面的点蚀，以及缝隙腐蚀。缝隙腐蚀又叫沟槽腐蚀，如连续管的焊缝与母材之间的腐蚀，如图 2.4 所示。

机械损伤：包括起下过程中注入头夹持过紧而在连续管表面留下的压痕，以及注入头滚轮磨损严重导致夹持力不均而在表面留下的划痕，如图 2.5 所示。

图 2.4　沟槽腐蚀　　　　　　　　图 2.5　机械损伤

以上表面损伤在不同程度上均导致连续管壁厚减薄，如不及时处理，很大程度上会成为连续管疲劳失效和腐蚀泄漏的薄弱点。

2. 变形失效

如图 2.6 所示，根据连续管的受力情况，其变形失效主要分为：①折弯（当连续管的实际使用弯曲半径远远小于许用弯曲半径时，会引起其永久性弯曲，即折弯）；②拉长（超过连续管抗拉极限的拉伸，导致其颈缩性变形）；③挤毁（超过连续管抗压极限的外挤，导致其被压扁）。

图 2.6　变形失效

3．穿孔断裂失效

在连续管失效中，穿孔、断裂占有较大的比例，尤其是在高压状态下的疲劳腐蚀断裂危害较大。主要的断裂形式有：①过载断裂。连续管在井内遇卡时，上提过快导致其被拉断。②穿孔爆裂。高压状态下，在连续管薄弱点或焊缝位置发生的选择性硫化物应力腐蚀开裂。③疲劳和腐蚀疲劳穿孔、断裂。连续管作业时，每次起下都受到交变循环应力的作用，这种交变应力逐步累积且又受到高压和腐蚀性介质的作用，所以连续管疲劳、腐蚀疲劳穿孔断裂失效的情况是最多的。

案例1：位于准噶尔盆地某井，人工井底5224.46m，水平井段长1256m，井内油层套管ϕ127mm×11.1mm，套管下深5237.30m；固井质量：合格；施工目的：钻除井内17只桥塞。

2020年8月7日某井进行钻磨桥塞施工作业，10:30钻完第7级桥塞后，准备上提连续管更换强磁打捞工具。13:32上提连续管至3079m时，操作人员发现连续管穿孔刺漏（停泵状态，油压3.2MPa，套压5.5MPa），见图2.7。

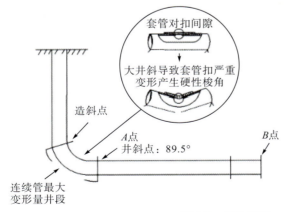

图 2.7　穿孔刺漏

该连续管最大疲劳度为46.43%，断裂点3079m处疲劳度为31.41%，连续管疲劳不是产生穿孔刺漏开裂的主要原因。可能原因分析：井身结构中造斜点至 *A* 点之间井身轨迹斜率变化大,若上扣扭矩过大会造成套管接箍处公扣过顶,出现套管接箍处弯曲变形严重,形成台阶缩径,连续管如果下管遇阻,则会在此井段内堆积,形成螺旋屈曲,整个连续管挤压,紧贴套管内壁,继续加压下管则会被套管接箍台阶刮伤。

案例 2:某井位于准噶尔盆地西部隆起克百断裂带,人工井底 2575.36m,水平井段长 1535m,井内油层套管 $\phi139.7\text{mm}\times9.17\text{mm}$,套管下深 2597.30m;固井质量:优;施工目的:钻除井内 16 只桥塞。

连续管尾带 $\phi73\text{mm}$ 复合接头+ $\phi73\text{mm}$ 重载马达头+ $\phi73\text{mm}$ 螺杆马达+ $\phi115\text{mm}$ 磨鞋,于 1127m 遇阻,开泵通过;下至 1138.7m 再次遇阻,钻磨 30min 未通过,提管检查后,磨鞋完好,工具串中加入水力振荡器后再次下入井内于该位置(1138.7m)遇阻,上提连续管更换 $\phi98\text{mm}$ 磨鞋,通过 1138.7m 位置,于 1142m 遇阻(第 16 级桥塞位置)。循环排量 350L/min,泵压 18.5MPa,分别钻除第 1(1143.8m)、第 2(1217.3m)至第 7(1694.7m)处桥塞后短提至 750m 处,大排量洗井,排量 400L/min,循环压力 20.5MPa。继续下钻至 1780.74m 遇阻,钻磨 60min,进尺缓慢,提钻检查。提至 1515m 处遇卡,遇卡 16t(原悬重 12t),遇阻 4t。活动解卡至 1527.51m 处,解卡无效。

经连续管活动、大排量振荡,井内返出大量钢丝、胶皮(图 2.8)。继续冲洗及激荡、泡酸、投球丢手、打暂堵剂循环解卡等措施解卡均无效,割管井内余留 TS-110 钢级连续管 50.8mm×4530m+ $\phi73\text{mm}$ 复合接头+ $\phi73\text{mm}$ 重载马达头+ $\phi73\text{mm}$ 液力振荡器+ $\phi73\text{mm}$ 螺杆马达+ $\phi98\text{mm}$ 磨鞋(工具串总长 7.4m)。

图 2.8　井内返出钢丝、胶皮

直接原因:在钻扫过程中有灰屑及胶皮返出时,判断井内有灰环及固井胶塞碎屑,钻磨将液压管线钻碎后,循环到连续管上部,导致连续管遇卡。

2.3　连续管载荷与缺陷

2.3.1　连续管载荷

连续管从车间中生产出来后在自然状态下都是直的。为了便于运输到服役现场,将连续管缠绕在滚筒架上。连续管从下井到完成井下作业至少要经历 6 次弯直变形,同时也将承受巨大的拉伸载荷，如图 2.9 所示。拉伸载荷在整个现场操作过程中都是无法避免的。连续管从生产车间到缠绕到滚筒上要承受拉伸载荷；然后在现场工作中，从滚筒上到进入油井或者天然气井中都将受到拉伸载荷的影响。弯曲变形载荷主要源于连续管缠绕到滚筒架上，然后在现场从滚筒上经导向器进入油井中也要承受弯曲变形载荷。除此之外，连续管还将承受较大内压和外部挤压载荷。连续管承受的内压主要源自内部循环液的作用，例如：冲砂洗井中的清水、油或其他液体；清蜡中的循环热水、油或清蜡剂等。挤压载荷一部分源于注入头以及连续管缠绕在滚筒架上时其自身的挤压作用；另一部分源于连续管在井下作业时井下液体的挤压作用等。

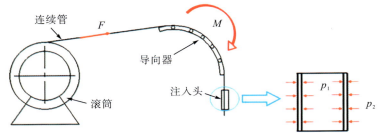

图 2.9   连续管载荷

连续管在外部载荷——拉伸载荷 F、弯曲变形载荷 M、内压 p_1 以及挤压载荷 p_2 下产生的应力用轴向应力 σ_a、环向应力 σ_h 和径向应力 σ_r 这三个主应力来表示，如图 2.10 所示。其中轴向应力与拉伸载荷、弯曲变形载荷、内压以及挤压载荷有关，但起主要作用的是施加在连续管上的拉伸载荷和弯曲变形载荷；环向应力和径向应力与内压和挤压载荷有关，其中起主要作用的是环向应力。

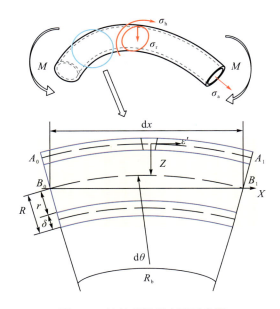

图 2.10   连续管微段变形示意图

根据材料力学[13]，连续管在轴向拉伸载荷和弯曲变形载荷作用下，由轴向拉伸载荷F(N)产生的轴向应力为

$$\sigma_{a1} = \frac{F}{A} \tag{2.1}$$

$$A = \frac{\pi D^2}{4} - \frac{\pi d^2}{4} = \pi\left(R^2 - r^2\right) \tag{2.2}$$

式中，A 为连续管横截面面积，mm^2；D 为连续管的外径，mm；d 为连续管的内径，mm；R 为连续管的外半径，mm；r 为连续管的内半径，mm。

在弯曲变形载荷下，连续管微段变形示意图如图 2.10 所示。

由连续管的微段变形示意图可得，连续管在壁厚中间处(即中性层处)的应变量为

$$\varepsilon' = \frac{\Delta(\mathrm{d}x)}{\mathrm{d}x} = \frac{\overline{A_0A_1} - \overline{B_0B_1}}{\overline{B_0B_1}} = \frac{(R_b + Z)\mathrm{d}\theta - R_b\mathrm{d}\theta}{R_b\mathrm{d}\theta} = \frac{Z}{R_b} = \frac{D - \delta}{2R_b} \tag{2.3}$$

根据曲率公式：$\dfrac{1}{R_b} = \dfrac{M}{EI}$ 可得，连续管在弯曲变形载荷下的弯曲半径为

$$R_b = \frac{EI}{M} \tag{2.4}$$

由弯曲变形载荷 M(N·m)引起的最大轴向力，即弯曲应力为

$$\sigma_{a2} = \sigma_b = \frac{MD}{2I} \tag{2.5}$$

$$I = \frac{\pi D^4}{64}\left(1 - \alpha^4\right), \quad \alpha = \frac{d}{D} \tag{2.6}$$

式中，I 为连续管横截面极惯性矩，mm^4。

根据弹性力学[14]，当连续管受到内压和挤压载荷的作用时，其界面受力如图 2.11 所示。

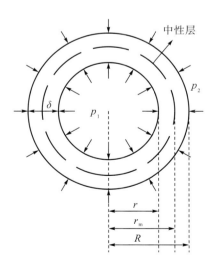

图 2.11　内压、挤压载荷下的连续管受力图

设连续管的应力函数公式：

$$\varphi = A\ln r_{\rho} + Br_{\rho}^{2}\ln r_{\rho} + Cr_{\rho}^{2} + D \tag{2.7}$$

$$\begin{cases} \sigma_{r} = \dfrac{1}{r_{\rho}}\dfrac{\mathrm{d}\varphi}{\mathrm{d}r_{\rho}} = \dfrac{A}{r_{\rho}^{2}} + B(1+2\ln\rho) + 2C \\[3mm] \sigma_{h} = \dfrac{\mathrm{d}^{2}\varphi}{\mathrm{d}r_{\rho}^{2}} = -\dfrac{A}{r_{\rho}^{2}} + B(3+2\ln\rho) + 2C \\[3mm] \tau_{rh} = \tau_{hr} = 0 \end{cases} \tag{2.8}$$

边界条件:

$$\begin{cases} \left(\sigma_{r}\right)_{r_{\rho}=R} = -p_{2}, & \left(\sigma_{r}\right)_{r_{\rho}=r} = -p_{1} \\[2mm] \left(\tau_{rh}\right)_{r_{\rho}=R} = 0, & \left(\tau_{rh}\right)_{r_{\rho}=r} = 0 \end{cases} \tag{2.9}$$

连续管是一个多连体,为保证位移单值条件,必须使应力函数中的 $Br_{\rho}^{2}\ln r_{\rho} = 0$,于是可得 $B = 0$。

因此,由式(2.8)和式(2.9)可得,内压 p_{1}(MPa)、挤压载荷 p_{2}(MPa)引起的径向应力 σ_{r}、环向应力 σ_{h} 为

$$\sigma_{r} = -\frac{\dfrac{R^{2}}{r_{\rho}^{2}}-1}{\dfrac{R^{2}}{r^{2}}-1}p_{1} - \frac{1-\dfrac{r^{2}}{r_{\rho}^{2}}}{1-\dfrac{r^{2}}{R^{2}}}p_{2} \tag{2.10}$$

$$\sigma_{h} = \frac{\dfrac{R^{2}}{r_{\rho}^{2}}+1}{\dfrac{R^{2}}{r^{2}}-1}p_{1} - \frac{1+\dfrac{r^{2}}{r_{\rho}^{2}}}{1-\dfrac{r^{2}}{R^{2}}}p_{2} \tag{2.11}$$

式中, r_{ρ} 为 R 与 r 之间连续管管壁任意处的半径,mm。

当 $r_{\rho} = r_{m} = \dfrac{D-\delta}{2} = R - \dfrac{\delta}{2}$ 时,

$$\sigma_{r} = -\frac{\dfrac{R^{2}}{\left(R-\dfrac{\delta}{2}\right)^{2}}-1}{\dfrac{R^{2}}{r^{2}}-1}p_{1} - \frac{1-\dfrac{r^{2}}{\left(R-\dfrac{\delta}{2}\right)^{2}}}{1-\dfrac{r^{2}}{R^{2}}}p_{2} \tag{2.12}$$

$$\sigma_{h} = \frac{\dfrac{R^{2}}{\left(R-\dfrac{\delta}{2}\right)^{2}}+1}{\dfrac{R^{2}}{r^{2}}-1}p_{1} - \frac{1+\dfrac{r^{2}}{\left(R-\dfrac{\delta}{2}\right)^{2}}}{1-\dfrac{r^{2}}{R^{2}}}p_{2} \tag{2.13}$$

式中, δ 为连续管壁厚,mm。

由以上公式可知，在内压和挤压载荷作用下，连续管处于平面应变状态，即轴向应变 $\varepsilon = 0$。因此，由广义胡克定律可得

$$\sigma_{a3} = \mu(\sigma_r + \sigma_h) \tag{2.14}$$

式中，μ 为连续管泊松比。

由于应变是量纲为一的单位，因此由广义胡克定律得到的轴向应力只与大小有关。因此，在拉伸载荷和弯曲变形载荷下产生总的轴向应力为

$$\sigma_a = \sigma_{a1} + \sigma_{a2} + \sigma_{a3} = \frac{F}{A} + \frac{MD}{2I} + \mu(\sigma_r + \sigma_h) \tag{2.15}$$

根据米泽斯 (Mises) 屈服准则可得，连续管等效应力可以改写为

$$2\sigma^2 = (\sigma_a - \sigma_h)^2 + (\sigma_h - \sigma_r)^2 + (\sigma_r - \sigma_a)^2 \tag{2.16}$$

当连续管达到屈服时，则有 $\sigma = \sigma_s$，σ_s 为连续管的屈服应力。

2.3.2　连续管缺陷形式

连续管由于其优越性，作为石油天然气开采的一种便捷工具，近年来在国内使用的范围越来越广泛。然而，在高强度的作业下，如何精确地评估连续管的安全性，特别是针对含缺陷的连续管，已成为当前亟待解决的问题。连续管在现场使用过程中，出现划痕、凹坑等缺陷，极大地减少了连续管的服役时间。

在服役过程中，连续管从缠绕在滚筒架上到下井作业，将承受较大的弯曲变形载荷和内压等载荷，这将使连续管产生严重的塑性变形，并发生疲劳破坏，缩短服役时间；并且由于工作环境恶劣，连续管管体易发生缺陷，其主要形式有变形磨损、机械损伤等。连续管受到外部载荷的挤压以及摩擦易发生变形磨损，其主要表现为壁厚变薄、产生椭圆度，如图 2.12 所示[15]。在各种载荷和恶劣环境的影响下，连续管表面出现方坑、轴向损伤、环向损伤、表面腐蚀、表面沟槽、凹陷及凹坑等局部损伤，如图 2.13 所示[16,17]。

图 2.12　变形磨损缺陷

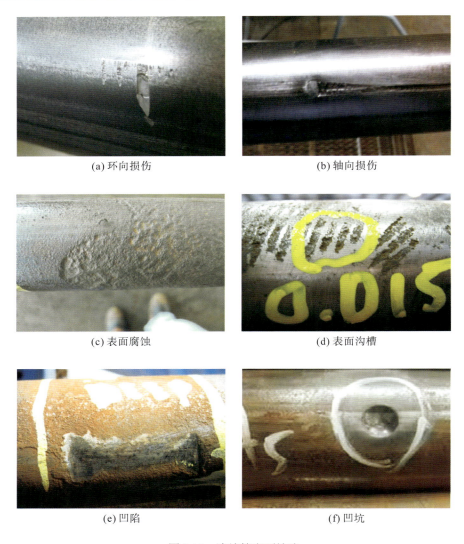

(a) 环向损伤   (b) 轴向损伤

(c) 表面腐蚀   (d) 表面沟槽

(e) 凹陷   (f) 凹坑

图 2.13　连续管表面缺陷

参 考 文 献

[1] Padron T, Craig S H. Past and present coiled tubing string failures - history and recent new failures mechanisms[C]//SPE/ICoTA Coiled Tubing and Well Intervention Conference and Exhibition. March 27-28, 2018. The Woodlands, Texas, USA. SPE, 2018.

[2] Crabtree A R, Gavin W. Coiled tubing in sour environments: Theory and practice[J]. SPE Drilling & Completion, 2005, 20(1): 71-80.

[3] Crabtree A R. CT-failure monitoring: A decade of experience[C]//SPE/ICoTA Coiled Tubing and Well Intervention Conference and Exhibition. April 1-2, 2008. The Woodlands, Texas, USA. SPE, 2008.

[4] Van Adrichem W P, Aslak Larsen H. Coiled-tubing failure statistics used to develop CT performance indicators[J]. SPE Drilling & Completion, 2002, 17(3): 159-163.

[5] Larsen H, Reichert B. Coiled tubing abrasion - an experimental study of field failures[C]//Proceedings of SPE/ICoTA Coiled Tubing Conference and Exhibition. April 8-9, 2003. Society of Petroleum Engineers, 2003.

[6] Stanley R. An analysis of failures in coiled tubing[C]//Proceedings of IADC/SPE Drilling Conference. March 3-6, 1998. Society of Petroleum Engineers, 1998.

[7] Duque L H, Guimarães Z, Berry S L, et al. Coiled tubing and nitrogen generation unit operations: Corrosion challenges and solutions found in Brazil offshore operations[C]//SPE/ICoTA Coiled Tubing and Well Intervention Conference and Exhibition. April 1-2, 2008. The Woodlands, Texas, USA. SPE, 2008.

[8] Silva M, Shah S. Society of Petroleum Engineers SPE/ICoTA Coiled Tubing Roundtable-(2000.04.5-2000.04.6)[C]//Proceedings of SPE/ICoTA Coiled Tubing Roundtable-Friction Pressure Correlations of Newtonian and Non-Newtonian Fluids through Concentric and Eccentric Annuli, 2000.

[9] McCoy T. SSC resistance of QT-900 coiled tubing[C]//Proceedings of SPE/ICoTA Coiled Tubing Conference and Exhibition. April 12-13, 2005. Society of Petroleum Engineers, 2005

[10] 刘少胡, 吴远灯, 周浩, 等. 凹坑缺陷参数对连续管疲劳失效的影响研究[J]. 石油机械, 2020, 48(4): 119-124.

[11] 刘少胡, 侯如意, 周浩, 等. 锥形缺陷对连续管疲劳寿命的影响规律及理论模型建立[J]. 塑性工程学报, 2023, 30(1): 102-111.

[12] 王维东, 王亮, 王超, 等. 连续油管失效分析[J]. 化工装备技术, 2023, 44(2): 45-48.

[13] 胡益平. 材料力学[M]. 成都: 四川大学出版社, 2011.

[14] 徐芝纶. 弹性力学[M]. 4版. 北京: 高等教育出版社, 2006.

[15] Larsen H A, Reichert B A. Coiled tubing abrasion-an experimental study of field failures[C]//SPE/ICoTA Coiled Tubing Conference and Exhibition. April 8-9, 2003. Houston, Texas. SPE, 2003.

[16] Ghobadi M, Muzychka Y S. Fully developed heat transfer in mini scale coiled tubing for constant wall temperature[J]. International Journal of Heat and Mass Transfer, 2014, 72: 87-97.

[17] Stanley R K. Results of a new coiled-tubing assessment tool[C]//SPE/ICoTA Coiled Tubing & Well Intervention Conference and Exhibition. April 5-6, 2011. The Woodlands, Texas, USA. SPE, 2011.

第 3 章　连续管腐蚀失效

随着连续管作业技术的不断成熟，连续管作业逐渐向深井和超深井发展，服役环境也变得愈发恶劣，在作业过程中由于失效造成的事故也越来越多，给油气田开采过程造成了重大的经济损失。国外一些公司和制造商对 1994～2017 年的连续管失效进行了数据统计，腐蚀失效在连续管所有失效形式中占比高达 33%，是连续管主要的失效形式之一[1]。连续管的服役环境是井下，井下的 CO_2 与 H_2S 等酸性气体、地层矿化物、氯离子、pH、水与微生物、温度以及压力等因素的共同作用极易造成连续管的腐蚀[2]。

3.1　连续管腐蚀机理

油气田腐蚀环境主要具有三大特征：①腐蚀环境通常是水、气、固体颗粒共存；②腐蚀环境温度高、压力大；③存在氧气、硫化氢、二氧化碳、氯离子和水等腐蚀介质。

1. 溶解氧腐蚀机理

溶解氧是一种较强去极化剂，可以加快金属的腐蚀进程。当腐蚀介质中含氧量升高时，腐蚀电流会增大，当增大到金属的钝化电流时就会使金属钝化，从而产生钝化膜，会在金属表面构成保护层，进而延缓金属的侵蚀，但在氧含量较低时，金属的腐蚀电流随氧含量增加而增大，可使金属表面难以构成致密有效的钝化层保护金属，因而溶解氧含量的升高必定加速氧离子对金属表面的侵蚀作用。溶解氧对金属的侵蚀破坏可用如下反应方程式表示：

$$\text{阳极：} \quad Fe \longrightarrow Fe^{2+} + 2e^-$$
$$\text{阴极：} \quad 2H^+ + 2e^- \longrightarrow H_2; \quad O_2 + 2H_2O + 4e^- \longrightarrow 4OH^- \tag{3.1}$$

通过阴、阳极反应可知，阳极反应会产生 Fe^{2+}，阴极产生 OH^-，两者结合形成 $Fe(OH)_2$，$Fe(OH)_2$ 沉淀易被氧化生成 $Fe(OH)_3$，$Fe(OH)_3$ 分子脱去水分子后变成 Fe_2O_3。

2. 氢致腐蚀机理

H_2S 溶液属于二元弱酸，溶于水后能够电离出 H^+，可以加速铁离子在溶液中溶解，另一方面电离出的 S^{2-} 与溶液中 Fe^{2+} 两者结合形成 FeS。Fe^{2+} 不容易水化，可在铁表层相互汇集，阻止阳极腐蚀过程，从而控制了整个腐蚀反应进程。反应总方程式为

$$Fe^{2+} + H_2S \longrightarrow FeS + 2H^+ \tag{3.2}$$

H_2S 腐蚀之所以会形成氢脆、开裂，是由于 H_2S 在发生电化学腐蚀时，溶液中含有的 H_2S 影响阴极 H^+ 不能相互结合生成氢气而脱离溶液，因此 H^+ 会存留在溶液中且很容易渗透到铁杂质含量高的部位，此时铁将储存氢，从而在铁的某一位置 H^+ 富集，将使材料发生氢脆及 H_2S 环境开裂等严重问题。

3. CO_2 腐蚀机理

在常温常压条件下 CO_2 溶于水后，生成弱酸 H_2CO_3，H_2CO_3 不稳定电离出 H^+，极大地增强了溶液的酸性，具有严重腐蚀性。CO_2 腐蚀包括均匀腐蚀和局部腐蚀，而局部腐蚀包含点蚀、电偶腐蚀和缝隙腐蚀[3]。CO_2 腐蚀反应方程式为

$$\begin{cases} CO_2 + H_2O \rightleftharpoons H_2CO_3 \rightleftharpoons H^+ + HCO_3^- \\ HCO_3^- \longrightarrow H^+ + CO_3^{2-} \\ Fe \longrightarrow Fe^{2+} + 2e^- \\ 2H^+ + 2e^- \longrightarrow H_2 \uparrow \\ 2H^+ + Fe \Longrightarrow Fe^{2+} + H_2 \uparrow \\ CO_3^{2-} + Fe^{2+} \Longrightarrow FeCO_3 \downarrow \end{cases} \tag{3.3}$$

通过对溶解氧、H_2S、CO_2 腐蚀机理的分析，可以总结出造成金属腐蚀的最主要原因，是 Fe 元素与周围介质发生了化学反应，阴离子进攻金属表面，使表面发生均匀腐蚀或者点蚀。其腐蚀机理可以用图 3.1 表示。

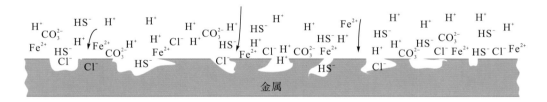

图 3.1　腐蚀机理

3.2　连续管抗腐蚀性能测试

连续管作业的井筒中可能会面临硫化氢、二氧化碳、氯离子、微生物等腐蚀环境。在硫化氢、硫酸盐还原菌等环境下，会有大量的氢原子吸附在管材表面，在夹杂物等不连续区域内聚集形成分子氢，产生很高压力，从而形成氢致开裂(hydrogen induced cracking，HIC)，当管材受到外载荷或内部残余应力作用时，易产生硫化物应力腐蚀开裂(sulfide stress corrosion cracking，SSCC)。

3.2.1　低碳微合金钢连续管抗腐蚀性能

1. 抗氢致开裂(HIC)性能

依据美国国家腐蚀工程师协会(National Association of Corrosion Engineers,NACE)标准《管道、压力容器抗氢致开裂钢性能评价的试验方法》(TM0284—2003),对 CT55~CT90 钢级连续管母材和焊缝进行了抗 HIC 性能试验。腐蚀溶液为硫化氢饱和的 0.5%醋酸+5% NaCl 混合溶液,试验时间规定为 96h,溶液温度保持在 25℃±3℃。测试结果如图 3.2 和表 3.1 所示,浸泡后的母材和焊缝试样未见裂纹和氢鼓泡。可见,抗硫系列连续管对 HIC 腐蚀不敏感,具有较好的抗氢致开裂能力。

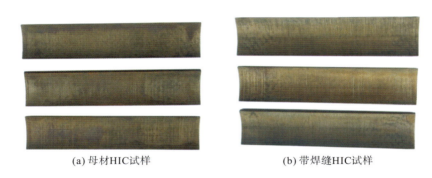

(a) 母材HIC试样　　　　　　　　　　　　　(b) 带焊缝HIC试样

图 3.2　CT90 连续管 HIC 试验后试样形貌

表 3.1　部分钢级连续管 HIC 试验结果

钢级	试样类型	宏观检查	开裂情况 (放大 100 倍)	裂纹敏感率 /%	裂纹长度率 /%	裂纹厚度率 /%
				单个试样最大数值		
CT55	母材	无氢鼓泡	无裂纹	0	0	0
CT60				3 个平行试样的平均值		
CT70				0	0	0
CT80				单个试样最大数值		
CT90	焊缝	无氢鼓泡	无裂纹	0	0	0
				3 个平行试样的平均值		
				0	0	0

2. 抗硫化物应力腐蚀开裂(SSCC)性能

依据 NACE 标准《金属在 H_2S 环境中抗硫化物应力开裂和应力腐蚀开裂的实验室试验方法》(TM0177—2005),对 CT55~CT90 连续管焊缝和母材进行硫化物应力腐蚀开裂试验。腐蚀溶液为 A 溶液,温度保持在 24℃±3℃,试样施加应力载荷为 80% σ_s,经过

720h 腐蚀试验后，未见裂纹和断裂，试样如图 3.3 所示。表明国产连续管具有较好的抗硫化物应力腐蚀开裂(SSCC)能力。

(a) 焊缝试样　　　　　　　　　　　　　　(b) 母材试样

图 3.3　CT80 连续管 SSCC 试验后试样形貌

3. 模拟油田井况腐蚀试验

针对速度管柱长期在井下服役的情况，采用高温高压釜模拟井下工况，对 CT70 速度管柱在含有少量 CO_2、CO_3^{2-} 和较高浓度 Cl^- 介质中的腐蚀速率进行了试验研究。井下腐蚀介质如表 3.2 所示，试验条件如表 3.3 所示。试验结果表明，CT70 速度管柱在这种腐蚀工况下的腐蚀速率为 0.080mm/a。

表 3.2　腐蚀介质

项目	Na^++K^+	Ca^{2+}	Mg^{2+}	HCO_3^-	SO_4^{2-}	Cl^-	Fe^{2+}	总矿化度
浓度/(mg/L)	5391	6553	239	225	719	19794	0	32921

表 3.3　试验条件(气相)

总压/MPa	CO_2 分压/MPa	流速/(r/min)	温度/℃	试验时间/h	水型	pH
20	0.164	300	105	168	$CaCl_2$	6.27

3.2.2　耐蚀合金连续管抗腐蚀性能

1. 晶间腐蚀

本节对宝鸡钢管公司开发的 80ksi(1ksi=6.895MPa)钢级的 2205、18Cr 两款国产耐腐合金连续管开展晶间腐蚀评价，将管材制成 20mm×80mm 的焊缝、母材试样后，在微沸状态的 $CuSO_4$ 溶液中连续煮沸浸泡 16h 后再弯曲，观察弯曲焊缝、母材试样有无裂纹产生，结果如图 3.4 所示。从图中可以看出，在 10 倍放大镜下观察弯曲试样外表面均无明显裂纹产生，表明 2205 双相不锈钢连续管和 18Cr 奥氏体不锈钢连续管焊缝、母材均对晶间腐蚀不敏感。

(a) 2205连续管晶间腐蚀试样   (b) 18Cr连续管晶间腐蚀试样

图 3.4　晶间腐蚀试验结果

2. 氢致开裂(HIC)

依据 NACE 标准《管道、压力容器抗氢致开裂钢性能评价的试验方法》(TM0284—2003)，对 2205 双相不锈钢连续管和 18Cr 奥氏体不锈钢连续管焊缝、母材进行氢致开裂(HIC)试验。腐蚀溶液为硫化氢饱和的 0.5%醋酸+5% NaCl 混合溶液,试验时间规定为 96h,溶液温度保持在 25℃±3℃。结果表明两种管材所有试样的纵向、横向表面及截面均无裂纹产生，即裂纹长度率(crack length rate，CLR)、裂纹厚度率(crack thickness rate，CTR)和裂纹敏感率(crack sensitivity rate，CSR)均为 0。试验后的试样如图 3.5 所示，表明两种耐蚀合金连续管对 HIC 不敏感。

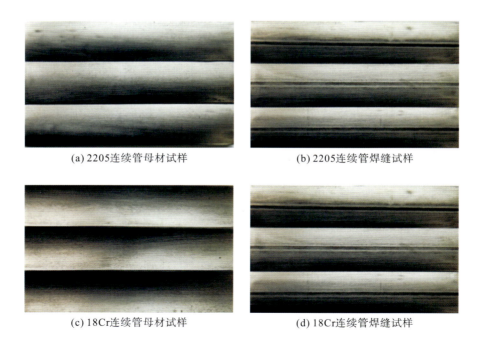

(a) 2205连续管母材试样   (b) 2205连续管焊缝试样

(c) 18Cr连续管母材试样   (d) 18Cr连续管焊缝试样

图 3.5　氢致开裂试验试样

3. 硫化物应力腐蚀开裂（SSCC）

依据 NACE 标准《金属在 H_2S 环境中抗硫化物应力开裂和应力腐蚀开裂的实验室试验方法》（TM0177—2005），对 2205 双相不锈钢连续管和 18Cr 奥氏体不锈钢连续管焊缝、母材进行硫化物应力腐蚀开裂试验。腐蚀溶液为 A 溶液，温度保持在 24℃±3℃，试样施加应力载荷为 80%σ_s，经过 720h 腐蚀试验后，两种耐蚀合金连续管的焊缝和母材试样未出现断裂，表面均未出现可见裂纹，如图 3.6 所示，表明 2205 双相不锈钢连续管和 18Cr 奥氏体不锈钢连续管焊缝、母材均具有良好的抗硫化物应力腐蚀开裂能力。

(a) 2205连续管母材试样　　　　　　　　　　(b) 2205连续管焊缝试样

(c) 18Cr连续管母材试样　　　　　　　　　　(d) 18Cr连续管焊缝试样

图 3.6　硫化物应力腐蚀开裂（SSCC）试验结果

4. 模拟油田工况腐蚀试验

针对国内某油田该区域内典型的 H_2S、CO_2、Cl^- 共存的气井，将两种耐蚀合金连续管的挂片试样与油田现用的 N80S 油管挂片试样共同放入井内，开展实际工况下的挂片腐蚀对比试验，试验周期为 52 天，井筒气相和液相工况条件如表 3.4 和表 3.5 所示。结果表明，2205 双相不锈钢连续管的腐蚀速率为 0.0042mm/a，18Cr 奥氏体不锈钢连续管的腐蚀速率为 0.0148mm/a。两种耐蚀合金连续管耐蚀，性能均显著优于油田现用低碳微合金钢 N80S 油管（腐蚀速率 0.0458mm/a）。

表 3.4　气相工况条件

H_2/%	He/%	N_2/%	CO_2/%	总烃/%	总压/MPa	密度/(g/L)	H_2S 含量/(mg/m³)
0.13	0.05	1.07	4.31	94.4	20	0.72	4091.6

表 3.5 液相工况条件

$K^+ + Na^+$ /(mg/L)	Ca^{2+} /(mg/L)	Mg^{2+} /(mg/L)	Fe^{2+} /(mg/L)	Cl^- /(mg/L)	HCO_3^- /(mg/L)	总矿化度 /(mg/L)	pH	水型
11366.8	24319.3	313.8	0.0	61236.9	375.6	97612.4	5.80	$CaCl_2$

针对国内另一油田以少量 CO_2、Cl^- 为主的井况条件，如表 3.6 所示，开展了两种耐蚀合金连续管 168h 的模拟工况腐蚀试验。结果表明，在此工况下，2205 双相不锈钢连续管的腐蚀速率为 0.0061mm/a，18Cr 奥氏体不锈钢连续管的腐蚀速率为 0.0105mm/a，两种耐腐蚀连续管的腐蚀速率均小于 NACE 标准《油田作业中腐蚀试样的制备、安装、分析和解释标准操作规程》（SP0775—2013）中对轻度腐蚀的规定（<0.025mm/a），可用于以少量 CO_2、Cl^- 腐蚀为主的气井长期服役。

表 3.6 以少量 CO_2、Cl^- 为主的工况条件

项目	$Na^+ + K^+$ /(mg/L)	Ca^{2+} /(mg/L)	Mg^{2+} /(mg/L)	HCO_3^- /(mg/L)	SO_4^{2-} /(mg/L)	Cl^-/(mg/L)	Fe^{2+} /(mg/L)	总矿化度 /(mg/L)
室内模拟水样	5391	6553	239	225	719	19794	0	32921

项目	总压/MPa	CO_2 分压/MPa	流速 V /(m/s)	温度/℃	试验时间/h	水型	pH
室内模拟水样	20	0.164	3	105	168	$CaCl_2$	6.27

CO_2 驱油已成为成熟的技术，也是解决 CO_2 环境污染的有效办法。针对某油田 CCUS-EOR（CO_2 捕集、利用、封存与提高原油采收率）技术中 CO_2 注入管材服役工况环境，开展了两种耐蚀合金连续管的 168h 模拟工况腐蚀试验，试验工况条件如表 3.7 所示。结果表明 2205 双相不锈钢连续管的腐蚀速率为 0.035mm/a，18Cr 奥氏体不锈钢连续管的腐蚀速率为 0.039mm/a，两种耐腐蚀连续管的腐蚀速率均小于油田规定的腐蚀速率要求（<0.076mm/a），可在 CCUS-EOR 技术中作为 CO_2 注入管材长期服役。

表 3.7 CO_2 注入管材服役工况

项目	$Na^+ + K^+$ /(mg/L)	Ca^{2+} /(mg/L)	Mg^{2+} /(mg/L)	HCO_3^- /(mg/L)	SO_4^{2-} /(mg/L)	Cl^- /(mg/L)	Fe^{2+} /(mg/L)	总矿化度 /(mg/L)
室内模拟水样	5467	122.6	4.6	1587	478	7385	0.07	15051

项目	总压/MPa	CO_2 分压 / MPa	流速 V /(m/s)	温度/℃	试验时间/h	水型	pH
室内模拟水样	20	20	1.5	95	168	$NaHCO_3$	7

3.3　二氧化碳腐蚀实验

3.3.1　高温高压腐蚀实验

1. 实验目的

在连续管成品线切割加工腐蚀试样后，采用大北气田采出水为样本配置腐蚀溶液，进行连续管母材和焊缝在高温高压环境下的 CO_2 腐蚀实验研究，期于达到以下目的：

(1) 在连续管高温高压腐蚀失重测试实验结束后，通过电子显微镜可以观察连续管母材和焊缝表面腐蚀后的微观形貌图以及通过能量色散 X 射线谱（X-ray energy dispersive spectrum，EDS）分析连续管表面的腐蚀产物，分析连续管在 CO_2 环境下的腐蚀机理。

(2) 通过连续管高温高压腐蚀失重测试实验，得到母材和焊缝在不同温度和 CO_2 分压下的腐蚀速率，对比分析得到母材和焊缝两者的耐腐蚀性，为建立连续管腐蚀模拟的有限元分析模型提供参考依据。

(3) 连续管腐蚀速率预测模型需要足够的现场数据和实验数据进行指导和验证，本实验恰好能同时起到这样的作用。

2. 实验仪器与试剂

本次实验所需的实验仪器主要包括高温高压反应釜［图 3.7(a)］、电子天平［图 3.7(b)］、扫描电镜以及与之配套的 EDS 仪［图 3.7(c)］。

(a) 高温高压反应釜　　　　　　(b) 电子天平　　　　　　(c) EDS仪

图 3.7　实验主要仪器

本次实验试剂采用大北气田采出水样[4]模拟腐蚀介质样本，实验溶液成分及所需药品如表 3.8 所示。将溶液配制完成后通过加入硼酸来调节溶液 pH 至 5.6，然后将配制好的溶液放置于干燥阴凉处备用。

表 3.8　实验试剂离子浓度及药品

离子	浓度/(g/L)	药品	每升溶液所需药品/g
Ca^{2+}	7.03	$CaCl_2$	19.5
Mg^{2+}	0.76	$MgCl_2 \cdot 6H_2O$	6.4
SO_4^{2-}	0.67	Na_2SO_4	1.0
HCO_3^-	0.90	$NaHCO_3$	0.5
Cl^-	60.0	$NaCl$	74.89

3. 实验材料及试样制备

实验采用 CT110 连续管，管材的规格为 $\phi50.8mm$，壁厚为 4.4mm。连续管实验试样主要包括焊缝和母材试样，其主要的化学成分（质量分数）见表 3.9。按照标准《金属材料拉伸试验方法》（ASTM E8-08）[5]，在完整连续管处采用线切割方法将其加工成标准拉伸试样，其加工尺寸如图 3.8 所示。其中焊缝试样是沿着连续管焊缝的轴线方向切取，试样中部为焊缝区，拉伸试样实际截取位置如图 3.9 所示。将已加工后的试样先后采用 600#、800#、1200# 水砂纸对其表面进行打磨处理，直至将表面打磨光滑。将打磨后的试样用蒸馏水先冲洗除去附着在表面的残屑，然后在石油醚溶液中用脱脂棉清洗除去表面的油脂，再用酒精清洗除去表面的水，最后放到干燥皿上干燥。待其干燥后取出用电子天平进行称重（精确度为 0.1mg），然后用游标卡尺测量试样的几何尺寸，计算工作面积（精确度不大于 1%）。处理完后的连续管 CT110 母材和焊缝试样如图 3.10 所示。

表 3.9　CT110 连续管母材与焊缝的化学成分（质量分数/%）

	C	Si	P	S	Cr	Mn	Fe
母材	4.26	0.39	0.12	0.05	0.56	0.48	余量
焊缝	3.25	0.36	—	0.08	0.46	0.71	余量

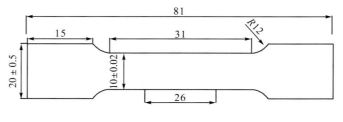

图 3.8　拉伸试样（单位：mm）

图 3.9　拉伸试样截取位置实物图

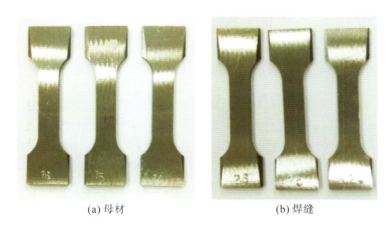

(a) 母材　　　　　　　　　　　　　　(b) 焊缝

图 3.10　连续管母材和焊缝标准拉伸试样

4. 实验步骤

本次实验在西南石油大学实验平台进行。实验时，首先将试样通过尼龙线悬挂在支架上，再放入高温高压反应釜中，悬挂要求试样间不能接触，也不能接触釜壁，然后倒入配制好的实验试剂，使反应釜中的试样能完全被浸泡。整个腐蚀过程在液相中发生，密闭高温高压釜。首先通入 N_2 对高温高压釜进行试压除氧处理，然后根据模拟井下试验条件，调节温度到所设计的条件，最后通入 CO_2 升压到实验设计的条件要求，调节总压到 4MPa。所有条件设置完毕后，等到达到腐蚀周期(96h)后，结束釜的运行，泄压降温后，将腐蚀后的试样从釜里取出放到干燥皿上，待其干燥后采用扫描电镜观察连续管表面腐蚀产物形貌，并采用与之配套的 EDS 仪分析元素含量，并做好记录。在观察完试样的腐蚀形貌及腐蚀产物后，用去膜液洗掉表面的腐蚀产物，再用无水乙醇脱水，待其干燥后放到电子天平上称重(精确度为 0.1mg)。

5. 结果及讨论

图 3.11 为部分连续管母材和焊缝试样表面腐蚀前后的宏观形貌对比图。从图中可以看出，母材和焊缝试样在未发生腐蚀前表面均呈银白色，色泽光亮，表面光滑平整。腐蚀后整个试样表面呈现灰黑色，部分区域存在点蚀坑。通过母材和焊缝腐蚀后的表面形貌对比分析可知，母材试样表面比较光滑平整，而焊缝试样表面出现大量腐蚀坑，点蚀现象明显，焊缝试样表面的腐蚀情况相较于母材试样表面腐蚀更严重，因此可认定为焊缝的耐腐蚀性能弱于母材。

(a) 母材　　　　　　　　　　(b) 焊缝

图 3.11　腐蚀前后试样表面宏观形貌对比

图 3.12 和图 3.13 分别是母材和焊缝试样腐蚀后的表面微观形貌以及能谱分析图。从图中可以看出，母材金属基体表面上腐蚀产物较少，部分区域腐蚀产物膜出现了破裂现象，而焊缝金属基体表面被大量腐蚀产物覆盖，腐蚀产物膜大部分已经破裂，甚至出现脱落现象。从焊缝和母材腐蚀后的能谱分析图及元素含量表（表 3.10）中可以看出，焊缝和母材的腐蚀产物成分相似，除腐蚀溶液中含有的元素外，C、O、Fe 的含量最多，因此基本可以判定腐蚀产物为 $FeCO_3$ 和铁的氧化物。一部分是由于通入的 CO_2 气体溶于水形成碳酸，然后和材料中的 Fe 反应生成 $FeCO_3$；另一部分则可能是腐蚀后的试样暴露在空气中被氧化得到铁的氧化物。另外从 Cl 元素的含量来看，焊缝表面处的含量几乎是母材的 2 倍，主要原因是焊缝表面粗糙，组织不均匀，导致钝化膜的性质不如母材稳定，而腐蚀溶液中氯离子的穿透能力很强，更容易吸附在焊缝表面，破坏腐蚀产物膜的稳定性，从而加速焊缝的腐蚀。

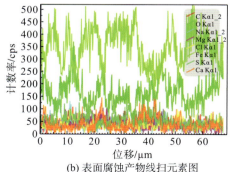

(a) 表面微观腐蚀形貌　　　　　　(b) 表面腐蚀产物线扫元素图

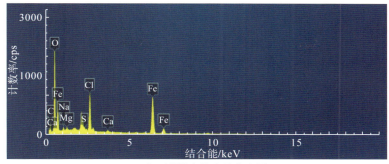

(c) 表面腐蚀产物含量分布图

图 3.12　母材腐蚀后试样表面微观形貌及 EDS 区域能谱分析图

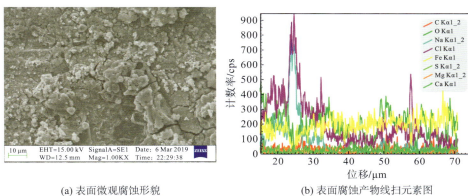

(a) 表面微观腐蚀形貌　　　　　　　　　　(b) 表面腐蚀产物线扫元素图

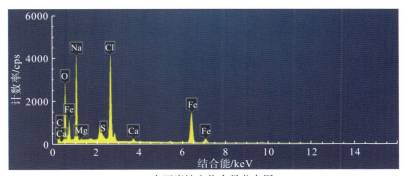

(c) 表面腐蚀产物含量分布图

图 3.13　焊缝腐蚀后试样表面微观形貌及 EDS 区域能谱分析图

表 3.10　连续管母材和焊缝腐蚀后表面能谱元素分析结果（%）

	C	O	Na	Mg	Cl	Ca	Fe	总量
母材	9.74	36.32	1.07	0.61	11.82	0.72	39.72	100
焊缝	9.34	22.35	20.78	0.15	20.75	0.84	25.79	100
变化率/%	4.3	62.5	−94.9	306.7	−43.0	−14.3	54.0	—

按照式(3.4)计算得到连续管焊缝和母材在 CO_2 分压为 0.3MPa、总压为 4MPa、溶液 pH 为 5.6 时，不同温度下的平均腐蚀速率，如图 3.14 所示。

$$V_{corr} = \frac{87600 \cdot (M_0 - M_1)}{\rho S T} \tag{3.4}$$

式中，V_{corr} 为腐蚀速率，mm/a；M_0 为实验前的试样质量，g；M_1 为实验后的试样质量，g；S 为试样的总表面积，cm^2；T 为实验时间，h；ρ 为材料的密度，g/cm^3。

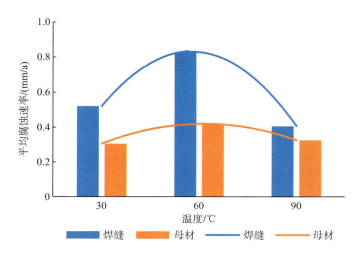

图 3.14   CT110 连续管在不同温度下的平均腐蚀速率

从图 3.14 中可以看出，焊缝在 30℃、60℃和 90℃时的平均腐蚀速率分别是母材的 1.7、2.0 和 1.2 倍。表 3.11 所示为腐蚀程度的评价标准[6]，依据表 3.11 可知连续管焊缝和母材的腐蚀程度属于严重腐蚀或极严重腐蚀。CT110 连续管母材和焊缝腐蚀速率随温度的变化规律是一致的，呈现先增大后减小的趋势，并在 60℃时有最大值。由电化学原理可知，随着温度的升高，腐蚀速率随之增大，而当达到一定峰值后，连续管表面会生成致密的保护膜，从而阻碍腐蚀反应的发生，降低腐蚀速率。通过母材和焊缝腐蚀速率的比较可知，连续管在不同温度下焊缝的腐蚀速率都高于母材，说明焊缝对腐蚀更为敏感。主要原因是在连续管焊接过程中焊缝处组织不均匀，存在一定的残余应力，同时还存在一些夹杂、位错等缺陷，造成焊缝晶界处的晶格畸变能增大、活性提高、电极电位降低，从而使焊缝与母材之间产生电位差，形成腐蚀原电池，使得焊缝处发生严重腐蚀。

表 3.11   NACE RP0775—2005 标准对平均腐蚀速率的规定

分类	平均腐蚀速率/(mm/a)
轻度腐蚀	<0.025
中度腐蚀	0.025～0.125
严重腐蚀	0.125～0.254
极严重腐蚀	>0.254

如图 3.15 所示为连续管焊缝和母材在温度为 60℃、总压力为 4MPa、溶液 pH 为 5.6 时，不同 CO_2 分压下的平均腐蚀速率。CT110 连续管焊缝在 0.1MPa、0.2MPa、0.3MPa 下的腐蚀速率分别是母材的 2.0、2.1 和 2.0 倍，由表 3.11 可知连续管焊缝和母材的腐蚀程度属于严重腐蚀或极严重腐蚀。连续管焊缝和母材腐蚀速率是随着 CO_2 分压的增大而增大的。从电化学原理及物质的扩散原理方面来解释：这是因为当溶液中 CO_2 分压增大时，溶液中 CO_2 分子的扩散速率会增大，从而会加快阴极的反应，生成的碳酸浓度升高，电离出来的 H^+ 浓度也随之增大，进一步加快了阳极中基体金属铁的溶解，使得整个腐蚀速率增大。另外通过母材和焊缝的比较可知，CT110 连续管在不同 CO_2 分压下焊缝的腐蚀速率高于母材，与不同温度下焊缝和母材的对比结论一致，表明焊缝对腐蚀更为敏感。

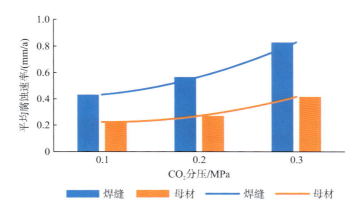

图 3.15   CT110 连续管在不同 CO_2 分压下的平均腐蚀速率

3.3.2   电化学腐蚀实验

1. 实验目的

基于电化学腐蚀原理，采用三电极体系进行连续管母材和焊缝的电化学腐蚀测试实验，期于达到以下目的：

(1)通过动电位极化曲线扫描测试，得到有无 CO_2 环境、不同温度和不同 CO_2 分压下母材和焊缝试样的极化曲线，对比分析母材和焊缝的耐腐蚀性。

(2)通过电化学阻抗谱测试，得到母材和焊缝的电化学阻抗谱，进一步验证两者的耐腐蚀性。

(3)通过母材和焊缝试样的极化曲线，求解出腐蚀电位、腐蚀电流密度、塔费尔(Tafel)斜率等电化学腐蚀参数，为后面连续管腐蚀有限元模拟的材料参数提供依据。

2. 实验试样及试剂制备

实验材料选取 CT110 连续管，外径为 ϕ50.8mm，壁厚为 4.4mm，其主要的化学成分(质量分数)见表 3.9。实验的试样通过线切割的方式从连续管上切取下来，如图 3.16 所示，尺寸为 10mm×10mm×2mm，保留焊缝和母材试样工作面的面积为 $1cm^2$，然后再进行打磨抛光处理，除去表面毛刺，使工作表面达到实验要求的粗糙度。将试样的背面点焊上铜芯导线，再用万用表测量确保实验过程中电路处于导通状态。采用环氧树脂将非工作面部分密封使其与腐蚀介质绝缘，然后将试样封装在聚四氟乙烯管中，仅暴露工作表面。实验采用的腐蚀溶液与高温高压腐蚀测试的实验试剂一致。

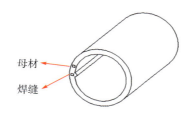

图 3.16　母材和焊缝的取样方式示意图

3. 实验方法及步骤

本次实验主要对比研究连续管母材和焊缝试样在不含 CO_2(20℃)和饱和 CO_2(20℃、40℃、60℃)溶液中的电化学腐蚀行为。实验前，将配制好的溶液通入高纯 N_2 除去溶液中的氧。饱和 CO_2 条件下，为保证实验的准确性，在整个实验过程中持续地通入 CO_2。

本次实验测试装置采用电化学工作站[图 3.17(a)]，测试在电热恒温水浴锅[图 3.17(b)]中进行，实验方法采用传统的三电极体系，铂片电极为对电极，Ag/AgCl 电极(1mol/L KCl)为参比电极，试样为工作电极。测试时，先进行开路电位测试(1h)，待开路电位稳定后进行电化学阻抗谱测试，其测试波形为正弦波，幅值范围为 0～5mV，频率范围为 10mHz～99999Hz；再进行动电位极化曲线扫描测试，其电位扫描范围为 OCP−800mV～OCP+800mV，扫描速率为 0.5mV/s。

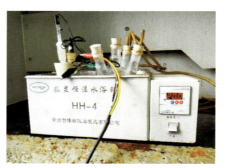

(a) 电化学工作站　　　　　　　　　　(b) 电热恒温水浴锅

图 3.17　连续管电化学腐蚀测试实验装置

4. 结果及讨论

图 3.18 和图 3.19 分别为 CT110 连续管母材试样和焊缝试样在无 CO_2（20℃）、饱和 CO_2（20℃、40℃、60℃）条件下的动电位极化曲线。从两者的极化曲线中可以看到：阳极极化区的曲线相对较平缓光滑，阳极区无钝化现象存在，整体呈现为阳极活性溶解特征。从 20℃无 CO_2、20℃饱和 CO_2 条件下母材和焊缝极化曲线来看，饱和 CO_2 条件下的极化曲线相较于不含 CO_2 条件的极化曲线下移，母材和焊缝试样的自腐蚀电位 E_{corr} 降低，更易发生腐蚀。从 20℃、40℃、60℃饱和 CO_2 条件下的极化曲线可以看到，随着温度的升高，极化曲线下移，自腐蚀电位降低。表明在饱和 CO_2 条件下，温度越高，试样的耐腐蚀性能越弱。

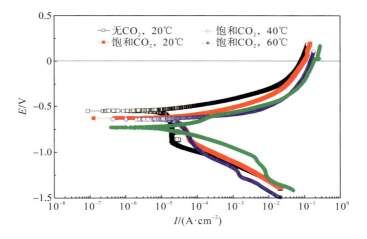

图 3.18 CT110 连续管母材在不同条件下的动电位极化曲线

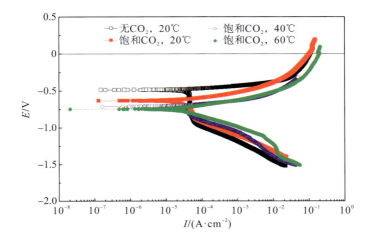

图 3.19 CT110 连续管焊缝在不同条件下的动电位极化曲线

采用 C-View 软件，根据强极化区的 Tafel 直线外推法并结合巴特勒-福尔默(Butler-Volmer)方程对实验测得的动电位极化曲线进行数据拟合，得到了 CT110 连续管母材和焊缝试样在不同条件下的电化学腐蚀参数，即腐蚀电位 E_{corr}、腐蚀电流密度 I_{corr} 以及阴、阳极的 Tafel 斜率常数 b_c 和 b_a。饱和 CO_2 条件下的腐蚀电位比无 CO_2 条件下的腐蚀速率大，这是因为 CO_2 通入水后生成不稳定的碳酸，加速了阳极金属基体的腐蚀溶解。从阴、阳极的 Tafel 斜率常数 b_c 和 b_a 来看，阴极的 Tafel 斜率常数 b_c 都大于阳极的 Tafel 斜率常数 b_a，进一步说明了腐蚀过程受阴极过程控制。由表 3.12 可知，饱和 CO_2 条件下焊缝试样的腐蚀电流密度高于母材试样，腐蚀速率更大，耐腐蚀性更差，这是由焊缝区在焊接过程中的局限性、瞬时性以及温度的不均匀性引起的，另外在焊接后的冷凝硬化过程，冷却速度较快导致焊缝的脆化和硬化性能下降，同时内部有残余应力。

表 3.12 CT110 连续管母材和焊缝试样在不同条件下的电化学腐蚀参数

条件	E_{corr}/V		$I_{corr}/(\mu A \cdot cm^{-2})$		$b_a/(mV \cdot decade^{-1})$		$b_c/(mV \cdot decade^{-1})$	
	母材	焊缝	母材	焊缝	母材	焊缝	母材	焊缝
20℃/无 CO_2	−0.55	−0.48	11.4	3.3	20	34	−35	−52
20℃/饱和 CO_2	−0.55	−0.63	4.3	8.4	34	41	−50	−135
40℃/饱和 CO_2	−0.64	−0.71	17.0	17.7	32	45	−203	−155
60℃/饱和 CO_2	−0.73	−0.75	12.1	21.5	32	66	−58	−116

图 3.20 和图 3.21 分别是 CT110 连续管母材和焊缝试样在无 CO_2 和饱和 CO_2 条件下的电化学阻抗谱。从图 3.20(a) 和图 3.21(a) 中可以看到，饱和 CO_2 条件较无 CO_2 下的 Nyquist 曲线容抗弧的半径小，试样的热稳定性更差，耐腐蚀性能更弱。在图 3.20(b) 和图 3.21(b) 中，连续管母材和焊缝试样的阻频特性曲线从高频区到低频区，饱和 CO_2 较无 CO_2 下转折角的斜率由大变小，同时在低频区的落点值分别从 1845Ω 减小至 1330Ω、1889Ω 减小至 983Ω；相频特性曲线从高频区到低频区，先逐渐上升到最高点然后逐渐下降，饱和 CO_2 较无 CO_2 下相角最大值分别由 70° 减小至 68°、72° 减小至 70°。由此可知，连续管母材和焊缝在饱和 CO_2 下耐腐蚀性能更弱。

图 3.22 和图 3.23 分别是连续管焊缝和母材在饱和 CO_2 条件下不同温度下的电化学阻抗谱。从图 3.22(a) 和图 3.23(a) 中可以看到，连续管焊缝和母材在饱和 CO_2 条件下，随着温度的升高，Nyquist 曲线的容抗弧半径减小，试样稳定性减弱，腐蚀敏感性增大，耐腐蚀性能减弱。在图 3.22(b) 和图 3.23(b) 中，随着温度的升高，其转折角的斜率由大变小，同时在低频区的落点值分别由 1331Ω 减小至 592Ω、983Ω 减小至 248Ω，相频特性曲线从高频区到低频区，先逐渐上升到最高点然后逐渐下降。随着温度的升高，相角最大值分别由 70° 减小至 65°、70° 减小至 62°。由此可知，连续管的耐腐蚀性随着温度的升高而减小。

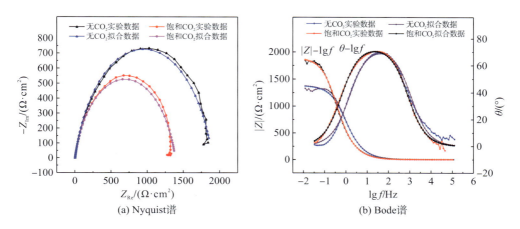

图 3.20　CT110 连续管母材模拟饱和/不含 CO_2 的 Nyquist 谱和伯德（Bode）谱

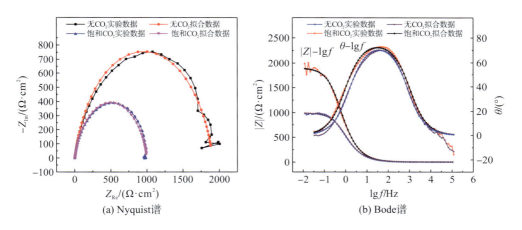

图 3.21　CT110 连续管焊缝模拟饱和/不含 CO_2 的 Nyquist 谱和 Bode 谱

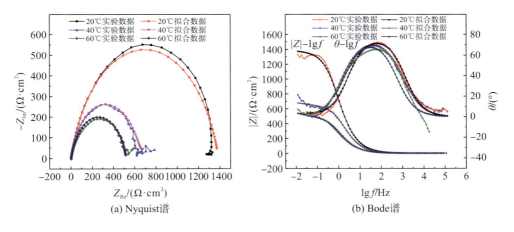

图 3.22　CT110 连续管母材模拟饱和 CO_2 不同温度下的 Nyquist 谱和 Bode 谱

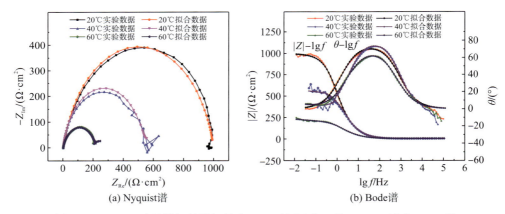

图 3.23　CT110 连续管焊缝模拟饱和 CO_2 不同温度下的 Nyquist 谱和 Bode 谱

采用图 3.24 的等效电路对电化学阻抗曲线进行拟合，拟合得到的曲线和实验所得的曲线基本吻合（图 3.22 和图 3.23），说明该等效电路是合理的。表 3.13 为等效电路拟合所得的电化学阻抗谱拟合参数。图 3.24(a) 中的等效电路主要由 R_s、R_t 和 Q_{dl} 组成，其反应主要由电化学控制，描述了腐蚀反应的活化过程特征。图 3.24(b) 中出现了 Warburg 阻抗，这是由物质溶液中的扩散引起的阻抗，描述了扩散物质的传递过程。其中 R_s 为溶液电阻，R_t 为电荷传递电阻，Q_{dl} 代表双电层电容的常相位角元件，$Q_{dl} = (jW)^{-n} / Y_0$，Y_0 为导纳常数，n 为弥散指数，W 为角频率，极化电阻 R_p（$R_p = R_s + R_t$）表示金属材料的腐蚀抗力，电阻值越高，说明材料耐腐蚀性越好。由表 3.13 可知，在温度为 20℃时，饱和 CO_2 的极化电阻低于不含 CO_2，说明 CO_2 的通入会降低试样在溶液中的耐腐蚀性，腐蚀更为剧烈。在饱和 CO_2 条件下，随着温度的升高，极化电阻减小，试样耐腐蚀性能减弱。焊缝的极化电阻小于母材，耐腐蚀性较母材差。

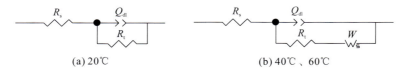

图 3.24　CT110 连续管的电化学阻抗谱等效电路

表 3.13　CT110 连续管在不同条件下的电化学阻抗谱拟合参数

条件	试样	$R_s/(\Omega \cdot cm^2)$	$Q_{dl}/(\mu F \cdot cm^2)$	n	$R_t/(\Omega \cdot cm^2)$	$W/(\Omega^{-1} \cdot cm^{-2} \cdot s^{0.5})$
20℃/不含 CO_2	母材	3.258	34.4	0.8334	1886	——
	焊缝	3.415	22.4	0.8544	1895	——
20℃/饱和 CO_2	母材	3.932	22.0	0.8296	1375	——
	焊缝	3.348	28.4	0.8513	994.3	——
40℃/饱和 CO_2	母材	2.208	25.0	0.8629	645.5	0.07569
	焊缝	2.798	21.7	0.9074	531.8	0.07032
60℃/饱和 CO_2	母材	2.995	49.5	0.8432	490.7	0.05254
	焊缝	2.261	79.4	0.8092	211.3	0.15280

3.4　完整连续管电化学腐蚀有限元模拟

3.4.1　连续管电偶腐蚀有限元模拟

连续管的主要加工制造工艺是焊接，焊接区域的化学成分和力学性能不均匀，极易产生电偶效应，使得在焊接处极易发生腐蚀。因此，由于焊缝和母材耐蚀性能不同，基于电化学腐蚀原理构建连续管电偶腐蚀模型。由前文的连续管 CO_2 腐蚀实验研究可知，连续管焊缝的腐蚀电位比母材低，热力学稳定性更差，更容易发生腐蚀。在基于电化学腐蚀原理构建连续管电偶腐蚀模型时，假设母材为阴极，焊缝为阳极。另外在做连续管电偶腐蚀的数值模拟时，做出如下假设：①假设电解质溶液不存在浓度梯度，对外呈电中性；②假设母材阴极不发生腐蚀，研究焊缝阳极腐蚀行为。

1. 几何模型

在研究连续管腐蚀规律时，只需研究连续管表面的腐蚀行为即可，又考虑到采用 COMSOL 软件三维建模较为复杂，且模拟分析计算时间较长，为了简化分析计算，对连续管截面建立二维平面电解质域，焊缝宽为 5mm，母材宽为 10mm，电解质域的高度为 20mm，其模型简化构建过程如图 3.25 所示，图 3.25(a) 为连续管加工成品实物图，所建的二维平面几何模型如图 3.25(b) 所示。

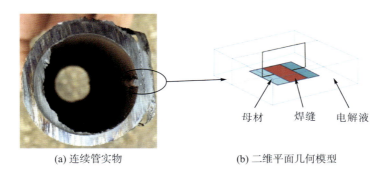

(a) 连续管实物　　　　　　　　　　(b) 二维平面几何模型

图 3.25　模型简化构建过程

2. 边界条件

在连续管电偶腐蚀模型中，根据电偶腐蚀原理可知，阳极腐蚀溶解速度远大于阴极。因此，在有限元模型中设定只有阳极发生腐蚀溶解，阴极不发生腐蚀。在该模型中，采用任意拉格朗日-欧拉(arbitrary Lagrangian Eulerian，ALE)方法来描述焊缝的腐蚀过程。该模型网格的位移主要由式(3.5)控制。

$$\begin{cases} \dfrac{\partial^2}{\partial X^2}\dfrac{\partial x}{\partial t}+\dfrac{\partial^2}{\partial Y^2}\dfrac{\partial y}{\partial t}=0 \\[2mm] \dfrac{\partial^2}{\partial X^2}\dfrac{\partial y}{\partial t}+\dfrac{\partial^2}{\partial Y^2}\dfrac{\partial x}{\partial t}=0 \end{cases} \tag{3.5}$$

式中，X、Y 为参考坐标系；x、y 为空间坐标系；t 为仿真时间步。

根据连续管焊缝腐蚀过程，可由电极表面的腐蚀速度来设置阴、阳极边界条件。根据法拉第定律，通过电极的电流密度可求得电极表面的腐蚀速率为

$$n\cdot v=\frac{M}{zF\rho}I \tag{3.6}$$

式中，n 为腐蚀反应中的电子数；v 为腐蚀速率，mm/a；M 为物质的摩尔质量，g/mol；z 为每个化学物质参与转移的电子数；F 为法拉第常数；I 为表面电流密度，A/m^2；ρ 为物质的密度，g/cm^3。

由于已假设了模型中阴极不发生腐蚀，因此该边界条件满足：

$$n\cdot v=0 \tag{3.7}$$

然而，若阳极发生了焊缝金属的腐蚀溶解，则该边界条件应该满足公式(3.8)。模型其余的边界采用对称边界，因此边界条件应满足：

$$\mathrm{d}x=0,\quad \mathrm{d}y=0 \tag{3.8}$$

3. 网格划分及求解器设置

对连续管电偶腐蚀模型中的二维电解质域采用自由三角形网格划分，网格尺寸大小为普通物理控制的较细化网格，其最大和最小网格尺寸分别为 0.592mm 和 0.002mm。对母材和焊缝阴阳极边界网格进行细分，边界固定单元网格数为 100，最终网格划分如图 3.26 所示。对于连续管浸泡在腐蚀介质溶液中一段时间后的电偶腐蚀行为，采用二次电流分布物理场及变形几何、带电流分布初始化的瞬态研究步，以及稳态求解器中的 MUMPS 求解器来模拟其腐蚀变形行为及规律。

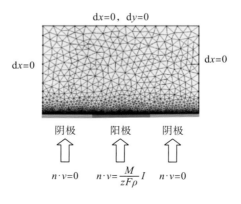

图 3.26　网格划分及边界条件

4. 电偶腐蚀模拟与实验验证

为验证连续管电偶腐蚀有限元模型的准确性,利用公开文献中碳钢接头焊缝和母材在不同温度下的电化学腐蚀参数(表 3.14)来模拟其在腐蚀溶液中浸泡 5 天后的腐蚀过程。

表 3.14　不同温度下母材和焊缝的电化学腐蚀参数

温度 $T/℃$	位置	腐蚀电位 E_{corr}/mV	腐蚀电流 $I_{corr}/(μA·cm^{-2})$	Tafel 斜率 $β_c/(mV·decade^{-1})$
30	母材	−742	59.5	65.3
	焊缝	−756	77	114
60	母材	−726	186	71.3
	焊缝	−751	195	109
90	母材	−734	77	85.2
	焊缝	−739	98.4	89

网格质量对有限元模拟结果有着重要的影响,因此在模拟计算分析之前先对有限元模型进行网格无关性验证,选取合适的网格数量和大小尺寸,确保后续计算结果的准确性。为了选取最佳的网格数量,设定连续管表面与电解质界面处的网格从 100 到 500 进行变化,采用任意拉格朗日-欧拉(ALE)自适应网格重新构建网格划分方法来进行腐蚀变形的计算。图 3.27 为在温度 60℃下,不同网格数量下碳钢接头腐蚀 5 天后的腐蚀形貌图。由图可知,网格数量的增多对焊接接头最大腐蚀深度的影响不大,但对焊缝和母材交界处的稳定性影响较大。当网格数量等于或大于 300 后,其交界处的腐蚀形貌趋于稳定,网格数量增多,腐蚀变形无明显变化。因此考虑到计算时间成本,在后续的有限元计算分析中,设定边界处网格数量均为 300。

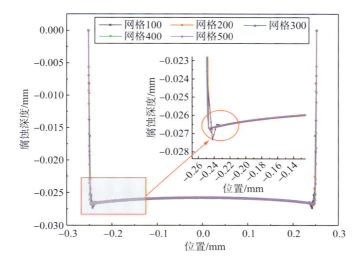

图 3.27　焊接接头浸泡 5 天后的腐蚀深度

　　根据表 3.14 可以得到焊缝和母材在不同温度下的电化学参数，然后导入 COMSOL 软件中作为电偶腐蚀模型的边界条件，模拟碳钢接头腐蚀 5 天后的腐蚀形貌，结果如图 3.28 所示。从图中可以看出，30℃ 和 90℃ 时焊缝的腐蚀深度相近，且均小于 60℃ 时的腐蚀深度，其中 30℃、60℃ 和 90℃ 时的焊缝与母材高度差分别为 8.4μm、26.5μm 和 10μm。将数值计算结果与文献实验测得的试样的腐蚀形貌进行对比，结果如表 3.15 所示。由表可知，两种方法得出最大误差为 16.3%，最小误差为 10.4%，整体误差较小。因此可以得出，本书中的电偶腐蚀模型模拟方法准确性较高，可以使用。

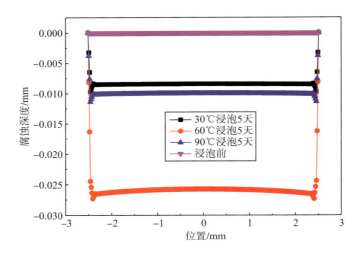

图 3.28　模拟碳钢接头浸泡 5 天后的腐蚀深度

表 3.15　数值模拟与实验结果对比

温度/℃	实验结果/μm	数值计算结果/μm	误差/%
30	7.6	8.4	10.5
60	24.0	26.5	10.4
90	8.6	10.0	16.3

　　由连续管电化学腐蚀测试实验可知，通过动电位极化扫描测试，得到了母材和焊缝在温度为 20℃、40℃ 和 60℃ 情况下的极化曲线，如图 3.18 和图 3.19 所示，通过 Tafel 直线外推法求得其电化学腐蚀参数，如表 3.16 所示。

　　基于前面已验证的连续管电偶腐蚀有限元模型，利用表 3.16 中连续管母材和焊缝在不同温度下的电化学腐蚀参数，在 COMSOL 中模拟周期为 0～30 天的连续管腐蚀变形形貌，有限元模拟结果如图 3.29 所示。从图中可以看出，在不考虑连续管表面腐蚀产物膜的情况下，基本保持在一个稳定的腐蚀速率，腐蚀深度随时间呈线性增长，浸泡 30 天后的腐蚀深度达到 30μm 左右，平均腐蚀速率保持在 0.37mm/a，根据 NACE RP0775—2005 标准可知已经属于极严重腐蚀等级。

表 3.16　连续管母材和焊缝试样在不同温度下的电化学腐蚀参数

温度/℃	E_{corr}/mV		I_{corr}/(μA·cm^{-2})		b_a/(mV·decade^{-1})		b_c/(mV·decade^{-1})	
	母材	焊缝	母材	焊缝	母材	焊缝	母材	焊缝
20	−550	−630	4.3	8.4	34	41	−50	−135
40	−640	−710	17.0	17.7	32	45	−203	−155
60	−730	−750	12.1	21.5	32	66	−58	−116

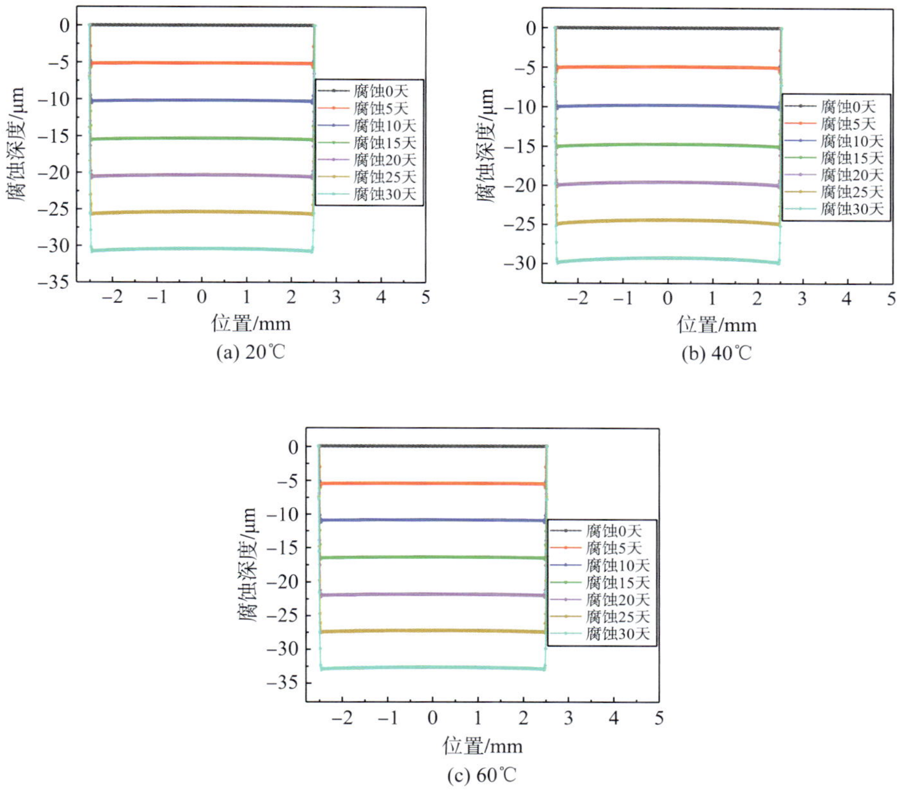

(a) 20℃

(b) 40℃

(c) 60℃

图 3.29　连续管在不同温度下腐蚀模拟 0～30 天的腐蚀深度

5. 焊缝参数对腐蚀的影响

为了研究连续管焊缝和母材面积比对连续管腐蚀速率的影响,采用 20℃、40℃和 60℃下连续管的电化学参数,模拟不同焊缝和母材面积比下连续管腐蚀 30 天后的腐蚀形貌,结果如图 3.30 所示。从图中可以看出,焊缝与母材的面积比对焊缝处腐蚀形貌的影响规律呈现为面积比越小,腐蚀深度越大,平均腐蚀速率越大。因此通过连续管电偶腐蚀的数值模拟分析可以得出,焊缝和母材的面积比与连续管焊缝腐蚀速率负相关。

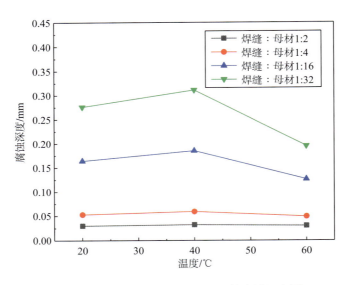

图 3.30　焊缝与母材不同面积比下的腐蚀深度图

连续管生产厂家的需求不同，焊接方法也都不相同，导致连续管的焊缝加固效果不同，其焊缝高度决定了连续管焊接质量。通过调研发现，壁厚小于 10mm 的钢管焊缝高度小于 1.9mm，因此保持连续管焊缝余高在 0～2.5mm 之间。基于前面已验证的连续管电偶腐蚀有限元模型，采用第 3.3 节实验测得的连续管在 20℃、40℃ 和 60℃ 下的电化学参数，模拟连续管在电解质溶液中浸泡 30 天，研究焊缝余高对连续管腐蚀的影响规律。图 3.31～图 3.33 分别为温度为 20℃、40℃ 和 60℃ 时，模拟不同焊缝余高下连续管浸泡 30 天后的电位分布及电流流向图，其中图 3.31（a）、（b）、（c）、（d）分别为焊缝余高为 0mm、0.5mm、1.0mm、2.0mm 时连续管浸泡 30 天后的电位分布及电流流向图。从图中可以看出，不同温度下，连续管浸泡 30 天后，不同焊缝余高下连续管电流流向均是从焊缝流向母材，但随着焊缝余高的增大，其焊缝表面电位大小及分布区域增大，加剧了腐蚀的发生。同时提取浸泡 30 天后，不同温度下连续管焊缝中心位置处的最大腐蚀深度，如图 3.34 所示。从图中可以看出，当焊缝余高为 0.5mm 时，其 30 天后的腐蚀深度与无焊缝余高时几乎一样，无较大改变。但当焊缝余高大于 0.5mm 时，其 30 天后的腐蚀深度较无余高时的腐蚀深度有轻微的减小，这主要是由于在不考虑焊缝受力情况时，焊缝横截面积随余高增大而增大，这就降低了母材和焊缝之间阴阳两极的面积比，从而降低了焊缝的平均腐蚀速率，最终减小了焊缝腐蚀深度。但考虑到焊缝余高过大，会增加应力集中的风险，同时也会增大内部输送介质的摩擦阻力，加大能源的损耗；另外出于连续管腐蚀防护的考虑，焊缝余高过大，防腐层就会越厚，加大了腐蚀防护的成本，因此考虑到连续管的实际服役情况，在焊接过程中应当尽量避免焊缝余高过大。

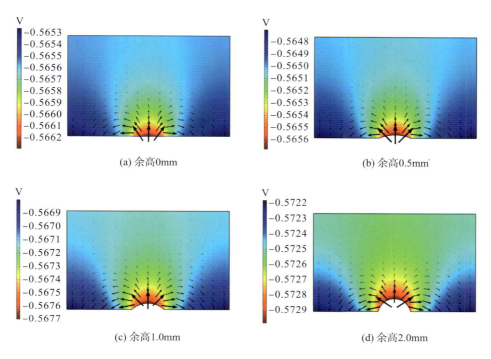

图 3.31 20℃模拟不同焊缝余高下浸泡 30 天后的电位分布及电流流向图

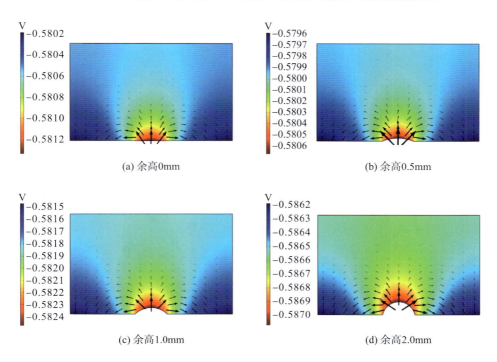

图 3.32 40℃模拟不同焊缝余高下浸泡 30 天后的电位分布及电流流向图

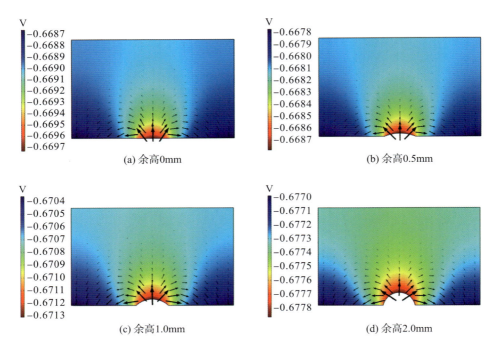

图 3.33   60℃模拟不同焊缝余高下浸泡 30 天后的电位分布及电流流向图

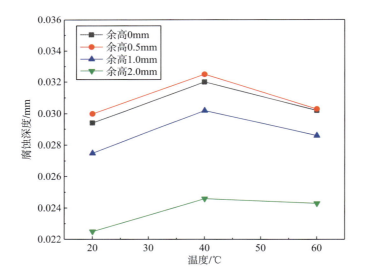

图 3.34   模拟不同焊缝余高下浸泡 30 天后焊缝中心腐蚀深度

3.4.2   连续管 CO_2 腐蚀有限元模拟

连续管在含 CO_2 高温高压气井作业中的腐蚀主要受到温度、CO_2 分压、溶液 pH、流速、矿化度、材料等因素的影响。目前在连续管腐蚀影响因素中对矿化度的研究相对较多，因此本小节基于连续管 CO_2 电化学腐蚀机理，主要探究温度、CO_2 分压、溶液 pH 以及流体流速等环境参数对连续管腐蚀的影响规律。

1. 几何模型及边界条件设置

连续管 CO_2 电化学腐蚀主要是研究环境参数对腐蚀的影响。在构建有限元几何模型时分为三维实体建模和二维平面简化建模，如图 3.35 所示。选取 COMSOL 软件中的腐蚀-二次电流分布、稀物质传递并结合湍流等多个物理场来进行连续管在含 CO_2 电解质溶液中腐蚀溶解过程的仿真分析。

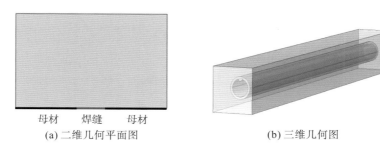

(a) 二维几何平面图　　　　　　　　　　(b) 三维几何图

图 3.35　几何模型

在连续管 CO_2 腐蚀模型中，采用任意拉格朗日-欧拉方法(ALE)来描述连续管的腐蚀过程，如式(3.5)所示。根据连续管表面的腐蚀过程，可由电极表面的腐蚀速度来设置边界条件，其控制方程如式(3.6)～式(3.8)所示。电解质溶液的环境参数如下：pH 为 2.5～6.5，温度为 20～200℃，CO_2 分压为 0～5MPa，流速为 1～5m/s。具体参数将在后续计算中详细交代。

2. 网格划分及求解器设置

对连续管 CO_2 电化学腐蚀模型中的二维电解质域采用自由三角形网格划分，网格尺寸大小为普通物理控制的细化网格，其最大和最小网格尺寸分别为 0.592mm 和 0.002mm，对电极与电解质接触面的边界网格进行细分，边界固定单元网格数为 100，最终网格划分如图 3.36 所示。

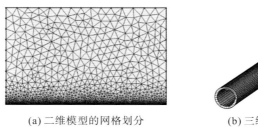

(a) 二维模型的网格划分　　　　　　　　(b) 三维模型的网格划分

图 3.36　网格划分图

对于研究连续管在不同环境参数下的 CO_2 电化学腐蚀规律，求解器采用稳态求解器中的 MUMPS 求解器，然后对环境参数进行参数化扫描来研究连续管在不同环境参数下的腐蚀速率，整个求解器设置的过程如图 3.37 所示。

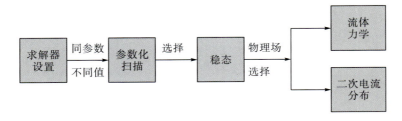

图 3.37   求解器设置过程图

3. 有限元模型验证

为了验证数值模型的准确性，本节以文献[7]中的实验结果与模拟结果进行对比，模拟条件设定为：溶液环境为 1%（质量分数）的氯化钠，呈弱酸性，环境温度为 50℃，CO_2 分压为 0.1MPa，溶液流速为 2m/s，pH 分别为 4、5、6。通过有限元仿真分析，得到不同 pH 对腐蚀速率的影响规律，并绘制实验结果与模拟结果的曲线图，如图 3.38 所示。从图中可以看到，二维仿真、三维仿真和实验方法所得到的腐蚀速率变化规律曲线均是一致的。通过对比分析分别可以得到二维仿真和三维仿真方法得到的腐蚀速率与实验腐蚀速率的误差，如表 3.17 所示。二维仿真方法得到的腐蚀速率与实验相比，其最大误差为 18.1%，最小误差为 1.25%，在工程误差允许范围之内；三维仿真方法得到的腐蚀速率与实验相比，其最大误差为 50.0%，最小误差为 20.0%，造成个别误差较大的主要原因是实验模拟结果

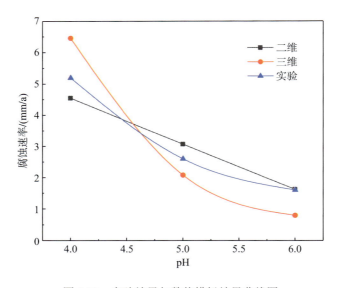

图 3.38   实验结果与数值模拟结果曲线图

差异性较大，虽然个别结果误差较大，但总体上实验和数值模拟得到的腐蚀影响规律是一致的，由此证实该模拟方法是可行的。对二维仿真和三维仿真方法得到结果对比分析可知，二维仿真模拟得到的误差较小，且二维仿真分析时间较短，综合考虑，在后续的研究中选择二维仿真模拟。

表 3.17　实验结果与数值模拟结果对比数据

pH	二维仿真结果/(mm/a)	三维仿真结果/(mm/a)	实验结果/(mm/a)	二维仿真误差/%	三维仿真误差/%
4	4.55	6.46	5.20	12.5	24.2
5	3.07	2.08	2.60	18.1	20.0
6	1.62	0.80	1.60	1.25	50.0

4. 环境参数对连续管腐蚀的影响规律

当溶液 pH=4，电解质溶液电导率为 2.86S/m，CO_2 分压分别为 0.1MPa、0.5MPa、1.0MPa 时，数值计算了温度对连续管腐蚀速率的影响规律，如图 3.39 所示。从图中可以看出：①连续管腐蚀速率随着温度的升高而增大，当达到一个特定温度后，腐蚀速率达到最大值，出现"峰值腐蚀速率"。②根据电化学反应的原理可知，当温度升高时，溶液中的活性离子活性增大，溶液的电阻率提高，阴极的电化学反应速率增大，腐蚀产物形成的保护膜比较疏松且无附着力，不足以起到保护作用，因此腐蚀速率随着温度的升高而增大。③当温度继续升高，达到一定数值后，腐蚀产物在基体表面的堆积会形成一个较为完整的保护膜，阻碍腐蚀溶液中离子向基体金属的扩散，从而抑制腐蚀反应的进行，因此连续管的腐蚀深度呈现为先增大后减小的趋势。④CO_2 分压分别为 0.1MPa、0.5MPa、1.0MPa 时，连续管腐蚀速率达到峰值的温度分别为 120℃、90℃和 60℃。这是因为在不同 CO_2 分压下，溶液中溶解的 CO_2 含量不一样，所以连续管表面生成致密保护膜时的温度有所不同。

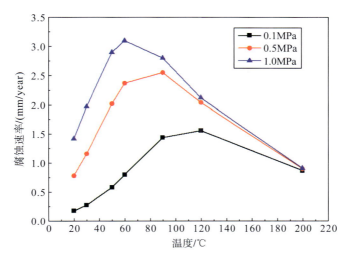

图 3.39　温度对连续管腐蚀速率的影响

图 3.40 所示为 CO_2 分压对连续管腐蚀速率的影响规律。从图中可以看出，当溶液 pH=4，电解质溶液电导率为 2.86S/m 时，在不同温度下，CO_2 分压对连续管腐蚀速率的影响规律基本是一致的，先是随着 CO_2 分压的增大而增大，然后逐渐趋于平稳状态。这是因为当溶液中 CO_2 分压增大时，溶液中 CO_2 分子的扩散速率增大，从而加快阴极反应，生成的碳酸浓度升高，电离出来的 H^+ 浓度也随之增大，进一步加快了阳极中基体金属铁的溶解，使得整个腐蚀速率增大。但当 CO_2 分压值达到一定临界值后，生成的腐蚀产物在连续管表面会形成致密的保护膜，腐蚀反应逐渐稳定，此时受 CO_2 分压影响较小，腐蚀速率基本趋于平稳，出现"稳定腐蚀速率"。

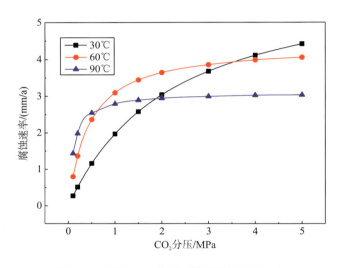

图 3.40   不同 CO_2 分压下连续管的腐蚀速率

图 3.41 所示为连续管在不同 pH 下的腐蚀速率，从图中得出，当 CO_2 分压为 0.1MPa，电解质溶液电导率为 2.86S/m 时，pH 较小时连续管腐蚀速率较大，随着溶液 pH 的增大，腐蚀速率减小。同时从图中可以得到，当温度为 30℃时，连续管腐蚀速率随 pH 的变化较小，而在温度为 90℃时，可以明显地看出连续管腐蚀速率降幅很大。溶液 pH 对连续管腐蚀的影响受温度的控制，温度越高，pH 对腐蚀速率的影响越显著。当 CO_2 分压一定时，阴极反应生成的碳酸与溶液的 pH 密不可分，溶液的酸性程度决定了碳酸的存在形式，pH 增大，有利于碳酸的电离，也有利于碳酸亚铁的形成，但是碳酸分解及扩散又受温度的影响，因此溶液 pH 对连续管腐蚀的影响受温度的控制，出现了"受控腐蚀速率"。

图 3.42 所示为不同流速对连续管腐蚀速率的影响曲线图。从图中可看出，当溶液 pH=4，电解质溶液电导率为 2.86S/m，CO_2 分压为 0.5MPa 时，随着流速的不断增大，连续管腐蚀速率也不断增大，但当溶液流速达到 3m/s 后，腐蚀速率增长趋势逐渐减缓，流速对腐蚀的影响减弱。这是因为在没有形成保护性腐蚀膜的情况下，随着流速的增大，溶液中的物质扩散速率变快，进而加速腐蚀反应的发生，增大了腐蚀速率。但是在保护膜形成后，介质流动对基体的腐蚀作用较小，对腐蚀的影响显著减弱。

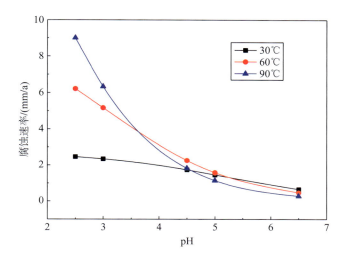

图 3.41　连续管在不同 pH 下的腐蚀速率

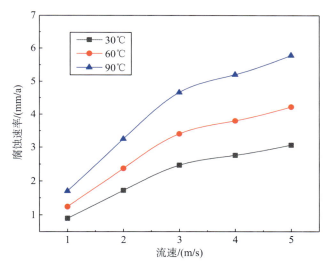

图 3.42　连续管在不同流速下的腐蚀速率

3.5　含缺陷连续管电化学腐蚀有限元模拟

3.5.1　含缺陷连续管应力腐蚀有限元模型

1. 几何模型及边界条件

为了方便计算，连续管管长取 100mm，连续管外径为 50.8mm，壁厚为 4.4mm，腐蚀电解质域的高度设置为 50mm，根据现场调研可知，椭球形的缺陷长度设置为 10～40mm，缺陷深度分别设置为管道壁厚的 20%、30%、40%及 50%，即 0.88mm、1.32mm、1.76mm 和 2.2mm。含缺陷连续管的二维平面几何模型示意图如图 3.43 所示。

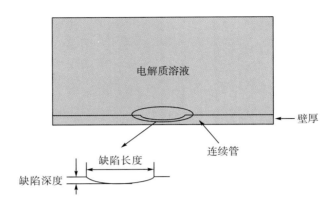

图 3.43　含缺陷连续管二维平面几何图

含缺陷连续管应力腐蚀行为是由固体力学和电化学相互作用导致的。因此，在有限元几何模型建立后，选择固体力学和二次电流分布两个物理场对含缺陷连续管应力腐蚀行为进行模拟，研究不同缺陷参数下缺陷处的应力与腐蚀电位和腐蚀电流密度的变化规律。在设置固体力学分析过程中的边界条件时，连续管左侧施加固定约束，右侧施加 0.1%的拉伸变形载荷，即大小为 0.1mm。

电化学腐蚀模拟过程中采用二次电流分布接口来计算腐蚀介质域中缺陷处的腐蚀电位及腐蚀电流密度的分布。

2. 材料选择及参数

本节选择的连续管钢级为 CT110，腐蚀介质溶液为模拟大北气田采出水溶液，溶液 pH 为 5.6。通过连续管电化学腐蚀实验可以得到，连续管常温环境下在腐蚀介质溶液中的极化曲线如图 3.44 所示。

阴阳极的平衡电位可由能斯特(Nernst)方程[8]求得

$$\begin{cases} E_{\text{eq,a}} = E_{\text{eq,a}}^0 + \dfrac{0.059}{2}\lg c(\text{Fe}^{2+}) \\ E_{\text{eq,c}} = E_{\text{eq,c}}^0 + \dfrac{0.059}{2}\lg c(\text{H}^+) = -0.0591\text{pH} \end{cases} \tag{3.9}$$

式中，$E_{\text{eq,a}}^0$ 为阳极的标准平衡电位，−0.441V；$E_{\text{eq,c}}^0$ 为阴极的标准平衡电位，0V；$c(\text{Fe}^{2+})$ 为溶液中 Fe^{2+} 的溶解度，取 10^{-6}mol/L；pH 为模拟地层水溶液的 pH 值，取值为 5.6。

通过公式(3.9)，再结合 Tafel 直线外推法可拟合出连续管的腐蚀电化学参数，拟合结果如表 3.18 所示。

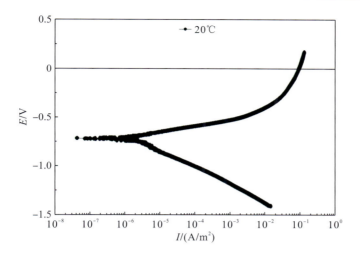

图 3.44　常温环境下连续管在腐蚀介质溶液中的极化曲线

表 3.18　腐蚀电化学参数拟合结果

电极	腐蚀平衡电位/V	腐蚀电流密度/(A/m^2)	Tafel 斜率/$(mV \cdot decade^{-1})$
阳极	−0.63	8.4×10^{-2}	41
阴极	−0.55	4.3×10^{-2}	−50

连续管的应力-应变曲线如图 3.45 所示。

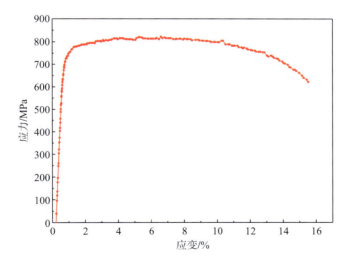

图 3.45　连续管的应力-应变曲线

3. 网格划分及求解器设置

二维电解质域网格采用自由三角形网格，网格尺寸大小为普通物理控制的较细化网格，其最大和最小网格尺寸分别为 0.0037mm 和 $1.25×10^{-5}$mm。对电极与电解质接触面的边界网格进行细分，边界固定单元网格数为 100，最终网格划分如图 3.46 所示。采用稳态求解器中的 MUMPS 求解器，然后对不同参数进行参数化扫描来研究连续管的应力腐蚀规律。

图 3.46　网格划分图

3.5.2　矩形缺陷对连续管电化学腐蚀的影响

1. 轴向拉伸载荷对应力腐蚀的影响

在矩形缺陷下，保持缺陷长度为 10mm，缺陷深度为 2mm，通过计算可以求得不同拉伸载荷应变下连续管缺陷处的腐蚀电位分布及应力分布图，如图 3.47 所示。由图可知，在 0.1%拉伸应变时，连续管缺陷处的最大 Mises 应力为 617.48MPa，没有达到连续管的屈服强度，此时缺陷处的应力较小，缺陷处的腐蚀电位比较平稳。当拉伸应变达到 0.2%时，缺陷处两端的应力集中较明显，超过屈服极限，缺陷处的整体腐蚀电位减小，两端的腐蚀电位较中间位置略偏小，说明在应力集中的影响下，两端处的腐蚀更严重。当拉伸应变超过 0.2%后，缺陷处的整体应力均超过连续管的屈服极限，缺陷处的腐蚀电位显著减小，此时腐蚀情况相当严重。图 3.48 为不同拉伸应变下连续管缺陷处的 Mises 应力曲线图。从图中可以看到，随着拉伸应变的增大，缺陷处的 Mises 应力不断增大。拉伸应变较小时，未达到连续管屈服强度，中间位置应力较为平稳，均小于两端的应力，两端应力集中明显。拉伸应变较大时，超过屈服极限，整个缺陷处的应力逐渐趋于一致。图 3.49 是不同拉伸应变下连续管缺陷处的腐蚀电位及腐蚀电流密度曲线图。由图可知，随着拉伸载荷的不断增大，缺陷处的腐蚀电位不断减小，腐蚀电流密度增大，且拉伸应变较小时，腐蚀电位和腐蚀电流密度相对比较平稳；拉伸应变较大时，腐蚀电位显著减小，腐蚀电流密度明显增大，缺陷中心处的力-电化学耦合相互作用显著，应力腐蚀行为表现更为严重。

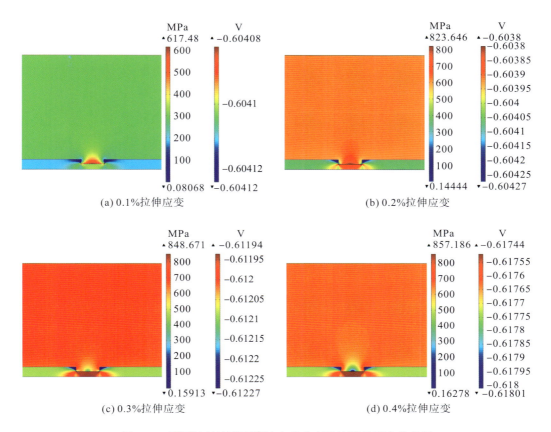

图 3.47　不同拉伸应变下腐蚀电位分布及缺陷处应力分布图

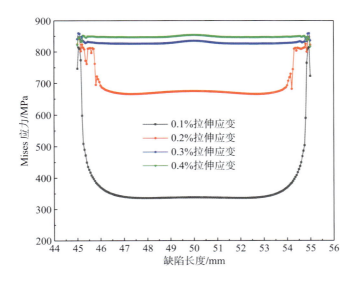

图 3.48　不同拉伸应变下缺陷处的 Mises 应力

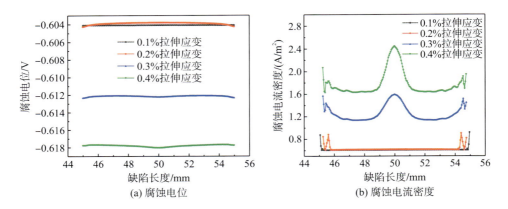

图 3.49　不同拉伸应变下缺陷处的腐蚀电位及腐蚀电流密度

2. 缺陷长度对应力腐蚀的影响规律

图 3.50 是在矩形缺陷下，保持缺陷深度为 2.2mm，边界拉伸应变载荷为 0.1%，不同缺陷长度 L 下缺陷处的腐蚀电位分布及应力分布图。由图可知，随着缺陷长度的增大，缺陷面积增大，腐蚀电位分布区域增大，整体颜色变黄，腐蚀电位增大，腐蚀趋势减小，同时缺陷处的应力也有小幅度的减小。图 3.51 为 0.2%和 0.4%拉伸应变载荷下，不同缺陷长度下的 Mises 应力分布变化曲线。从图中可以看出，不同拉伸载荷下，随着缺陷长度的改变，缺陷处的应力变化规律一致，均是随着缺陷长度的增大，应力均有所减小。图 3.52 为不同缺陷长度下缺陷处的腐蚀电位及腐蚀电流密度变化曲线图，从图中可以看出，随着缺陷长度的增大，腐蚀电位增大，腐蚀电流密度减小。由上述分析可以说明，随着缺陷长度增大，缺陷处的面积增大，缺陷处的力-电化学耦合相互作用减弱，应力腐蚀程度会有轻微减小。

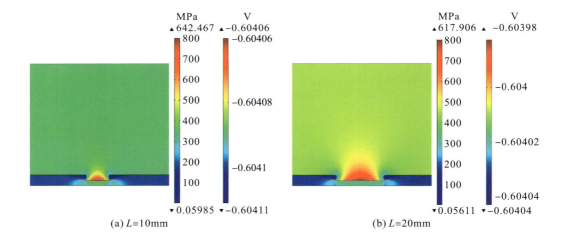

(a) $L=10\text{mm}$　　　　　　　　　　　　　　(b) $L=20\text{mm}$

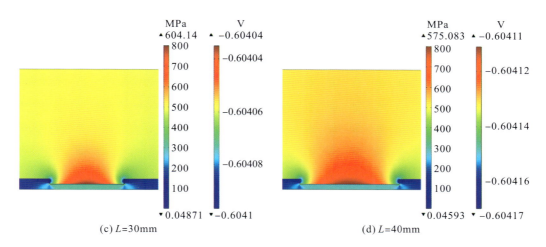

(c) L=30mm   (d) L=40mm

图 3.50 不同缺陷长度下缺陷处的腐蚀电位分布及应力分布图

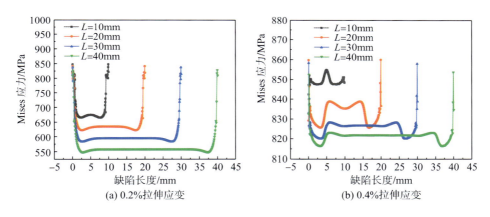

(a) 0.2%拉伸应变   (b) 0.4%拉伸应变

图 3.51 不同缺陷长度下缺陷处的 Mises 应力

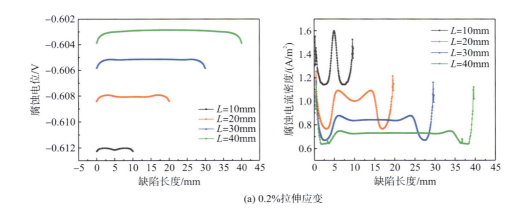

(a) 0.2%拉伸应变

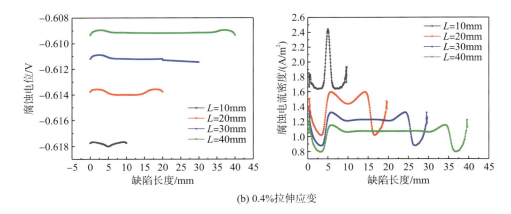

(b) 0.4%拉伸应变

图 3.52　不同缺陷长度下缺陷处的腐蚀电位及腐蚀电流密度

3. 缺陷深度对应力腐蚀的影响规律

图 3.53 是在矩形缺陷下，保持缺陷长度为 20mm，边界拉伸应变载荷为 0.2%，不同缺陷深度 D 下缺陷处的腐蚀电位分布及应力分布图。由图可知，随着缺陷深度的增大，缺陷处腐蚀电位分布区域颜色逐渐加深，腐蚀电位减小，腐蚀趋势增大，同时缺陷处的应力不断增大。图 3.54 为 0.2%和 0.4%拉伸应变载荷下，不同缺陷深度下缺陷处的 Mises 应力分布变化曲线。由图可知，不同拉伸载荷下，随着缺陷深度的改变，缺陷处的应力变化规律呈现一致，均是随着缺陷深度的增大，应力不断增大。当所受拉伸应变较小时，缺陷处的应力均未达到连续管的屈服强度，不发生塑性变形，所以缺陷处的应力分布较为平稳。当所受拉伸应变较大时，随着缺陷深度的增大，应力不断增大，超过了连续管的屈服极限，发生塑性变形，此时缺陷处的应力分布情况有明显变化，缺陷中心处力-电化学耦合相互作用，应力集中明显，导致中心处应力高于两端。图 3.55 为不同缺陷深度下缺陷处的腐蚀电位及腐蚀电流密度变化曲线图，从图中可以看出，随着缺陷深度的增大，腐蚀电位减小，腐蚀电流密度增大，腐蚀速率增大。由此可知，随着缺陷深度增大，缺陷处的力-电化学耦合相互作用不断增强，应力腐蚀程度加深，且缺陷中心处尤为显著。

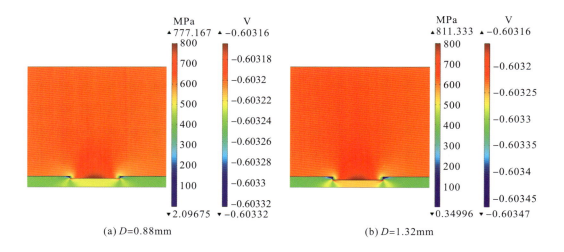

(a) D=0.88mm　　　　　　　　　　　　　　　　　(b) D=1.32mm

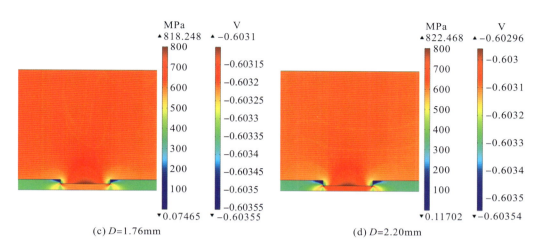

(c) *D*=1.76mm　　　　　　　　　　(d) *D*=2.20mm

图 3.53　不同缺陷深度下缺陷处的腐蚀电位分布及应力分布图

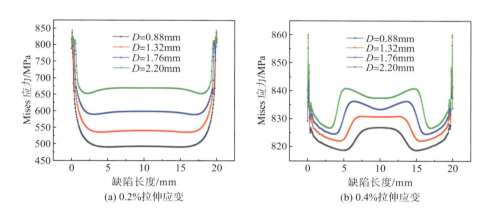

(a) 0.2%拉伸应变　　　　　　　　　(b) 0.4%拉伸应变

图 3.54　不同缺陷深度下缺陷处的 Mises 应力

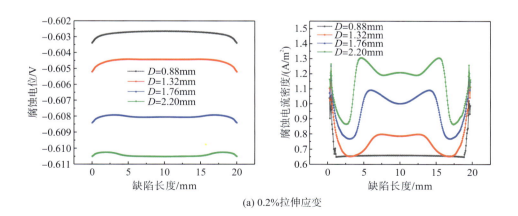

(a) 0.2%拉伸应变

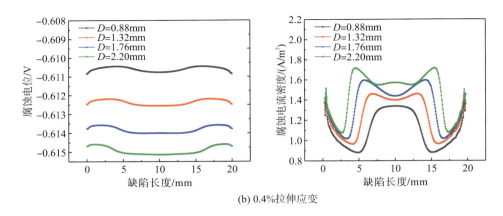

(b) 0.4%拉伸应变

图 3.55　不同缺陷深度下缺陷处的腐蚀电位及腐蚀电流密度

4. 纵向缺陷个数对应力腐蚀的影响规律

在连续管加工制造工艺过程中人员误操作以及通过注入头作业时会造成连续管表面出现多个缺陷，因此有必要开展缺陷个数对应力腐蚀的影响规律研究。图 3.56 为多个纵向缺陷下缺陷处的腐蚀电位分布及 Mises 应力分布图。由图可知，当缺陷个数由两个变为三个时，缺陷处的应力减小，腐蚀电位分布区域颜色变浅，腐蚀电位增大，力-电化学耦合相互作用减弱，应力腐蚀减小。图 3.57 是多个纵向缺陷下缺陷处的 Mises 应力分布变化曲线图。从图中可以看出，缺陷个数增多，Mises 应力减小。在不同缺陷个数情况时，提取同一缺陷中心处的 Mises 应力值，得到了多个纵向缺陷下，不同缺陷深度下缺陷中心处的 Mises 应力变化曲线，如图 3.58 所示。由图可知，随着缺陷深度的不断增大，不同缺陷个数情况下，缺陷中心处 Mises 应力不断增大，与前面研究规律一致。另外随着缺陷个数的增多，缺陷中心处 Mises 应力减小，这可能是由于两个缺陷之间会有一定的相互抑制作用。图 3.59 是多个纵向缺陷下，不同缺陷深度下缺陷中心处的腐蚀电位及腐蚀电流密度变化曲线图。从图中可以看到，随着缺陷个数的增多，腐蚀电位增大，腐蚀电流密度减小，说明多个缺陷相对于单个缺陷来说，对腐蚀有一定的减缓作用。

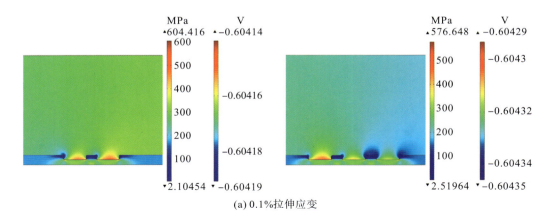

(a) 0.1%拉伸应变

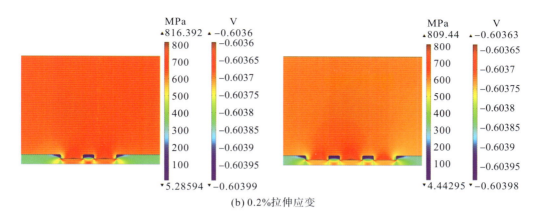

(b) 0.2%拉伸应变

图 3.56　多个纵向缺陷下缺陷处的腐蚀电位分布及 Mises 应力分布

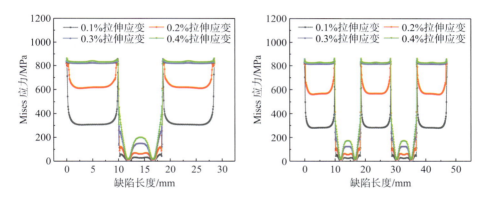

图 3.57　多个纵向缺陷下缺陷处的 Mises 应力分布

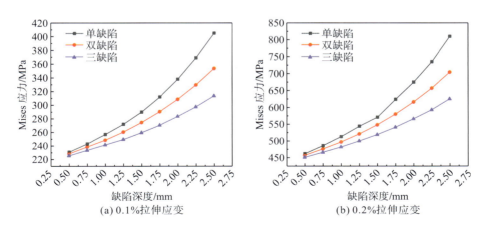

(a) 0.1%拉伸应变　　　　　　　　　　　　　(b) 0.2%拉伸应变

图 3.58　多个纵向缺陷下缺陷中心处的 Mises 应力

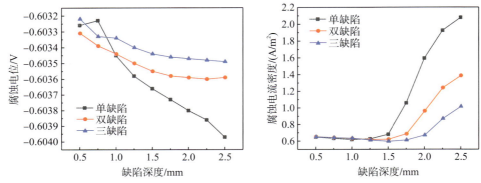

图 3.59　多个纵向缺陷下缺陷中心处的腐蚀电位及腐蚀电流密度

3.5.3　椭球形缺陷对连续管电化学腐蚀的影响

1. 轴向载荷对应力腐蚀的影响

图 3.60 为在含椭球形缺陷下，保持缺陷长度为 10mm，缺陷深度为 1.76mm，不同拉伸应变下连续管缺陷处的腐蚀电位分布及应力分布图。由图可知，随着拉伸应变的增大，缺陷处应力不断增大，电解质域的颜色由绿变黄，缺陷处的颜色由黄变蓝，腐蚀电位逐渐减小，力-电化学相互作用效果增强，应力腐蚀增大。图 3.61 为不同拉伸应变下连续管缺陷处的 Von Mises 应力分布曲线图。从图中可以看出，应力沿缺陷中心对称分布，且在中心处取得最大值，随着拉伸应变的增大，缺陷处的 Von Mises 应力不断增大。当拉伸应变较小时，未达到连续管屈服强度，应力随所受拉伸载荷影响较大，变化明显，而当拉伸应变较大时，超过屈服极限，发生塑性变形，此时受拉伸载荷影响较小。图 3.62 是不同拉伸应变下连续管缺陷处的腐蚀电位及腐蚀电流密度曲线图。由图可知，随着拉伸应变的不断增大，缺陷处的腐蚀电位不断减小，腐蚀电流密度增大。并且拉伸应变较小时，缺陷处的腐蚀电位和腐蚀电流密度相对比较平稳，几乎无变化；而当拉伸应变较大，超过屈服极限时，发生塑性变形，腐蚀电位显著减小，腐蚀电流密度明显增大。并且缺陷中心处的腐蚀电位明显低于两端，电流密度高于两端，说明力-电化学耦合相互作用显著，对腐蚀有一定的增强作用。

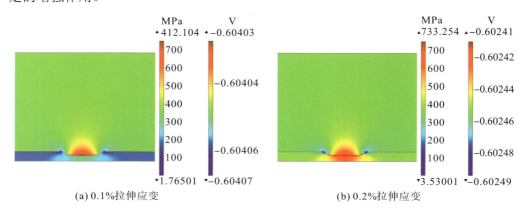

(a) 0.1%拉伸应变　　　　　　　　　　　(b) 0.2%拉伸应变

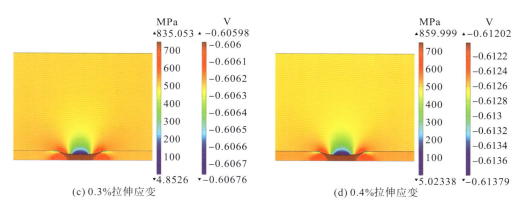

(c) 0.3%拉伸应变　　　　　　　　　　(d) 0.4%拉伸应变

图 3.60　不同拉伸应变下缺陷处的腐蚀电位分布及应力分布图

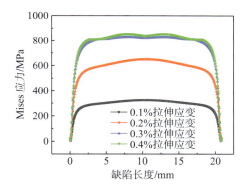

图 3.61　不同拉伸应变下缺陷处的 Mises 应力

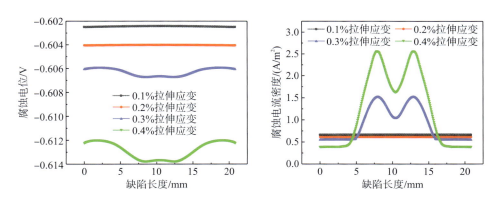

图 3.62　不同拉伸应变下缺陷处的腐蚀电位及腐蚀电流密度

2. 椭球形缺陷长度对应力腐蚀的影响

图 3.63 是在椭球形缺陷下，保持缺陷深度为 2mm，边界拉伸应变载荷为 0.2%，不同缺陷长度下缺陷处的腐蚀电位分布及应力分布图。由图可知，随着缺陷长度的增大，缺陷处面积增大，腐蚀电位分布区域增大，整体颜色变黄，腐蚀电位增大，腐蚀趋势减小，同时缺陷处的应力减小。图 3.64 为不同拉伸应变载荷下，不同缺陷长度下的 Mises 应力分布变化曲线。从图中可以看出，不同拉伸载荷下，随着缺陷长度的改变，缺陷处的应力变化规律呈现一致，均是随着缺陷长度的增大，应力均有所减小，且都是中心处的应力值高于两端。当拉伸应变较小时，应力变化明显，而当拉伸应变较大，超过屈服极限时，应力就无明显变化。图 3.65 是不同缺陷长度下缺陷处的腐蚀电位及腐蚀电流密度变化曲线图，随着缺陷长度的增大，腐蚀电位增大，腐蚀电流密度减小，且当缺陷长度较小时，缺陷处面积较小，在力-电化学耦合相互作用下，缺陷中心处的应力集中严重，导致中心处附近的腐蚀电位及腐蚀电流密度有明显突变，应力腐蚀严重。由上述分析可以说明，随着缺陷长度增大，缺陷处的面积增大，缺陷处的力-电化学耦合相互作用减弱，应力腐蚀程度会有轻微减小，与矩形缺陷规律一致，但缺陷中心处的变化相反。

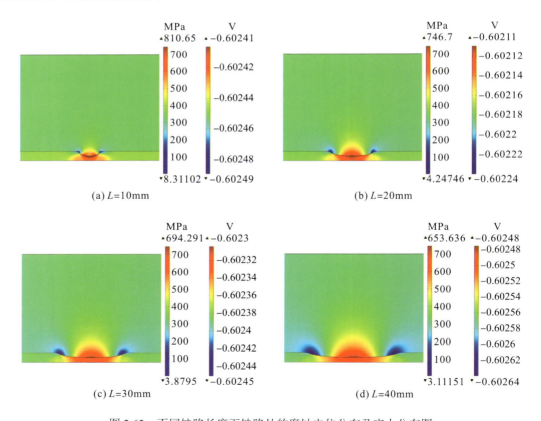

图 3.63   不同缺陷长度下缺陷处的腐蚀电位分布及应力分布图

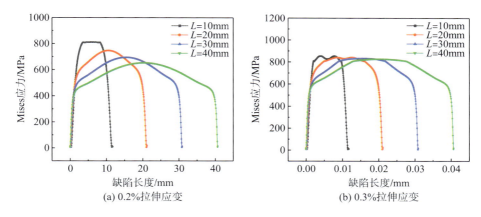

(a) 0.2%拉伸应变　　　　　　　　　　　(b) 0.3%拉伸应变

图 3.64　不同缺陷长度下缺陷处的 Mises 应力

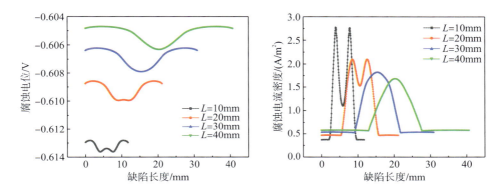

图 3.65　不同缺陷长度下缺陷处的腐蚀电位及腐蚀电流密度

3. 椭球形缺陷深度对应力腐蚀的影响

图 3.66 是在椭球形缺陷下，保持缺陷长度为 20mm，边界拉伸应变载荷为 0.2%，不同缺陷深度下缺陷处的腐蚀电位分布及应力分布图。由图可知，随着缺陷深度的增大，缺陷处腐蚀电位分布区域颜色逐渐加深，腐蚀电位减小，腐蚀趋势增大，同时缺陷处的 Mises 应力不断增大。图 3.67 为 0.2%和 0.4%拉伸应变载荷下，不同缺陷深度下缺陷处的 Mises 应力分布变化曲线。从图中可以看出，不同拉伸载荷下，随着缺陷深度的改变，缺陷处的应力变化规律呈现一致，均是随着缺陷深度的增大，应力不断增大，且缺陷处中心位置的应力最大。当所受拉伸应变较小时，缺陷处的应力随缺陷深度的增大而增大，但均未达到连续管的屈服强度，不发生塑性变形，变化趋势明显。而当所受拉伸应变较大时，随着缺陷深度的增大，应力不断增大，超过了连续管的屈服极限，发生塑性变形，此时缺陷处的应力分布变化趋势缓慢，基本无明显变化。图 3.68 是在 0.2%拉伸应变载荷时，不同缺陷深度下缺陷处的腐蚀电位及腐蚀电流密度变化曲线图，随着缺陷深度的增大，腐蚀电位减小，腐蚀电流密度增大，腐蚀速率增大。当缺陷深度较小时，力-电化学耦合相互作用效果不强，腐蚀电位和腐蚀电流密度分布较为平稳，而当缺陷深度不断增大时，力-电化学

耦合相互作用不断增强，缺陷中心处附近的腐蚀电位及腐蚀电流密度均发生明显变化，应力腐蚀严重。由上述分析可以说明，随着缺陷深度增大，缺陷处的力-电化学耦合相互作用不断增强，应力腐蚀程度加剧，且缺陷中心处尤为显著。

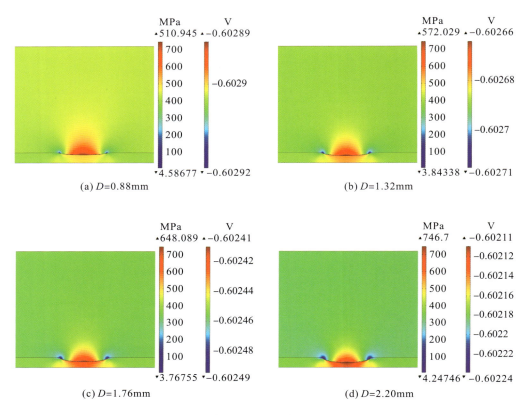

图 3.66　不同缺陷深度下缺陷处的腐蚀电位分布及应力分布图

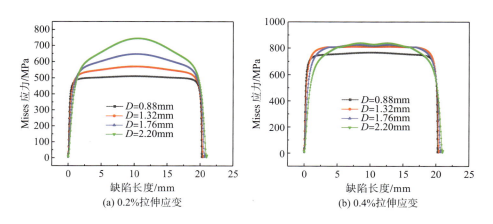

图 3.67　不同缺陷深度下缺陷处的 Mises 应力

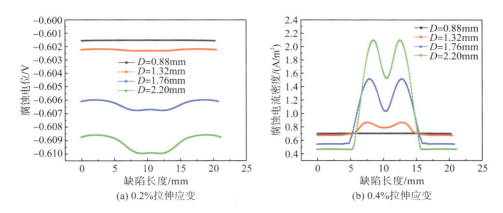

图 3.68　不同缺陷深度下缺陷处的腐蚀电位及腐蚀电流密度

4. 纵向缺陷个数对连续管电化学腐蚀的影响

连续管在恶劣环境服役过程中，会发生腐蚀，表面会出现多个腐蚀坑，因此有必要研究含多个初始腐蚀缺陷时的应力腐蚀行为。图 3.69 为拉伸应变载荷为 0.2% 时，多个纵向缺陷下缺陷处的腐蚀电位分布及 Mises 应力分布图。由图可知，当缺陷个数由两个变为三个时，缺陷处的应力减小，腐蚀电位增大，力-电化学耦合相互作用减弱，应力腐蚀程度减小。图 3.70 是多个纵向缺陷下缺陷处的 Mises 应力分布变化曲线图。从图中可以看出，缺陷个数增多，Mises 应力减小。在不同缺陷个数情况时，提取同一缺陷中心处的 Mises 应力值，得到了多个纵向缺陷下，不同缺陷深度下缺陷中心处的 Mises 应力变化曲线，如图 3.71 所示。由图可知，不同缺陷个数情况下应力随缺陷深度变化规律一致，都是随着缺陷深度的不断增大，缺陷中心处 Mises 应力不断增大。但是随着缺陷个数的增大，缺陷中心处 Mises 应力减小。图 3.72 是在拉伸应变载荷为 0.2% 时，多个纵向缺陷下，不同缺陷深度下缺陷中心处的腐蚀电位及腐蚀电流密度变化曲线图。从图中可以看到，随着缺陷个数的增多，腐蚀电位增大，腐蚀电流密度减小，说明多个缺陷相对于单个缺陷来说，对腐蚀有一定的减缓作用，这与矩形缺陷规律一致。

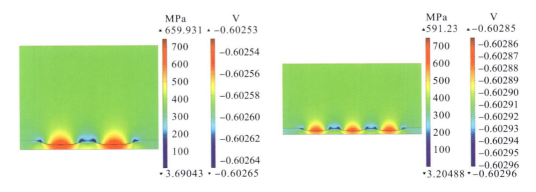

图 3.69　多个纵向缺陷下缺陷处的腐蚀电位分布及 Mises 应力分布

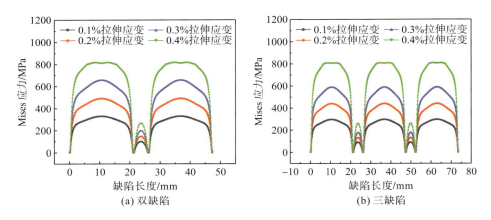

图 3.70　多个纵向缺陷下缺陷处的 Mises 应力

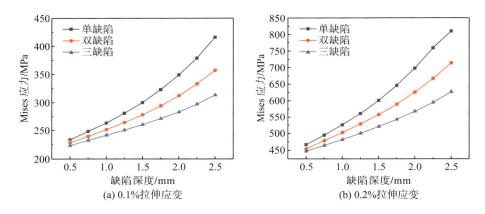

图 3.71　多个纵向缺陷下缺陷中心处的 Mises 应力

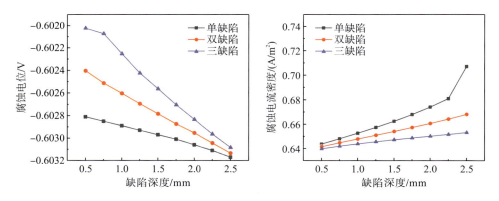

图 3.72　多个纵向缺陷下缺陷中心处的腐蚀电位及腐蚀电流密度

参 考 文 献

[1] Padron T, Craig S H. Past and Present Coiled Tubing String Failures-history and Recent New Failures Mechanism[C]//SPE/ICoTA Coiled Tubing and Well Intervention Conference and Exhibition. March 27-28, 2018. The Woodlands, Texas, USA. SPE, 2018.

[2] 鲜宁, 姜放, 荣明, 等. 连续油管在酸性环境下的腐蚀与防护及其研究进展[J]. 天然气工业, 2011, 31（4）: 113-116, 134.

[3] 李伟. 高强钢管道应力腐蚀微裂纹数值模拟分析[D]. 西安: 西北大学, 2019.

[4] 邱星栋. 塔里木典型含 CO_2 气田 316L 复合管内腐蚀行为研究[D]. 成都: 西南石油大学, 2017.

[5] ASTM E8-04. Standard Test Methods for Tension Testing of Metallic Materials[S]. USA: US-ASTM, 2004.

[6] NACE SP0775—2008. Preparation, installation, analysis, and interpretation of corrosion coupons in oilfield operations[S]. USA: US-NACE, 2018.

[7] Nordsveen M, Nešić S, Nyborg R, et al. A mechanistic model for carbon dioxide corrosion of mild steel in the presence of protective iron carbonate films-part 1: Theory and verification[J]. Corrosion, 2003, 59（5）: 443-456.

[8] Berg T. Fundamentals of electrochemistry[J]. Analytical Electrochemistry in Textiles, 2004, 24（11）: 3-36.

第4章　连续管冲蚀磨损失效

连续管水力压裂技术融合了连续管自身的起下灵活性和水力喷射射孔定点压裂的优越性，可以更好地解决常规压裂中难以实现的逐层改造问题，使得连续管开始广泛应用于水力压裂作业中。连续管水力压裂技术可分为连续管加砂压裂和环空加砂压裂两种方式：①连续管加砂压裂技术为由连续管加砂环空补液的方式进行加砂压裂；②环空加砂压裂方式为由连续管补液环空加砂进行压裂作业。由于连续管自身的壁厚等参数较常规油管更为薄弱，因此在两种压裂过程中，大量携带固体颗粒高速运动的压裂液容易对连续管内外壁造成严重冲蚀磨损，甚至引起连续管失效及井下事故。

连续管压裂过程中其内部压裂液呈现为复杂的液固两相三维紊流流体，且目前对连续管在压裂过程中的冲蚀磨损机理研究依然较为缺乏，在实际的连续管水力压裂作业中，压裂液对连续管管壁的冲蚀磨损规律等难以准确把握，同时对实际作业造成严重影响，容易引起压裂作业失败，甚至造成水平井的报废。因此，为减小连续管在压裂作业中的失效率，合理预测剩余使用寿命，提高经济效益，并在一定程度上对连续管水力压裂作业进行指导，有必要开展对水平井连续管压裂技术中连续管冲蚀磨损规律的研究。

4.1　连续管剩余寿命理论

由冲蚀速率 $E(\mathrm{kg \cdot m^{-2} \cdot s^{-1}})$ 定义可知，连续管冲蚀速率为管壁上单位面积在单位时间内损失的管壁材料质量。为了对连续管冲蚀磨损规律进行更为直观简洁的阐述，本节结合参考文献[1]所述，将连续管的冲蚀速率 $E(\mathrm{kg \cdot m^{-2} \cdot s^{-1}})$ 转换为连续管的壁厚损失 $X(\mathrm{mm})$ 及剩余使用寿命 $T(\mathrm{min})$。

4.1.1　连续管壁厚损失模型

以环空加砂压裂中连续管的冲蚀磨损为例，对连续管的壁厚损失 $X(\mathrm{mm})$ 进行推导。

(1)首先利用有限体积法进行分析计算得出连续管一个周期的长度 $L(\mathrm{mm})$；在连续管外壁冲蚀中，所选用的正弦弯曲连续管的数学表达式为

$$y = 30\sin(0.03x) \tag{4.1}$$

一个周期内连续管的长度 $L(\mathrm{mm})$ 即

$$L = \int_0^{\frac{200}{3}\pi} \sqrt{1 + 0.81\cos^2(0.03x)}\mathrm{d}x \tag{4.2}$$

(2)将有限体积法所得冲蚀速率结果 $E(\mathrm{kg \cdot m^{-2} \cdot s^{-1}})$ 转换为 $E_1(\mathrm{kg \cdot s^{-1}})$：

$$E_1 = E \times S = E \times 2\pi R \times L \tag{4.3}$$

式中，S 为连续管外壁表面积，$\mathrm{m^2}$；R 为连续管外壁半径，m；L 为连续管长度，m。

(3)计算连续管管壁由于冲蚀磨损而损失的质量 $M_\mathrm{L}(\mathrm{kg})$。

在压裂过程中连续管内砂砾通过的时间为 $t(\mathrm{s})$：

$$t = \frac{M}{Q} \tag{4.4}$$

式中，M 为压裂中通过连续管的砂砾质量，kg；Q 为压裂中通过连续管的砂砾质量流量，$\mathrm{kg/s}$。

因此，冲蚀磨损造成的连续管的质量损失 $M_\mathrm{L}(\mathrm{kg})$ 可用式(4.5)表示：

$$M_\mathrm{L} = E_1 \times t = 2E \times \pi R \times L \times \frac{M}{Q} \tag{4.5}$$

(4)利用冲蚀磨损造成的连续管管壁损失体积 $V(\mathrm{m^3})$ 求解质量损失 $M_\mathrm{L}(\mathrm{kg})$；由冲蚀磨损而损失的连续管管壁体积 $V(\mathrm{m^3})$：

$$V = \pi(R^2 - r_x^2) \times L \tag{4.6}$$

式中，R 为连续管外壁半径，m；r_x 为冲蚀磨损后连续管外壁半径，m。

进而求解连续管的质量损失 $M_\mathrm{L}(\mathrm{kg})$：

$$M_\mathrm{L} = \pi(r^2 - r_x^2)L \times \rho \tag{4.7}$$

式中，ρ 为连续管密度，$\mathrm{kg/m^3}$。

(5)计算冲蚀磨损造成的连续管管壁平均损失 $X(\mathrm{m})$。

将以上两种连续管由冲蚀磨损而造成的质量损失公式(4.5)和式(4.7)相结合，得出以下公式：

$$\pi\left(r^2 - r_x^2\right)L \times \rho = 2E \times \pi R \times L \times \frac{M}{Q} \tag{4.8}$$

$$r_x = \sqrt{R^2 - \frac{2ERM}{Q\rho}} \tag{4.9}$$

连续管管壁平均损失 X：

$$X = R - r_x \tag{4.10}$$

联立式(4.9)和式(4.10)，并将 $M = 10000\mathrm{kg}$、$\rho = 7850\mathrm{kg/m^3}$、$R = 3.015 \times 10^{-2}\mathrm{m}$ 代入，得出冲蚀磨损造成的连续管壁厚损失 $X(\mathrm{m})$，即

$$X = 3.015 \times 10^{-2} - \sqrt{9.09 \times 10^{-4} - \frac{0.0768E}{Q}} \tag{4.11}$$

4.1.2 连续管剩余使用寿命模型

仍以环空加砂压裂中连续管的冲蚀磨损为例，结合以上理论及上述推导结果对连续管的剩余使用寿命 $T(\mathrm{min})$ 进行推导。

(1)结合以上连续管壁厚损失 X 的推导，首先求出连续管冲蚀磨损后的剩余质量 $M_s(\text{kg})$。

连续管冲蚀磨损后的剩余体积可表示为

$$V_s = \pi(r_x^2 - r^2)L \tag{4.12}$$

式中，V_s 为连续管的剩余体积，m^3；r 为连续管的内壁半径，m。

$$M_s = V_s\rho = \pi(r_x^2 - r^2)L\rho \tag{4.13}$$

(2)在相同的冲蚀速率下，连续管的剩余质量表达式为

$$M_s = 2\pi\frac{r_x + r}{2}LET \tag{4.14}$$

式中，T 为连续管剩余使用寿命，min。

(3)连续管剩余使用寿命表达式：

$$\pi(r_x^2 - r^2)L\rho = 2\pi\frac{r_x + r}{2}LET \tag{4.15}$$

$$T = \frac{(r_x - r)\rho}{60E} \tag{4.16}$$

联立式 (4.10)、式 (4.11) 和式 (4.16)，并将 $R = 3.015\times10^{-2}\text{m}$、$r = 2.59\times10^{-2}\text{m}$、$\rho = 7850\text{kg/m}^3$ 代入得到剩余使用寿命 T 与冲蚀速率 E 及砂砾质量流量 Q 之间的关系：

$$T = \frac{130.8\times\sqrt{9.09\times10^{-4} - \dfrac{0.0768E}{Q}} - 3.388}{E} \tag{4.17}$$

4.2 连续管内含砂冲蚀磨损

4.2.1 连续管加砂水力压裂冲蚀磨损几何模型

在采用连续管加砂方式的水力压裂中，携砂压裂液由高压泵通过连续管内部注入井底进行压裂，研究对象为连续管内壁，砂砾随携砂液在连续管内高速运动，对连续管内壁造成撞击，随着撞击次数的增加，连续管内壁开始出现塑性变形，进而导致内壁材料损失，形成冲蚀磨损缺陷。因此，建立了图 4.1 所示的连续管内壁携砂压裂液冲蚀磨损模型，并利用此模型对连续管加砂水力压裂冲蚀磨损进行研究分析。

本节选取外径 $\phi60.3\text{mm}$、内径 $\phi51.8\text{mm}$ 的碳钢连续管内壁为研究对象，并结合实际工况对该连续管加砂压裂中连续管内壁冲蚀磨损及剩余寿命进行分析研究。弯曲连续管中携砂压裂液高速通过管内，并以对管壁造成冲蚀撞击为例描述连续管内携砂压裂液的运移情况，其中 α 为砂砾对连续管内壁的撞击角。

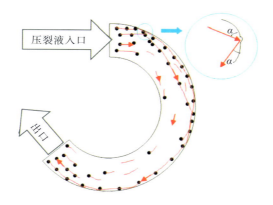

图 4.1　连续管内壁携砂压裂液运移示意图

4.2.2　控制方程及数值模型

水力压裂作业中连续管内的高速携砂液是复杂的液固两相三维紊流问题,其中连续相为携砂液,离散相为砂砾。为了完整考虑砂砾与携砂液的耦合作用,本章将砂砾置于拉格朗日(Lagrangian)坐标系,并采用雷诺平均数 *N-S* 方程和 *k-ε* 湍流模型使方程组闭合。

1. 控制方程

流体力学研究宏观运动,通过实践与实验归纳出的客观规律,均遵循质量守恒、动量守恒和能量守恒定律[2]。

质量守恒方程:即单位时间内流入与流出某个微元的流体质量相等,其表达式如式(4.18)所示。

$$\frac{\partial \rho}{\partial t} + \frac{\partial(\rho u)}{\partial x} + \frac{\partial(\rho v)}{\partial y} + \frac{\partial(\rho w)}{\partial z} = 0 \tag{4.18}$$

式中,ρ 为流体密度,kg/m^3;u, v, w 为压裂液的速度分量,m/s;t 为时间,s。

动量守恒方程:即流体中任意微元体积上压裂液质量与加速度的乘积等于微元体积上所受体力和面力之和,其表达式如式(4.19)所示。

$$\begin{cases} \dfrac{\partial(\rho u)}{\partial t} + \mathrm{div}(\rho u \overline{V}) = -\dfrac{\partial P}{\partial x} + \dfrac{\partial \tau_{xx}}{\partial x} + \dfrac{\partial \tau_{yx}}{\partial y} + \dfrac{\partial \tau_{zx}}{\partial z} + F_x \\[2mm] \dfrac{\partial(\rho v)}{\partial t} + \mathrm{div}(\rho v \overline{V}) = -\dfrac{\partial P}{\partial y} + \dfrac{\partial \tau_{xy}}{\partial x} + \dfrac{\partial \tau_{yy}}{\partial y} + \dfrac{\partial \tau_{zy}}{\partial z} + F_y \\[2mm] \dfrac{\partial(\rho w)}{\partial t} + \mathrm{div}(\rho w \overline{V}) = -\dfrac{\partial P}{\partial z} + \dfrac{\partial \tau_{xz}}{\partial x} + \dfrac{\partial \tau_{yz}}{\partial y} + \dfrac{\partial \tau_{zz}}{\partial z} + F_z \end{cases} \tag{4.19}$$

式中,$\mathrm{div} = \dfrac{\partial(u)}{\partial x} + \dfrac{\partial(v)}{\partial y} + \dfrac{\partial(w)}{\partial z}$;$P$ 为静压力,Pa;$\overline{V}$ 为流场的任意微元体积;$\tau_{xx}, \tau_{xy}, \tau_{xz}$ 为黏性应力 τ 的分量;F_x, F_y, F_z 为作用在微元上的体力,N/m^3。

能量守恒方程:微元体能量的增加率等于微元体净热流量的增加量与外力对该微元体所做的功,其本质为热力学第一定律,其表达式如式(4.20)所示。

$$\frac{\partial(\rho T)}{\partial t} + \frac{\partial}{\partial x}(\rho \overline{V}T) = \frac{\partial}{\partial x}\left(\kappa \frac{\partial T}{\partial x}\right) + S_T \tag{4.20}$$

式中，T 为压裂液温度，K；κ 为热传导系数；S_T 为压裂液的黏性作用转化的热能，即为黏性的耗散项。

2. 湍流模型

流体的流动可分为层流和湍流，层流的流动轨迹规则分布，湍流的流动轨迹十分复杂，至今仍无方程可进行描述。对于流体是层流或是湍流，通过雷诺数 Re 来判断，其表达式如式(4.21)所示。

$$Re = \frac{\rho vd}{\mu} \tag{4.21}$$

式中，v 为流体流动的速度，m/s；d 为管道直径，m；μ 为动力黏度，Pa·s。

根据本章研究的流速范围、流体黏度、流体密度及连续管直径计算可知，连续管及环空内流体流动的状态为湍流。本章选择的湍流模型为标准的 k-ε 湍流模型，湍流动能和湍流耗散率方程的表达式[3]如式(4.22)和式(4.23)所示。

湍流动能方程：

$$\frac{\partial \rho k}{\partial t} + \frac{\partial \rho k \mu_i}{\partial x_i} = \frac{\partial}{\partial x_j}\left[\left(\mu + \frac{\mu_i}{\sigma_k}\right)\frac{\partial k}{\partial x_i}\right] + G_k + G_b + \rho \varepsilon - Y_M + S_k \tag{4.22}$$

湍流耗散率方程：

$$\frac{\partial \rho \varepsilon}{\partial t} + \frac{\partial \rho \varepsilon \mu_i}{\partial x_i} = \frac{\partial}{\partial x_j}\left[\left(\mu + \frac{\mu_i}{\sigma_k}\right)\frac{\partial \varepsilon}{\partial x_i}\right] + C_{1\varepsilon}\frac{\varepsilon}{k}G_k + G_{3\sigma}G_b - C_{2\varepsilon}\rho\frac{\varepsilon^2}{K} + S_\varepsilon \tag{4.23}$$

式中，k 为湍流动能，J；u_i 为时均速度，m/s；G_k 为平均速度梯度产生的湍流动能，J；G_b 为浮力产生的湍流动能，J；Y_M 为可压缩湍流波动扩张对整体耗散率的影响；$C_{1\varepsilon}$、$C_{2\varepsilon}$、$G_{3\sigma}$ 为经验常数，$C_{1\varepsilon}=1.44$，$C_{2\varepsilon}=1.92$，$G_{3\sigma}=0.09$；σ_k 为湍流动能 k 的湍流普朗特数，$\sigma_k=1$；σ_ε 为耗散率 ε 的湍流普朗特数，$\sigma_\varepsilon=1.3$；S_k 和 S_ε 为用户定义参数；ε 为湍流动能耗散功率，J/s。

3. 离散相模型

离散相模型(DPM)可用于模拟流场中稀薄分散相的流动特性，是由欧拉-拉格朗日(Euler-Lagrangian)参考坐标系下的运动方程积分从而得到固体颗粒的运动轨迹。压裂液中具有流体及固体颗粒支撑剂，固体颗粒可视为离散相，压裂液中流体为连续相。离散相的颗粒运动遵循牛顿第二定律，即颗粒速度对时间求导数值上等于作用在颗粒上的各种力的矢量和，其表达式[4]如式(4.24)所示。

$$\frac{\mathrm{d}u_\mathrm{p}}{\mathrm{d}t} = F_\mathrm{D}(u - u_\mathrm{p}) + \frac{g(\rho_\mathrm{p} - \rho)}{\rho_\mathrm{p}} + \sum f_\mathrm{p} \tag{4.24}$$

其中，

$$F_\mathrm{D} = \frac{18\mu C_D Re}{\rho_\mathrm{p} d_\mathrm{p}^2}\frac{C_D Re}{24}$$

$$Re = \frac{\rho d_{\mathrm{p}} |u_{\mathrm{p}} - u|}{\mu}$$

式中，u_{p} 为颗粒速度，m/s；u 为连续相的速度，m/s；F_{D} 为单位质量颗粒所受的拖曳力，N；μ 为流体的动力黏度，Pa·s；ρ_{p} 为颗粒密度，kg/m³；d_{p} 为颗粒直径，m；Re 为相对雷诺数；C_{D} 为拖曳力系数；g 为重力加速度，m/s²；$g(\rho_{\mathrm{p}} - \rho)/\rho_{\mathrm{p}}$ 为颗粒单位质量的重力与浮力之和；$\sum f_{\mathrm{p}}$ 为颗粒所受除拖曳力和重力之外的其他作用力之和，N。

4. 连续管管壁冲蚀磨损模型

Grant 和 Tabakoff 通过实验得出如下被广为采用的公式[5]：

$$E = f(\gamma)\left(\frac{V_{\mathrm{p}}}{V_1}\right)^2 \cos^2 \gamma \left(1 - R_{\mathrm{T}}^2\right) + f(V_{\mathrm{p}N}) \tag{4.25}$$

其中，

$$f(\gamma) = \left[1 + k_1 k_2 \sin\left(\gamma \frac{\pi/2}{\gamma_0}\right)\right]^2 \tag{4.26}$$

$$f(V_{\mathrm{p}N}) = \begin{cases} 1 & (\gamma > 2\gamma_0) \\ 0 & (\gamma < 2\gamma_0) \end{cases} \tag{4.27}$$

$$V_1 = 1/\sqrt{k_3} \tag{4.28}$$

式中，E 为表面冲蚀速率，kg·m⁻²·s⁻¹；γ 为粒子与靶材之间的撞击角，(°)；γ_0 为粒子与靶材之间的最大撞击角，(°)；V_{p} 为粒子碰撞速度，m/s；R_{T} 为切向恢复比；k_1，k_2，k_3 为材料常数。碰撞后的速度主要由实验获得的恢复系数进行计算。

4.2.3 边界条件及模型验证

1. 边界条件

结合连续管的实际尺寸，并参考连续管在水力压裂作业中通常采用直径约为 1.83m 滚筒存放使用，运用 SolidWorks 三维建模软件对弯曲连续管进行模型建立，并在 Workbench 中利用布尔运算求得连续管内部相应流体计算域如图 4.2 所示。

图 4.2 以 270°连续管为例显示了连续管内部流体域的三维模型。由于连续管内部高速流动的携砂液为湍流流动模型，而湍流流体质点的不规则运动会造成流体质点在主运动之外，还存在有附加的脉冲运动，因此对该计算域网格的划分特别是边界层网格需要更加精细。本节对该 3D 模型采取了先整体网格划分，再对边界层网格进行细化的方法。具体的网格划分方式为，网格整体采用非均匀结构网格技术进行网格划分，由于考虑到连续管内壁近壁面处黏性底层的影响，在完成计算域网格整体划分后，又对内壁边界网格进行了细化，如图 4.3 所示，提高了网格精度。

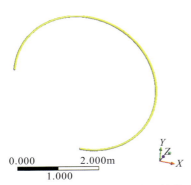

图 4.2　连续管内部流体三维计算模型

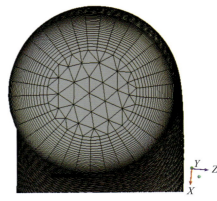

图 4.3　局部网格示意图

本节结合相关文献及现场数据，采用如表 4.1 所示流场边界条件，其中连续管内壁采用无滑移壁面，剩余使用寿命预测模型中采用泵入携砂液为 1000t 或连续冲蚀时间为 12h。

表 4.1　边界条件

参数	数值
入口压裂液注入量/(m³/min)	1.2
压裂液黏度/(Pa·s)	0.1
压裂液携砂比/%	1.0
砂砾粒度/目	30
砂砾密度/(kg/m³)	2600
连续管密度/(kg/m³)	7850
管壁摩擦系数	0.3

2. 模型验证

为了对以上所建数值模型的准确性进行验证，本节对参考文献[1]中的相关实验进行数值模拟，并将模拟结果与实验结果进行对比。参考文献中对小尺寸连续管的壁厚冲蚀进行了实验，测试中连续管外径为 44.4mm，实验中将密度为 719kg/m³ 的压裂液以 0.8m³/min 的排量注入连续管，压裂液中砂砾粒度为 30 目，实验完成后利用超声波厚度测量器对两种连续管管壁分别进行厚度测量，并得出实验中连续管的冲蚀磨损主要出现在前 2～3 匝。

为简化仿真模型，结合参考文献中的实验结果，本节对前 5 匝连续管进行了数值模拟计算。利用以上数值模型对该实验进行仿真模拟，得出如图 4.4 所示的连续管冲蚀速率云图，以及图 4.5 所示的模拟结果与实验结果对比图。由图 4.4 可以看出，冲蚀磨损现象主要集中于前 2～3 匝，模拟结果与实验结果中冲蚀磨损位置基本相同；图 4.5 中模拟结果与实验结果的壁厚损失对比可以明显看出，冲蚀磨损规律完全相同，二者最大误差为 20.2%。所建仿真模型的模拟计算结果与实验结果吻合度较高，该仿真模型可用于连续管冲蚀磨损的分析研究。

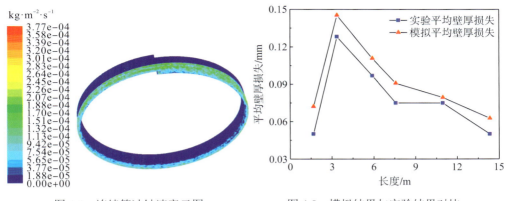

图 4.4　连续管冲蚀速率云图　　　　图 4.5　模拟结果与实验结果对比

4.2.4　影响连续管内壁冲蚀磨损敏感参数分析

1．连续管作业形态的影响

在连续管注入携砂液的水力压裂过程中,连续管在水平井不同位置的作业形态是不同的。根据实际工况下连续管作业中可能存在的弯曲位置及连续管在卷筒上的 360°弯曲状态,本节将连续管的作业状态分为五种情况进行对比分析,依次为直管(即弯曲度为 0°)、90°、180°、270°及 360°。

如图 4.6 所示为不同弯曲度连续管的冲蚀速率云图,从图中可以看出,在相同的作业工况下,不同弯曲度的连续管所受的冲蚀磨损程度是不同的。

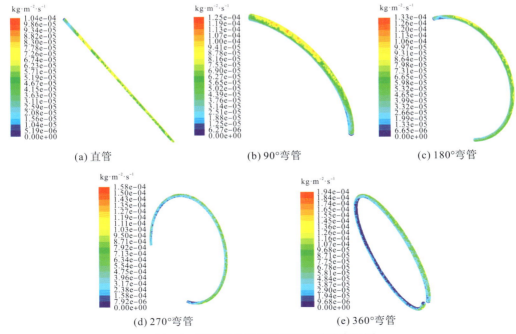

图 4.6　不同弯曲度的连续管冲蚀速率云图

弯管较直管所受冲蚀磨损更大，冲蚀更为严重。360°弯管的最大冲蚀量较直管增加了近一倍，并且随着连续管弯曲度的增加，连续管的冲蚀程度也愈加严重。相对于内拱面，连续弯管的外拱面冲蚀磨损更严重，最大冲蚀磨损发生在入口附近的外拱面处。

如图4.7所示为不同弯曲度对连续管冲蚀磨损的影响规律图。从图中可以看出，随连续管弯曲度增加，连续管壁厚最大损失也呈现增加趋势，360°弯管最大壁厚损伤为0.545mm，为直管时最大壁厚损伤的1.87倍；连续管平均壁厚损失和平均剩余壁厚受弯曲度改变影响较小，无明显变化；连续管剩余寿命随连续管弯曲度增加呈现迅速下降趋势，直管的剩余使用寿命为85.06h，为360°弯管的一倍。

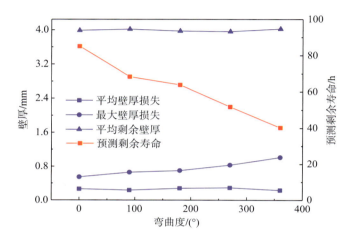

图4.7　弯曲度对连续管冲蚀磨损的影响

2. 流体排量的影响

在水力压裂作业中，压裂液的注入排量对压裂效率有着至关重要的影响，但水力压裂中压裂液的排量也不是越大越好，需要根据实际工况综合考虑，通常连续管注砂水力压裂工况下，压裂液的注入量在 $0.8 \sim 2.0\text{m}^3/\text{min}$ 的范围内变化。随着压裂液注入排量的不同即连续管内压裂液的流速不同，砂砾的冲蚀撞击速度及撞击动量也将发生改变，进而影响连续管内壁的冲蚀磨损状况。

在本小节中，以 180°连续管内壁为研究对象，按照基本边界条件进行设置，得出流体排量对连续管内壁冲蚀磨损的影响规律，如图4.8所示。由图可知：①随着流体排量的增加，连续管最大壁厚损失和平均壁厚损失均呈现增加趋势，流体排量为 $0.8\text{m}^3/\text{min}$ 时，连续管平均壁厚损失为 0.089mm，最大壁厚损失为 0.383mm；而当压裂液排量增加到 $2\text{m}^3/\text{min}$ 时，平均壁厚损失和最大壁厚损失均增加了将近 10 倍，分别达到 0.953mm 和 3.55mm。②平均剩余壁厚则随流体排量增加呈现出线性递减趋势，在流体排量为 $2.0\text{m}^3/\text{min}$ 时，平均剩余壁厚为3.297mm，仅相当于 $0.8\text{m}^3/\text{min}$ 时的79.2%。③连续管的预测剩余使用寿命则随压裂液注入量的增加而呈现急速下降趋势，随着压裂液流体排量从 $0.8\text{m}^3/\text{min}$ 增加到 $1.6\text{m}^3/\text{min}$，连续管剩余寿命减少到原来的5%。

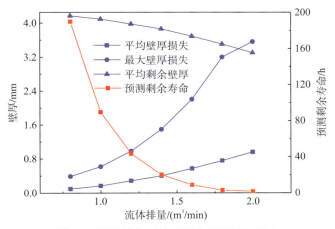

图 4.8　流体排量对连续管内壁冲蚀的影响

3. 固体颗粒粒度的影响

携砂液中固体颗粒属性是携砂液的重要参数，对水力压裂效果有明显影响。在连续管注砂水力压裂作业中，压裂液的颗粒粒度在 20～60 目之间变化，本节将依据基本边界条件并采用更改颗粒粒度的方式，对比不同砂砾粒度对连续管内壁冲蚀磨损的影响。

如图 4.9 所示为颗粒粒度对 180°弯曲连续管内壁冲蚀的影响。从图中可以看出：①随颗粒粒度的增加，连续管壁厚损失峰值呈递减趋势，在颗粒粒度为 40 目时，连续管最大壁厚损失为 0.6819mm，与 20 目时的最大壁厚损失相比减少了近 5%；且在 40 目后最大壁厚损失递减趋势更为明显，砂砾 60 目时的最大壁厚损失为 0.566mm，较 40 目时减少了 17%。②连续管平均壁厚损失始终为 0.25mm 左右，剩余壁厚损失也相应地保持在 4mm 左右，受颗粒粒度影响较小。③连续管剩余使用寿命随颗粒粒度的增加呈现快速增加趋势，且增速最大发生在 40～50 目之间。当颗粒粒度为 20 目时，连续管剩余寿命为 61.35h，仅为 40 目时的 93%，而当颗粒粒度增加到 60 目时，剩余寿命达到 81.45h，为 40 目时的 1.23 倍。

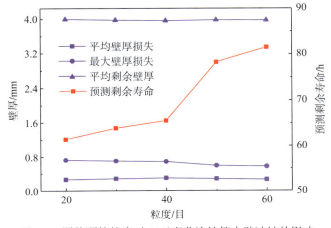

图 4.9　固体颗粒粒度对 180°弯曲连续管内壁冲蚀的影响

分析认为：在基本边界条件不变的情况下，压裂液注入颗粒目数增加，意味着单位体积压裂液中颗粒质量不变，但单个颗粒体积减小，总的个数增加。当颗粒粒度增加到 40 目后，颗粒体积的进一步减小及颗粒间撞击的增多，严重削弱了颗粒对连续管内壁的冲蚀磨损，使剩余寿命大幅增加。

4. 质量流量的影响

质量流量即压裂液中的携砂比例，在水力压裂中不同作业阶段的携砂比是有明显区别的，压裂液的携砂比不仅对压裂作业有巨大影响，而且对泵入压裂液的连续管内壁冲蚀有明显影响。

在连续管泵入压裂液的水力压裂作业中，该节选取携砂比为 0.6%～1.4%的压裂液在 180°连续管模型中进行了分析研究，如图 4.10 所示为质量流量对连续管内壁冲蚀磨损的影响规律。从图中可以看出：①连续管平均壁厚损失和最大壁厚损失均随砂砾质量流量的增加呈现增加趋势，质量流量由 0.144kg/s 增加到 0.336kg/s 时，平均壁厚损失和最大壁厚损失分别增加了 1.3 倍和 1.4 倍。②连续管剩余寿命随质量流量的增加迅速减少，质量流量为 0.336kg/s 时的剩余寿命为 55.66h，较质量流量为 0.144kg/s 时的剩余寿命降低了约 48.3%。

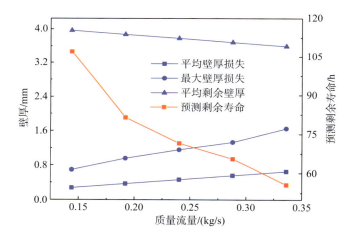

图 4.10　质量流量对连续管内壁冲蚀磨损的影响

分析认为：随着质量流量的增加即单位体积压裂液中颗粒数量的增加，在单个颗粒体积不变的情况下，颗粒数量大幅增加，促使单位时间内冲蚀撞击连续管内壁的颗粒个数急剧增加，从而造成连续管内壁冲蚀磨损更为严重，剩余寿命也大幅下降。

5. 压裂液黏度的影响

在水力压裂中，压裂液的黏度是随压裂作业的不断推进而发生变化的。在整个压裂作业中，可以将压裂液黏度划分为低黏度区和高黏度区，低黏度区即为 0～100mPa·s，高黏度区为 100～200mPa·s。本节研究了压裂液黏度在 1～200mPa·s 变化时对 180°连续管的冲蚀磨损影响。如图 4.11 所示为连续管内壁冲蚀磨损随压裂液黏度变化曲线图，从图中可以看出：①在黏度从低黏度区到高黏度区增加过程中，连续管平均壁厚损失缓慢减少，同时连续管最大壁厚损失呈现出近似线性下降趋势。当黏度为 100mPa·s 时，连续管壁厚损失峰值为 1.025mm，约为低黏度 1mPa·s 时的 36.18%，高黏度 200mPa·s 时的 1.5 倍。②剩余寿命随黏度的增加呈现出快速增加趋势，在低黏度区内，如黏度 50mPa·s 时预测剩余寿命为 25.15h，比黏度为 20mPa·s 时增加了约 24%。③连续管最大壁厚损失随压裂液黏度呈现线性下降趋势，如在高黏度区内，150mPa·s 时壁厚损失峰值为 0.796mm，较黏度为 100mPa·s 时减小了约 22.3%。

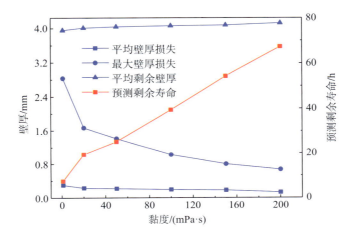

图 4.11　压裂液黏度对连续管内壁冲蚀磨损的影响

分析认为，压裂液黏度的增加极大地限制了颗粒速度的两极化，且在连续管内壁近壁面处形成了一定厚度的薄膜，对连续管内壁形成了一定的保护作用，极大地减弱了压裂液对连续管内壁的冲蚀磨损影响，延长了连续管的使用寿命。

4.3　连续管在井筒含砂冲蚀磨损

4.3.1　连续管外壁冲蚀几何模型及边界条件

1. 连续管外壁冲蚀磨损几何模型

在环空加砂压裂作业中，压裂液通过环空注入井内，由于环空加砂时其注入排量和质量流量更高，对连续管外壁的冲击也更为严重，更易造成连续管外壁的塑性变形和材料损失。

为对环空加砂压裂中连续管外壁的冲蚀磨损进行分析研究，本节结合实际工况，选取了外径为 60.3mm 的碳钢连续管在外径为 139.7mm 的套管内的冲蚀磨损工况，连续管在套管中的弯曲状态如图 4.12 所示。依据连续管在套管中的形态，建立了环空注入压裂液连续管外壁冲蚀磨损计算模型，如图 4.13 所示。环空流体域采用非均匀结构网格技术，并对连续管外壁和套管内壁进行细化处理，保证数值计算的准确性，如图 4.14 所示。

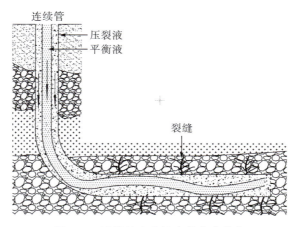

图 4.12　连续管在套管中的弯曲状态

图 4.13　流体域几何模型示意图

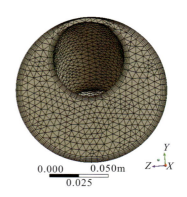

图 4.14　环空流体计算网格示意图

2. 边界条件

本节结合实际工况和相关文献，采用如表 4.2 所示的基本边界条件，其中连续管内壁无滑移，寿命计算过程中砂砾质量取 10t。

表 4.2　该模型基本边界条件

参数	数值
压裂液注入量/(m³/min)	6.5
压裂液黏度/(mPa·s)	100
砂砾质量流量/(kg/s)	54.6
砂砾粒度/目	30
砂砾密度/(kg/m³)	2600
管壁摩擦系数	0.3

4.3.2　影响连续管外壁冲蚀磨损因素分析

1. 正弦弯管与直管的对比

本节中正弦屈曲连续管模型采用了两种不同弯曲程度的解析式，分别为正弦屈曲连续管 1 的 $y = 15\sin(0.03x)$ 模型与正弦屈曲连续管 2 的 $y = 30\sin(0.03x)$ 模型，并与直连续管在质量流量为 18.2kg/s 的工况下进行对比分析。如图 4.15 所示为正弦屈曲连续管环空压裂液速度云图，携砂液在弯曲连续管与套管形成的小间隙处速度最大，大间隙处速度最小。图 4.16 所示为不同形态连续管冲蚀云图，直连续管外管壁冲蚀磨损较均匀，正弦屈曲连续管外管壁冲蚀磨损更为严重。

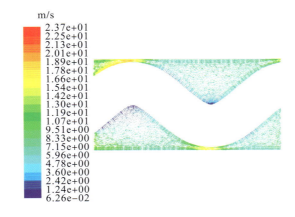

图 4.15　正弦屈曲连续管环空压裂液速度云图

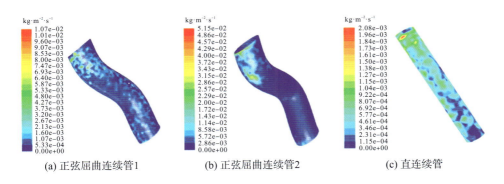

(a) 正弦屈曲连续管1　　　　(b) 正弦屈曲连续管2　　　　(c) 直连续管

图 4.16　不同形态连续管冲蚀速率云图

如图 4.17 所示，正弦屈曲连续管 2 的最大冲蚀速率为 $0.0515\text{kg}\cdot\text{m}^{-2}\cdot\text{s}^{-1}$，是直连续管最大冲蚀速率（$0.00208\text{kg}\cdot\text{m}^{-2}\cdot\text{s}^{-1}$）的近 17 倍，正弦屈曲连续管 1（最大冲蚀速率 $0.0108\text{kg}\cdot\text{m}^{-2}\cdot\text{s}^{-1}$）的 3.2 倍；直连续管的平均壁厚损失为 0.0067mm，仅为正弦屈曲连续管 2 平均壁厚损失（0.1248mm）的 5%左右。主要原因在于，正弦屈曲连续管与套管之间的环

空区域较直连续管所形成的环空形状更为复杂，该环空存在多个较大间隙和较小间隙，从而使环空中的压裂液流动更为紊乱，且在小间隙处压裂液速度更快，致使正弦屈曲连续管的冲蚀磨损更为严重，且最大冲蚀速率发生在小间隙处并受间隙大小影响较大。

由以上结论可以得出，在环空加砂压裂作业中，连续管外壁的冲蚀磨损与连续管在井内的分布形态关系较大，本节后续的研究采用正弦方程为 $y=15\sin(0.03x)$ 的连续管 1 的几何模型。

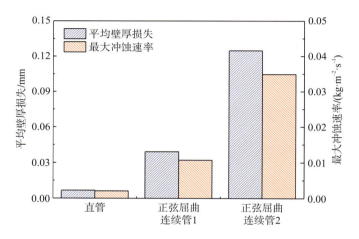

图 4.17　不同形态连续管的冲蚀磨损情况对比

2. 质量流量的影响

本节结合相关文献及实际工况，研究了质量流量在 18.2～90kg/s 之间变化对连续管外壁冲蚀磨损的影响。如图 4.18 所示，连续管外壁最大冲蚀速率和平均冲蚀速率均随质量流量增加而逐渐增大。连续管剩余寿命则呈现出近似线性下降趋势，质量流量从 18.2kg/s 增加到 90kg/s 时，连续管剩余寿命降低了近 80%。分析认为：环空加砂压裂中，压裂液中砂砾质量流量的增加致使单位时间内注入环空中的砂砾颗粒数大幅增加，连续管外壁在单位时间内受到更多砂砾的冲蚀撞击，从而导致连续管的外壁冲蚀磨损更为严重。

3. 固体颗粒粒度的影响

本节分析了环空加砂压裂中，压裂液中砂砾粒度在 20～60 目之间变化时，连续管外壁的冲蚀磨损情况，得到如图 4.19 所示固体颗粒粒度对连续管外壁冲蚀磨损的影响。从图中可以看出，随压裂液中砂砾粒度的增大即砂砾直径的减小，连续管外壁平均冲蚀速率平稳增加，最大冲蚀速率随砂砾粒度的增大呈现递减趋势，剩余寿命随粒度的增大近似快速减少，50 目时的预测剩余寿命比 20 目时下降 60%，仅为 271min。这是因为：在环空加砂压裂中，压裂液注入排量和砂砾质量流量不变的情况下，压裂液中固体颗粒粒度增大即固体颗粒直径减小，意味着单位时间内压裂液中砂砾的颗粒数增加，即单位时间对连续管外壁造成冲蚀磨损的颗粒数增加，从而导致连续管外壁平均冲蚀磨损更为严重；同时随着颗粒数的增加，颗粒间的撞击增多且粒子直径减小，颗粒对连续管外壁的冲蚀作用也随之减弱，从而当颗粒粒度为 50 目时连续管外壁最大冲蚀磨损状况最为严重。

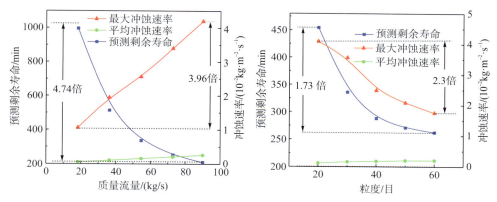

图 4.18　质量流量对连续管外壁冲蚀磨损的影响　图 4.19　固体颗粒粒度对连续管外壁冲蚀磨损的影响

4. 压裂液排量的影响

本小节研究了环空压裂液注入排量为 5～8m³/min 时，连续管外壁的冲蚀磨损情况。如图 4.20 所示，随着注入排量的增加，连续管外壁平均冲蚀速率和最大冲蚀速率都呈现增加趋势，且最大冲蚀速率增加更为迅速；剩余寿命随注入排量的增加呈现急速下降趋势。这是因为环空压裂液注入量增加，颗粒的数量和速度随之增加，即单位时间内对连续管外壁造成冲蚀撞击的颗粒更多且动能更大，因此连续管外壁冲蚀磨损急速加剧。

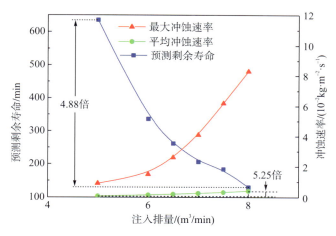

图 4.20　压裂液注入排量对连续管冲蚀磨损的影响

5. 压裂液黏度的影响

根据环空加砂压裂中实际工况，本节研究了压裂液黏度为 100～200mPa·s 时连续管外壁的冲蚀磨损情况，如图 4.21 所示。随着压裂液黏度的增加，连续管外壁平均冲蚀速率平稳增加，连续管外壁最大冲蚀速率则递减，连续管预测剩余寿命同样呈现出平稳递减趋势，预测剩余寿命最短为 200mPa·s 时的 276min，为预测剩余寿命峰值 336min 的 82%。分析认为，压裂液黏度的增加限制了压裂液中砂砾速度的两极化，使砂砾速度区间进一步减小，从而导致最大冲蚀速率减小和平均冲蚀速率增大。

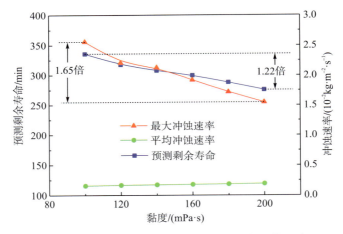

图 4.21   压裂液黏度对连续管外壁冲蚀磨损的影响

4.3.3   振动状况下连续管冲蚀磨损规律分析

在连续管的水力压裂作业中，压裂液的流速及压力都会对连续管的稳定性造成影响，导致连续管振动，从而影响携砂液的流态，致使携砂液流态更为紊乱，对连续管的冲蚀磨损也有较大影响。因此有必要考虑连续管与携砂液流固耦合(即连续管振动工况)的影响，对连续管的冲蚀磨损进行研究。

1. 边界条件

本节考虑振动影响时所采用的边界条件与环空加砂压裂中连续管外壁冲蚀磨损边界条件基本相同，其振动频率和振幅结合所选几何模型与实际工况确定，具体如表 4.3 所示，连续管管壁无滑移，寿命计算时泵入 10t 砂砾。连续管振动载荷的施加通过自编 UDF 程序实现，振动方式为正弦往复运动。

表 4.3   振动工况下的边界条件

参数	数值
压裂液注入量/(m³/min)	6.5
压裂液黏度/(mPa·s)	100
砂砾质量流量/(kg/s)	18.2
砂砾粒度/目	30
砂砾密度/(kg/m³)	2600
连续管密度/(kg/m³)	7850

参数	数值
管壁摩擦系数	0.3
连续管振动振幅/mm	5
连续管振动频率/Hz	5

2. 振动频率对连续管冲蚀磨损的影响

本节选取连续管的振动频率为 0Hz（无振动）、2Hz、5Hz、8Hz、10Hz 进行对比分析，图 4.22 所示为环空压裂液速度云图，图 4.23 所示为连续管外壁面与套管内壁面冲蚀速率云图。从图中可以看出，在振动工况下连续管外壁面小范围内压裂液流速有所下降，且砂砾对套管壁面处冲蚀较无振动工况下更为严重。

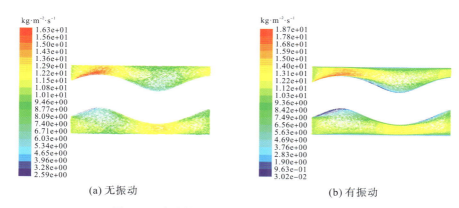

(a) 无振动   (b) 有振动

图 4.22   连续管与套管环空压裂液速度云图对比

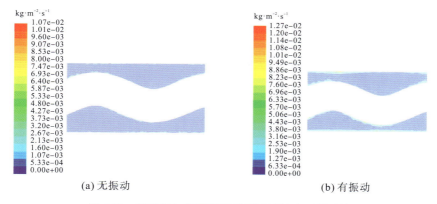

(a) 无振动   (b) 有振动

图 4.23   连续管与套管环空壁面冲蚀速率云图对比

由图 4.24 可以得出，在连续管从无振动状态转变为小频率振动状态时，连续管外壁的冲蚀磨损呈现出增大趋势，连续管振动频率为 2Hz 时，平均壁厚损失为 0.045mm，较无振动时增加了 15%。而随着振动频率的进一步增加，连续管的冲蚀磨损呈现出减小趋势。连续管在 2Hz 时冲蚀最为严重，最大冲蚀速率为 $1.31 \times 10^{-2} \text{kg} \cdot \text{m}^{-2} \cdot \text{s}^{-1}$，平均壁厚损失为

0.045mm，分别为 10Hz 时最小冲蚀速率的 1.59 倍和 1.3 倍。这是因为随着连续管振动频率的增加，连续管对环空压裂液流场影响增大，环空流体中砂砾间相互碰撞增加，且在一定程度上弱化了砂砾在小间隙处的聚集效应，并在振动达到一定频率后，造成连续管外壁一定范围内压力减小，在该范围内压裂液中砂砾数目相对减少，从而导致冲蚀磨损下降。

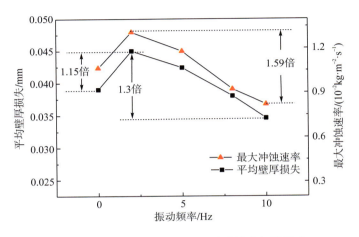

图 4.24　振动频率对连续管外壁冲蚀磨损的影响

3. 振幅对连续管冲蚀磨损的影响

本节选取连续管的振幅为 0mm（无振动）、1mm、5mm、8mm、10mm 进行对比分析，图 4.25 所示为振幅对连续管外壁冲蚀磨损的影响。从图中可以看出，连续管的振幅对冲蚀磨损的影响较大，随振幅增加，连续管的冲蚀磨损呈增加趋势，在振幅为 10mm 时其最大冲蚀速率为 $1.41 \times 10^{-2} \mathrm{kg \cdot m^{-2} \cdot s^{-1}}$，较无振动时增大了 1.33 倍。分析认为，随着连续管振幅的增加，由于振动频率并未发生改变，则连续管的平均振动速度增加，且连续管与套管所形成的环空的最小间隙减小，进而导致连续管外壁冲蚀磨损增加。

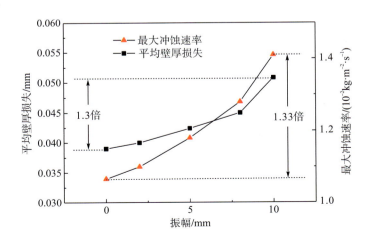

图 4.25　振幅对连续管外壁冲蚀磨损的影响

4.4　含缺陷连续管冲蚀磨损

4.4.1　有限元计算几何模型及边界条件

1. 几何模型建立

完整连续管在高速携砂液的冲蚀磨损下或者由于加工制造、运输及腐蚀等发生损伤，如图 4.26 所示。在后续使用中，缺陷部分流动状态更为紊乱，粒子对含缺陷部分撞击次数大幅增加，对含缺陷部分更易造成严重损失，如图 4.27 所示。

本节对连续管内壁存在缺陷时的冲蚀磨损情况进行研究分析。采用外径为 $\phi 60.3\text{mm}$、内径为 $\phi 51.8\text{mm}$ 的 90°连续管，在 SolidWorks 中建立内壁含缺陷连续管模型。为减少含缺陷连续管数值计算中网格数量及计算时长，将含缺陷连续弯管进行对称半剖，取计算流体域模型如图 4.28 所示。根据相关文献[6]，采取缺陷在连续管内部周向均匀分布，并对缺陷简化，如图 4.28 所示，图中 a 为缺陷长度，b 为缺陷宽度，c 为缺陷深度。

模型整体采用非均匀结构网格技术进行网格划分，考虑到连续管近壁面处黏性底层和缺陷的影响，对内壁边界和缺陷部位网格进行加密处理。

图 4.26　连续管内壁冲蚀磨损照片

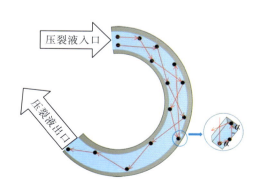
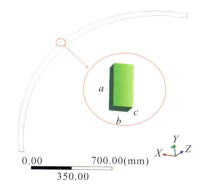

图 4.27　含缺陷连续管内砂砾运动示意图　　　　图 4.28　连续管内壁已有缺陷示意图

2. 边界条件

结合连续管加砂水力压裂中作业实际工况，采取与连续管内壁冲蚀磨损研究中相同的边界条件参数，并加入连续管内壁缺陷的具体参数，具体以周向均布 3 个缺陷，$a = 3.5\text{mm}$，$b = 1.5\text{mm}$，$c = 1.5\text{mm}$ 为基础参数，泵入 1000t 携砂液，如表 4.4 所示。

表 4.4　含缺陷连续管冲蚀磨损边界条件

参数	数值
入口压裂液注入量/(m³/min)	1.2
压裂液黏度/(mPa·s)	100
压裂液携砂比/%	1.0
砂砾粒度/目	30
砂砾密度/(kg/m³)	2600
连续管密度/(kg/m³)	7850
管壁摩擦系数	0.3
周向均布缺陷个数	3
长度 a/mm	3.5
宽度 b/mm	1.5
深度 c/mm	1.5

4.4.2 缺陷参数对连续管冲蚀影响分析

1. 周向均布缺陷数量的影响

缺陷的存在会导致携砂液的流动状态变得更为复杂，且这种流动状态的改变不仅与单个缺陷有关，也与该缺陷附近的缺陷数量及缺陷分布状态有较大关系。因此，本节研究了不同周向均布缺陷数量对连续管冲蚀磨损的影响。

图 4.29 所示为含缺陷连续管内部携砂液速度云图，从图中可以看出，在含缺陷部位携砂液运动速度较大且最为紊乱，而缺陷内部速度相对较小。

图 4.30 为不同缺陷个数下连续管内壁冲蚀速率云图，从图中可以看出，含缺陷连续管的最大冲蚀速率远大于完整连续管，且与管壁存在的缺陷个数有一定关系；含缺陷连续管在完整壁面与缺陷过渡处即壁面突变处冲蚀磨损最为严重。

图 4.31 所示为缺陷个数对连续管冲蚀磨损的影响曲线图。从图中可以看出：与完整连续管相比，含 1 个缺陷时连续管的最大冲蚀速率增加了 4.5 倍；随着连续管内壁缺陷数量的增加，含缺陷连续管内壁冲蚀磨损愈加严重；而平均壁厚损失受周向均布缺陷个数的影响较小，含 1 个缺陷时，平均壁厚损失为 0.311mm，而周向均布缺陷为 4 个时，平均壁厚损失为 0.3mm。分析认为，在连续管内壁周向区域内缺陷个数越多，连续管内通过该区域的压裂液流动状态越复杂，致使压裂液中砂砾动能较其他区域更高，进而使得连续管突变处承受砂砾更多的撞击动能，导致冲蚀更为严重；同时由于模拟中缺陷在连续管内为周

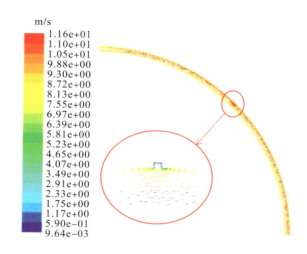

图 4.29　含缺陷连续管内部携砂液速度云图

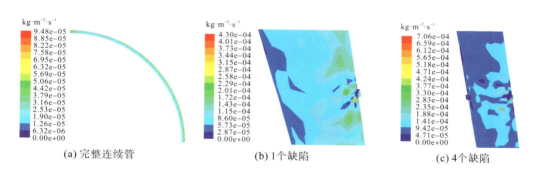

(a) 完整连续管　　　　　　　(b) 1个缺陷　　　　　　　(c) 4个缺陷

图 4.30　不同缺陷个数下连续管内壁冲蚀速率云图

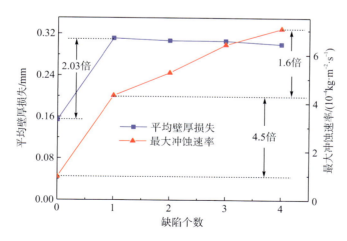

图 4.31　缺陷个数对连续管冲蚀磨损的影响曲线图

4.5 焊肉对连续管冲蚀速率的影响

连续管在焊接过程中形成焊肉，焊肉是指焊件在焊接后形成的结合部分。在国内外研究连续管的相关文献中，连续管焊肉对连续管冲蚀磨损影响的研究鲜见报道。基于此，本节利用 CFD 软件研究有无焊肉对连续管冲蚀速率的影响，以及焊肉形状、焊肉焊宽及余高等影响因素对连续管内壁冲蚀磨损的影响规律。

4.5.1 数值模型及边界条件

1. 数值模型

连续管焊肉如图 4.35 所示，表征焊肉形状的参数主要有焊宽和余高。焊宽指焊缝两焊趾之间的距离，余高指超出母材表面连线上的那部分焊缝金属的最大高度[7]。在焊接时，连续管焊肉形状主要有椭圆形、矩形、抛物线形[8,9]，如图 4.36 所示。本节以内径 ϕ30.2mm、外径 ϕ38.1mm 的连续管为研究对象。

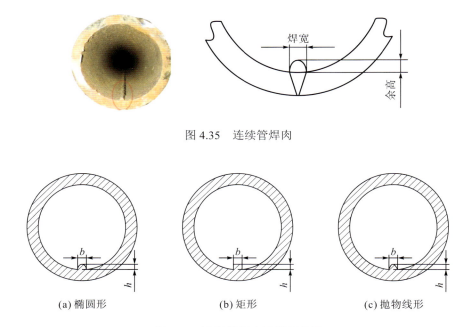

图 4.35　连续管焊肉

(a) 椭圆形　　　　　　　　(b) 矩形　　　　　　　　(c) 抛物线形

图 4.36　连续管焊肉形状示意图

2. 网格划分及边界条件

为了更好地模拟管壁处的冲蚀磨损情况，流道模型采用六面体网格划分，在管壁处进行网格加密处理，对焊肉壁面进行局部网格细化，总网格节点为 1808125，网格单元数为 1735968，连续管流道的网格模型如图 4.37 所示。

　　依据文献[1]，连续管进口处设置为速度进口边界，出口设置为自由出口，壁面采用标准壁面函数处理。进口处颗粒速度与液相速度均为 13.26m/s，颗粒直径为 0.691mm，颗粒的质量流量为 4.5505kg/s。动量、能量、湍流动能和湍流耗散率的离散均采用二阶迎风格式，压力速度耦合采用 Simple 算法。

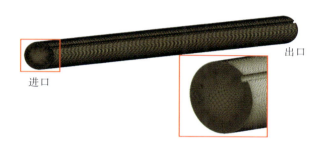

图 4.37　连续管流道的网格模型

4.5.2　焊肉结构参数对冲蚀速率影响分析

1. 有无焊肉的连续管冲蚀磨损对比分析

　　通过对现场连续管测量，在内径为 ϕ30.2mm、外径为 ϕ38.1mm 的连续管内，测得焊肉的焊宽为 3mm，焊高为 2mm，焊肉形状近似于椭圆形。图 4.38 为有无焊肉的连续管冲蚀速率云图。通过对比无焊肉与有焊肉连续管的冲蚀速率(图 4.39)可知，有焊肉连续管的平均冲蚀速率比无焊肉连续管的平均冲蚀速率增加了 0.414 倍，最大冲蚀速率增加了近 2 倍。分析认为：焊肉的存在，使得连续管内的粒子运动轨迹更为复杂，焊肉突起受到颗粒的冲击次数增多，故冲蚀更为严重，且最大冲蚀速率发生在焊肉处。

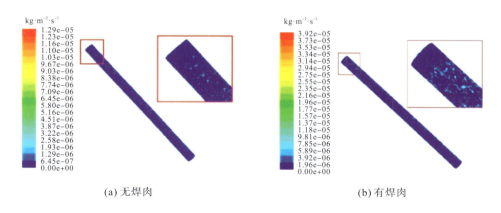

(a) 无焊肉　　　　　　　　　　　　　　　　(b) 有焊肉

图 4.38　有无焊肉的连续管冲蚀速率云图

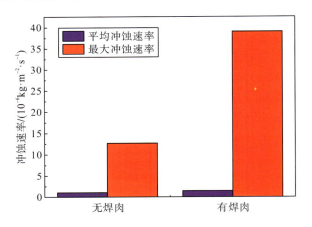

图 4.39   有无焊肉连续管的冲蚀速率

2. 焊肉形状对连续管内壁冲蚀的影响

焊肉形状分为椭圆形、矩形、抛物线形，如图 4.36 所示。三种形状的焊宽与余高分别设置为 3mm 和 2mm。由图 4.40 可以看出，椭圆形焊肉的连续管最大冲蚀速率最小，值为 $3.92×10^{-5}\mathrm{kg·m^{-2}·s^{-1}}$；矩形焊肉的连续管最大冲蚀速率为 $6.39×10^{-5}\mathrm{kg·m^{-2}·s^{-1}}$，较椭圆形焊肉的连续管最大冲蚀速率增大了约 63.0%；抛物线形焊肉的连续管最大冲蚀速率为 $4.68×10^{-5}\mathrm{kg·m^{-2}·s^{-1}}$，较椭圆形焊肉的连续管最大冲蚀速率增大了约 19.4%；三者的平均冲蚀速率变化不大。因此建议控制焊肉形状，椭圆形焊肉为最优。

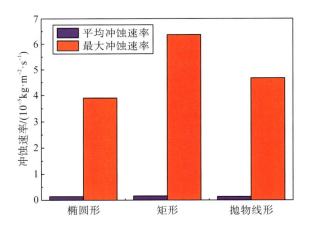

图 4.40   不同焊肉形状的连续管冲蚀速率

3. 焊宽对连续管内壁冲蚀的影响

以椭圆形焊肉为例，分析焊宽对连续管内壁冲蚀的影响。依据文献[10]，一般壁厚小于 6mm 时不开坡口形成 I 形焊缝（本节的连续管壁厚约为 4mm），焊缝最大宽度的简便计算公式为

$$b = \delta + 2 \qquad\qquad (4.29)$$

式中，b 为焊肉宽度，mm；δ 为工件厚度，mm。

　　根据公式(4.29)，可计算出焊缝最大宽度 b=6mm。由于焊宽宜窄不宜宽，因此研究余高一定时，焊宽对连续管内壁冲蚀速率的影响结果如图 4.41 所示，当余高为 2mm 时，最大冲蚀速率在焊宽 2～3mm 内呈快速下降趋势，在焊宽 3～6mm 内基本呈递增趋势；平均冲蚀速率则呈总体上升趋势。因此 3mm 为最优焊宽。

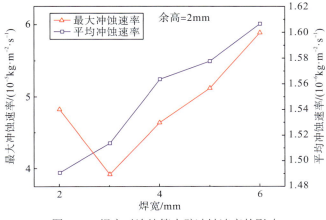

图 4.41　焊宽对连续管内壁冲蚀速率的影响

4. 余高对连续管内壁冲蚀的影响

　　通常情况下，要求余高不能低于母材，其高度随母材厚度增加而增加，但最大不得超过 3mm。因此以焊宽为 3mm 的椭圆形焊肉进行研究，余高对连续管内壁冲蚀速率的影响如图 4.42 所示。余高在 1～2.5mm 时，最大冲蚀速率随余高的增大呈下降趋势并达到最小值；余高在 2.5～3mm 时，最大冲蚀速率随余高的增大呈总体上升的趋势；平均冲蚀速率呈先上升后下降再上升趋势，最大冲蚀速率和平均冲蚀速率均在 2.5mm 时达到最小值。因此，2.5mm 为最优余高。

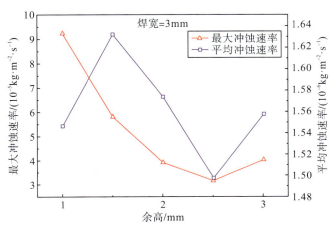

图 4.42　余高对连续管内壁冲蚀速率的影响

参 考 文 献

[1] Shah S N, Jain S. Coiled tubing erosion during hydraulic fracturing slurry flow[J]. Wear, 2008, 264(3/4): 279-290.

[2] 吴望一. 流体力学(上册)[M]. 北京: 北京大学出版社, 2004.

[3] 张哲, 安晨, 魏代锋, 等. 水下节流阀砂粒冲蚀数值模拟研究[J]. 海洋工程, 2022, 40(6): 160-172.

[4] Lin N, Lan H Q, Xu Y G, et al. Effect of the gas-solid two-phase flow velocity on elbow erosion[J]. Journal of Natural Gas Science and Engineering, 2015, 26(2015): 581-586.

[5] Kesana N R. Erosion in multiphase pseudo slug flow with emphasis on sand sampling and pseudo slug characteristics[D]. Tulsa: The University of Tulsa, 2013.

[6] Walde K V D. Corrosion-nucleated fatigue crack growth[D]. West Lafayette: Purdue University, 2005.

[7] 王洪光. 实用焊接工艺手册[M]. 北京: 化学工业出版社, 2010.

[8] 卢雪峰. 基于碾压形变热处理的连续管对接焊缝的无缝化研究[D]. 西安: 西安石油大学, 2009.

[9] 陈继民, 肖荣诗, 左铁钏, 等. 焊缝形状计算机图像处理方法[J]. 华北电力大学学报(自然科学版), 1999, 26(4): 90-92.

[10] 吴长太, 王丹龙, 李化强. 焊缝尺寸计算公式的研究及应用[J]. 煤矿机械, 2002, 23(9): 42-43.

第5章　连续管与套管摩擦磨损

针对连续管在作业过程中存在摩擦磨损工程问题，本章开展了连续管与套管高温摩擦磨损试验，对比研究了连续管试样与套管试样干摩擦，以及添加油基钻井液润滑剂和生物润滑剂时的摩擦磨损特征；基于数值模拟方法，补充研究了连续管与套管摩擦磨损情况，并利用响应面法修正了 Archard 磨损模型。

5.1　工　程　问　题

连续管在注入头的作用下，由滚筒进入注入头，穿过防喷器、井口装置进入井筒（图 5.1），下入过程中，连续管与套管发生接触，进而发生摩擦磨损。随着页岩气等非常规油气田的不断开发，超深水平井及大位移井作业增多，水平段长度不断增加，由 1500m 向 3000 多米延伸。随着开采深度的增加，超深井作业井深已达 10000m，井下面临的高温高压挑战严峻，井下温度达到 160℃ 以上，在井下作业过程中、连续管与套管面临的摩擦磨损问题更为突出。

图 5.1　连续管全井段作业示意图

连续管与套管磨损会导致壁厚减薄，严重时会导致连续管爆裂损坏，严重威胁井下作业安全。图 5.2 所示为 MX146 井连续管偏磨失效图。检查发现连续管发生严重偏磨，由原 4.44mm 磨损至 1.8mm。

图 5.2　MX146 井连续管偏磨失效情况

当前井下磨损情况较为普遍，大量的连续管发生偏磨会影响其使用寿命，进而导致井下作业无法正常进行，甚至导致井下安全事故的发生。因此，开展对连续管和套管摩擦磨损的研究、获取连续管与套管摩擦磨损的基础数据是十分有必要的。同时对高温工况下连续管摩擦磨损进行研究，更加清楚地认识连续管磨损机制，为连续管的安全作业提供一定的保障。

5.2　高温摩擦磨损试验方案及方法

1. 试验材料

本次试验用材为 CT90 连续管（外径 50.8mm，壁厚 4mm）和 P110 套管（外径 114.3mm，壁厚 7.37mm），化学成分见表 5.1 和表 5.2。

表 5.1　CT90 连续管化学成分[1]　（单位：%）

C	Mn	Cr	Mo	Ni	Si	Cu	Nb+V+Ti
0.07~0.17	0.05~1.30	0.30~0.70	≤0.40	≤0.30	≤0.40	≤0.30	≤0.06

表 5.2　P110 套管化学成分[2]　（单位：%）

C	Mn	Cr	Mo	S	Si	Cu	P
0.32	1.47	0.036	0.03	0.006	0.42	0.05	0.013

本次试验中，研究了连续管和套管不同温度下干摩擦、油基钻井液、水基钻井液及生物润滑剂条件下的摩擦磨损性能，其中，油基钻井液、水基钻井液由西南石油大学油气藏地质及开发工程全国重点实验室研究团队提供，生物润滑剂（藕粉与魔芋胶）均为食品级。

2. 试样加工

本次试验选用往复式滑动摩擦磨损形式，采用块-板式磨损形式，上试样为块状，下试样为板材，其标准试样尺寸如图 5.3(a)、(b) 所示。

传统的摩擦磨损试验通常在原材料上进行标准试样制备，但连续管和套管的生产过程中，需要多种工艺成型，这会使成型管材与原始材料在某些性能方面存在差异。此外连续管与套管的实际接触方式不同于平面接触，是两个弧面之间由线接触逐渐转变为面接触的过程，其接触形式如图 5.3(c) 所示。此次试验中，为了更加符合连续管与套管真实的接触状态，采用线切割的方式在成型管材上直接取样，按照试验机的标准，保留管材原有的接触弧面，试样的切割方式及加工完成的试样见图 5.3(d)。

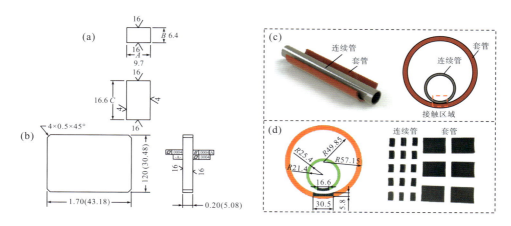

图 5.3　标准试样及试样接触形式(单位：mm)

3. 摩擦磨损试验设备

磨损试验在 Bruker UMT Tribolab 摩擦磨损试验机上进行。本次试验采用高速往复运动模块，主要由试验台及显示器组成，如图 5.4(a) 所示。该试验台主要由设备框架、丝杠装置、传感器、上夹具、下夹具和基座组成。试验过程中，丝杠装置运动，上夹具向下运动，逐渐与下试样接触，在传感器的作用下，当压力达到设定的数值后，丝杠装置停止运动，下夹具做往复运动，实现往复摩擦磨损，如图 5.4(b) 所示。

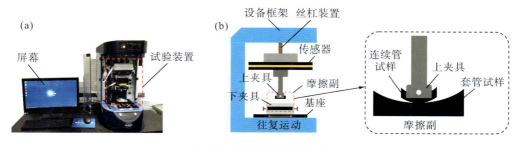

图 5.4　摩擦磨损试验设备

4. 试验方案设计

本章研究了连续管与套管管材在不同条件下的磨损,进行了不同温度下干摩擦磨损试验、常规钻井液与生物润滑剂的对比试验及不同浓度生物润滑剂的摩擦磨损试验。具体试验方案如表 5.3 所示。

表 5.3　试验方案

试验因素	试验因素水平
温度/℃	25、60、110、160
润滑介质	干摩擦、水基钻井液、油基钻井液、生物润滑剂 1(藕粉)、生物润滑剂 2(魔芋胶)
生物润滑剂 1(藕粉)/%	1、3、5、10
生物润滑剂 2(魔芋胶)/%	0.5、1、2、3

连续管在不同的作业情况下运动速度有差别,在起升和下放时,速度通常在 10～20m/min;下钻磨工具时,速度通常在 3～10m/min;下放连续管探砂面时,速度在 5m/min 左右;下放连续管冲砂时,速度控制在 5m/min 左右。综合连续管在各个作业情况下的运动速度,本次试验选取 8m/min 作为往复运动速度,转化为试验参数为:往复行程 20mm,往复频率 3.3Hz。

5.3　高温及润滑介质对摩擦磨损的影响研究

5.3.1　摩擦磨损试验结果分析

1. 高温摩擦磨损试验

图 5.5(a)为连续管-套管在不同温度下的摩擦系数时程图,所有温度的摩擦系数均随时间逐渐增加,然而高温摩擦系数在初始阶段的增加速度明显小于室温,而后期趋于平稳。经对比,试验温度对摩擦系数影响较大[图 5.5(b)],随温度升高,试样的摩擦系数呈现先减小后略微增大的趋势,试验温度从 25℃到 110℃摩擦系数逐渐减小,从 110℃到 160℃摩擦系数略微升高,其中,110℃时摩擦系数最低,为 0.1712。从总体趋势来看,随着温度升高,摩擦系数低于常温下的摩擦系数。这是因为在不断往复滑动的过程中,除了加热温度之外,摩擦产生的热使摩擦表面温度进一步升高,此时摩擦表面会形成一层熔化膜,从而降低了接触面的抗剪强度,起到减摩润滑的作用。另一方面,温度升高也加快了接触表面的氧化速度,摩擦层也会减少摩擦副之间的摩擦,使得摩擦系数降低。

连续管-套管的磨损率随温度变化情况如图 5.5(c)所示,连续管的磨损率与摩擦系数变化趋势相同,而套管的磨损率呈现逐步增长的趋势。为了探究其原因,进行了套管高温硬度测试。如图 5.6 所示,随着温度的上升,硬度呈现逐渐减小的趋势。原因是碳钢在室温下表面通常会发生硬化导致硬度升高,使得材料的耐磨性增强;随着温度升高,材料发生软化，硬度下降，耐磨性减弱，磨损率大幅上升。试验过程中由于加热区在试验台下部，上试样受到温度影响较小，硬度几乎未发生变化，故连续管试样的磨损率并未因材料变软而升高，而是呈现与摩擦系数变化相同的趋势。

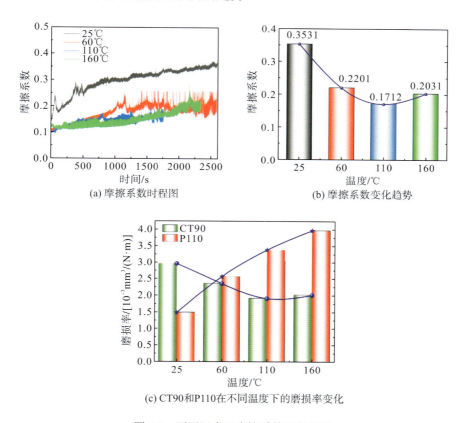

(a) 摩擦系数时程图　　　　　　　　(b) 摩擦系数变化趋势

(c) CT90和P110在不同温度下的磨损率变化

图 5.5　不同温度下摩擦系数及磨损率

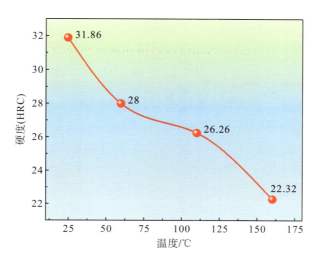

图 5.6　套管硬度随温度变化

2. 不同介质影响下的摩擦磨损试验

图5.7为干摩擦和两种润滑状态下的摩擦系数变化及磨损率变化趋势。由图5.7(a)可知，磨损开始时，连续管与套管接触初始摩擦系数均在0.2左右，常温干摩擦下，随着磨损时间增长，摩擦系数逐渐升高，平均摩擦系数约为0.3534[图5.7(b)]，表明其磨损较为严重。

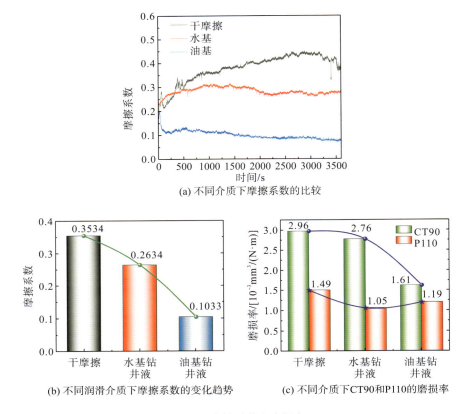

(a) 不同介质下摩擦系数的比较

(b) 不同润滑介质下摩擦系数的变化趋势   (c) 不同介质下CT90和P110的磨损率

图5.7　摩擦系数和磨损率

在水基钻井液润滑作用下，摩擦系数略微升高且在短时间内稳定，其增大速率小于干摩擦，平均摩擦系数约为0.2634[图5.7(b)]，说明水基润滑液可以一定程度地减缓磨损。在油基钻井液润滑作用下，摩擦系数变化趋势不同于干摩擦和水基钻井液，摩擦系数从初始的0.2急剧减小并快速稳定在0.1左右，说明油基钻井液有效减缓了连续管的磨损损伤，其平均摩擦系数为0.1033[图5.7(b)]，由此可知，油基钻井液的润滑性能远远好于水基钻井液。在钻井液的润滑作用下，摩擦表面会产生含硼化合物，此类含硼类添加剂可在摩擦界面不断反应和快速沉淀，进而生成含硼化合物的界面润滑膜，抑制摩擦表面的剪切变形，使摩擦副之间受到的剪切力变小，从而对摩擦过程起到显著的润滑效果，使得摩擦系数降低，油基钻井液可在摩擦界面形成更厚的润滑膜，因此表现出比水基钻井液更好的润滑效果。图5.7(c)为干摩擦和不同钻井液润滑作用下CT90连续管与P110套管的磨损率情况，CT90连续管的磨损率变化趋势与摩擦系数变化趋势相同。

5.3.2   白光干涉三维形貌结果分析

1. 高温条件下的三维形貌分析

如图 5.8 所示，常温下干摩擦的磨损表面形成沿着摩擦方向密集的犁沟状磨痕，磨损面均匀且规律［图 5.8(a)］，是磨粒磨损的典型特征。随着温度的升高，60℃时，磨损表面除沟槽状磨痕外，还出现了较小程度的不规则凹坑状磨损［图 5.8(b)］，表明在磨损过程中材料表面局部区域发生金属黏着，随后黏着的金属发生脱落，造成凹坑的形成，即发生黏着磨损。110℃时，磨损表面凹坑相对增大，材料去除面积变大。当温度升高到 160℃时，出现了大面积的材料去除现象，形成的凹坑较大且连续，出现典型的黏着磨损特征。由磨损截面 X 方向视图可得，25℃时磨损表面轮廓线波动较小，说明形成的犁沟深度较浅；随着温度升高到 60℃，轮廓线较常温下更深且更宽，表示形成的黏着坑对磨损表面的影响更大；110℃、160℃时轮廓线呈现大范围向下凹陷的趋势，与磨损表面凹坑大且连续的现象相吻合。之所以出现这样的现象，与材料的硬度变化有直接关系，常温下材料硬度较大，磨损只在磨粒的作用下发生犁削，使表面形成密集的犁沟。随着温度升高，材料的硬度下降，更容易产生塑性变形，在摩擦剪切力的作用下，黏着现象在摩擦副中不断发生，温度越高，黏着现象发生得越明显，对磨损表面形成的材料去除现象越严重。

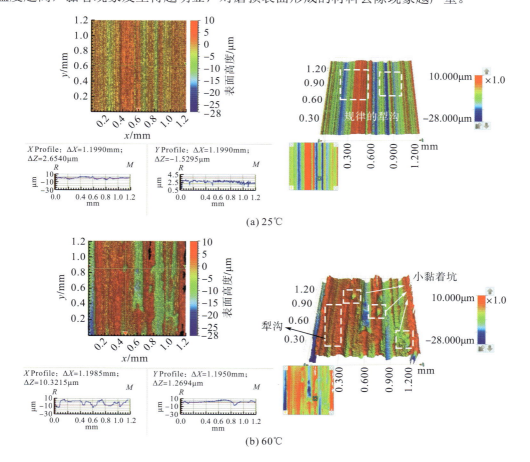

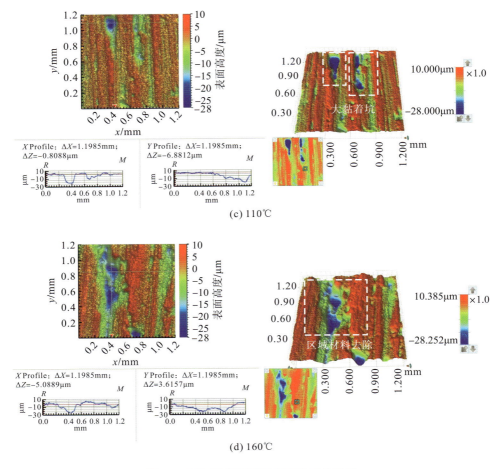

(c) 110℃

(d) 160℃

图 5.8　不同温度下磨损表面的三维形貌

2. 润滑介质影响下的三维形貌分析

为探究磨损表面粗糙度与摩擦系数的关系，进行磨损表面的三维形貌表征，随机选取磨损表面的三个不同区域进行表征，测得的表面粗糙度取平均值，如图 5.9 所示，在干摩擦、水基钻井液和油基钻井液下磨损表面的粗糙度 Sa 分别为 1201.909nm、737.005nm 和 457.435nm，其变化趋势如图 5.10 所示。

磨损表面的粗糙度值与试验所得摩擦系数呈相同的变化规律。干摩擦表面较为粗糙，沿着摩擦方向形成平行且密集的磨痕[图 5.9(a)]，纵截面表征出现的犁沟宽而深，犁沟最深处达 7.4μm[图 5.9(b)]；水基钻井液试样表面粗糙度次之，表面形成的磨痕较干摩擦下略微稀疏[图 5.9(c)]，犁沟最深处约 4.03μm[图 5.9(d)]；油基钻井液试样表面的粗糙度最小，犁沟最深处仅 3.57μm，且宽大犁沟数量显著减少[图 5.9(e)和(f)]，表面较光滑，主要与钻井液在摩擦表面的成膜特性有着密切的关系。在干摩擦条件下，摩擦副材料表面直接接触，在磨粒作用下直接犁削材料表面，致使表面形成宽且深的犁沟。水基钻井液在摩擦过程中生成含硼类的界面润滑膜，能够阻碍磨粒与材料表面的直接接触，在一定程度上减弱了磨粒对材料表面的犁削，使犁沟更浅。油基钻井液生成的界面润滑膜更厚，能够更好地阻挡磨粒对表面的犁削作用，故磨损表面更平滑，犁沟深度最浅。

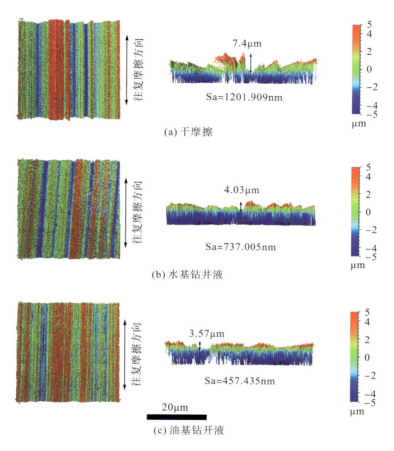

图 5.9　不同润滑介质下磨损表面的三维形貌

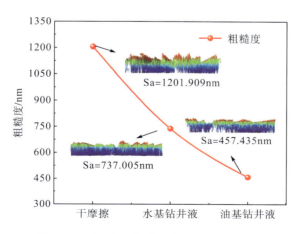

图 5.10　不同润滑介质下磨损表面的粗糙度

5.3.3　高温影响下扫描电镜结果分析

为了更清楚地观测材料表面磨损微观形貌,采用扫描电镜(SEM)对磨损后材料表面进行细致的表征。图 5.11 为连续管在 25℃、60℃、110℃和 160℃磨损后的表面微观形貌图。在图 5.11(a)中,选取磨损与未磨损区域的交界处,左侧有明显规律划痕,是被磨损区域,右侧相对较为光滑,是未磨损区域,除此之外,试样表面还有不规则的微凸体及磨料粒子,这些是造成磨粒磨损的主要原因。

图 5.11(b)是 25℃时磨损区域的高倍数放大图,可看出磨损表面的犁沟状态及磨料粒子。图 5.11(c)为 60℃时的磨损表面,同样具有 25℃时的沟槽及磨料粒子等特征,除此之外,还有黏着坑等特征[图 5.11(d)],这表明在温度升高的情况下,除了磨粒磨损还有黏着磨损的存在。在 110℃的条件下,出现的特征基本与 60℃时的特征相同,但黏着坑的区域更大[图 5.11(e)和图 5.11(f)],这表明在 110℃下发生了更为严重的黏着磨损。160℃时,磨损区域表面磨损不均匀,部分区域出现层状剥落的情况[图 5.11(g)和图 5.11(h)]。主要原因是:温度的升高,会加快表面的氧化速度,同时在高接触应力的作用下,会发生一种氧化磨损,称为剥层。基体的剥落过程经历裂纹的萌生及扩展,其主要影响因素是材料的塑性变形,在接触应力与材料热软化效应的影响下,磨痕区域亚表层会出现剧烈塑性形变,此时,晶粒被拉长,更容易与氧结合形成氧化物,导致氧化物与基体界面产生较高的内应力,从而在基体界面产生裂纹并在内部扩展,当裂纹扩展到临界尺寸之后,基体与表面氧化物会产生剥落现象,发生严重磨损,这是造成 160℃时磨损率明显较高的主要原因。

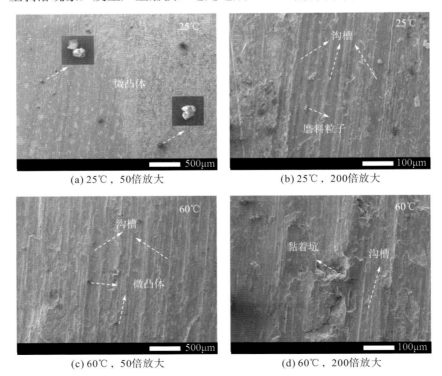

(a) 25℃,50倍放大　　　　　　　　　(b) 25℃,200倍放大

(c) 60℃,50倍放大　　　　　　　　　(d) 60℃,200倍放大

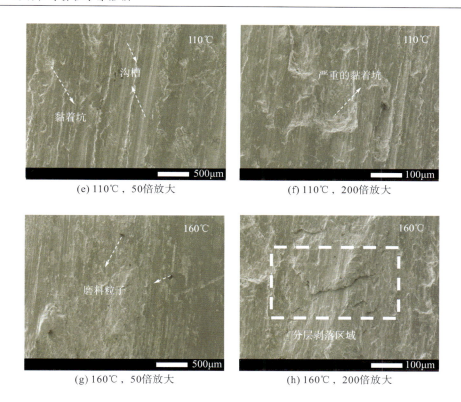

图 5.11　不同温度下磨损表面 SEM 图

5.3.4　磨损断面形态表征

　　为探明摩擦磨损过程材料基体的塑性变形情况及剥落机制，对两种钻井液和不同温度作用下的磨痕区域纵截面进行表征。不同润滑介质下表面磨损后的截面组织如图 5.12 所示。

　　此次试验条件下，连续管的显微组织主要为铁素体和珠光体的混合物。在干摩擦条件下，可观察到摩擦引起基体材料发生明显的塑性变形，表层晶粒得到细化，且变形层中产生了微裂纹[图 5.12(a)]，主要原因为：干摩擦时表面摩擦系数高，表面相互作用力大，致使材料表层发生剧烈塑性变形，最终导致塑性变形层和微裂纹的形成。水基和油基钻井液磨痕表面附近的显微组织无明显变化且表层平整，无裂纹的产生[图 5.12(b)和(c)]。主

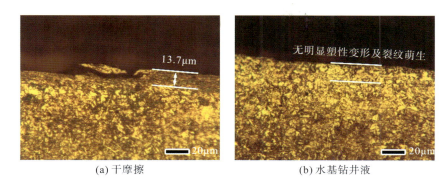

(a) 干摩擦　　　　　　　　　　　　(b) 水基钻井液

(c) 油基钻井液

图 5.12 不同润滑介质下磨损表面的截面形貌

要原因为：在水基钻井液和油基钻井液润滑作用下，摩擦系数降低明显(图 5.7)，使往复摩擦过程中剪切力显著降低，对摩擦界面的影响减小，导致塑性变形不明显。

图 5.13 为不同温度下磨损表面的截面微观组织形貌，可以清楚地看出横截面形态可分为两个区域：远离材料表面的基体区域和靠近表面的剧烈塑性变形区域。基体区域晶粒分布均匀，显微组织为珠光体和铁素体。靠近表面区域，由于摩擦力和正压力的共同作用，材料发生了热软化与塑性变形，沿摩擦方向亚表层中显微组织发生了变化，产生大量细长晶粒。在常温试验下，摩擦引起的塑性变形层厚度约为 13.7μm，塑性变形层厚度随温度升高而增厚(60℃、110℃和 160℃磨损时的塑性变形层厚度分别为 14.2μm、19.3μm 和 35.6μm)。由此可知，试验温升较小时，与常温下的磨损情况基本相同，当温度上升到 100℃以上时，由于材料热软化效应增强，磨损截面塑性变形较为严重且其影响层较深，造成其塑性变形层厚度远大于常温时，且在图 5.13(c)和(d)中可以明显观察到塑性变形区出现不同程度的裂纹，说明高温导致的塑性变形区域更容易引起裂纹的萌生，此结果与图 5.11(g)、(h)中所述的现象相互印证。

综上所述，连续管与套管磨损在不同温度下有着不同的磨损形式。常温下，二者之间的磨损形式主要为磨粒磨损，在开始阶段微凸体之间出现剪切或断裂形成磨屑，磨屑作为磨料粒子导致磨损表面呈现犁沟状磨损。高温下，材料发生软化，摩擦副表面易发生黏着现象，材料去除较常温更为严重，同时，温度升高有利于氧化物的生成，使得高温下的磨损机制为磨粒磨损、黏着磨损和氧化磨损共存的状态(图 5.14)。

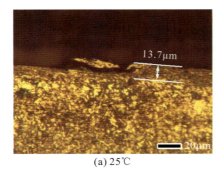

(a) 25℃   (b) 60℃

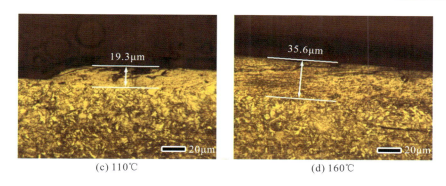

(c) 110℃　　　　　　　　　　　　　　(d) 160℃

图 5.13　不同温度下磨损表面的截面形貌

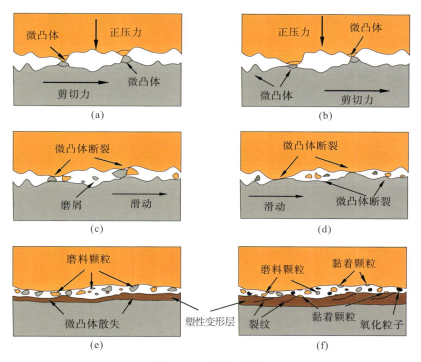

图 5.14　磨损机制图

室温下的摩擦损伤过程示意图如图 5.14(a)、(c)和(e)所示，初始状态时，微凸体接触[图 5.14(a)]，表面有小距离的分离滑移。随着摩擦滑动的开始[图 5.14(c)]，在剪切力的作用下，微凸体逐渐断裂，形成磨屑处于摩擦副之间，磨屑可以作为三体磨粒产生磨损，使表面产生更深的犁沟状划痕。经过一定时间，磨屑增多，微凸体逐渐消失，滑动表面变平，在正压力和往复滑动的作用下，磨损体出现塑性变形层[图 5.14(e)]。图 5.14(b)、(d)、(f)为高温下的磨损过程，初始状态同室温一样，是微凸体由接触到断裂的过程，逐渐形成磨屑分布在摩擦副之间，但由于材料在高温下发生软化现象，使材料更容易去除，故容易产生黏着，在材料表面出现黏着颗粒、黏着坑等特征，且高温导致塑性变形区域更容易产生裂纹萌生[图 5.14(f)]。此外，高温下磨屑会加速氧化，形成氧化物磨粒和氧化层，避免了金属与金属之间的直接接触,降低了试验的摩擦系数,随着试验的进行,出现氧化层的剥落,造成更为严重的材料去除,磨损率增大。

5.4 生物润滑剂对摩擦磨损的影响

5.4.1 生物润滑剂润滑特性对比

1. 摩擦系数对比

为评估藕粉和魔芋胶的润滑效果,对相同浓度的藕粉和魔芋胶与干摩擦、水基钻井液作用下的摩擦系数进行了对比。由图 5.15(a) 可得,干摩擦的摩擦系数远远大于其他润滑剂的摩擦系数,约为 0.3534[图 5.15(b)],整个摩擦过程在前期和末期出现了较大波动,主要原因是:初始状态时,两个弧面之间为线接触,接触面积较小,容易受到磨损表面微凸体及磨粒的影响,产生不稳定的接触,造成摩擦系数出现较大范围的波动,其次是在外加载荷的作用下,表面的微凸体经过碰撞、剪切从基体断裂,形成形状大小不一的磨屑作用于摩擦副,在没有润滑介质存在的情况下,磨屑不能及时排出摩擦系统,导致磨损后期摩擦系数也出现较大的波动。

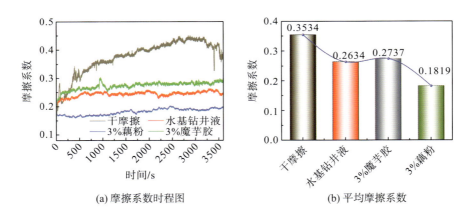

(a) 摩擦系数时程图   (b) 平均摩擦系数

图 5.15　生物润滑剂润滑效果对比

在有润滑介质的条件下,无论是水基钻井液、藕粉,还是魔芋胶,整个摩擦过程的摩擦系数变化都相对稳定,3%魔芋胶的摩擦系数为 0.2737,水基钻井液润滑作用下的摩擦系数为 0.2634,3%藕粉的摩擦系数最低,约为 0.1819[图 5.15(b)]。造成摩擦系数降低的主要原因是:在润滑介质存在的条件下,介质会在摩擦副之间形成一层润滑膜,这层润滑层可以减少两种材料之间的直接接触,在一定程度上降低摩擦系数。虽然摩擦系数降低都归因于介质的成膜效应,但水基钻井液与藕粉、魔芋胶的成膜机理有一定的区别:水基钻井液成膜的关键在于钻井液中添加的含硼类化合物,此类含硼类化合物会在摩擦表面反应和快速沉淀,形成含硼类的界面润滑膜,从而降低摩擦系数;而藕粉和魔芋胶本身属于植物多糖，其成膜原因主要是糖分子由于亲水性在摩擦过程中易产生水合层，在摩擦表面形成一层润滑膜，该润滑膜可以填充因摩擦引起的不完整的摩擦表面，减少摩擦磨损，同时，植物多糖也具有一定的黏附性，可以减少摩擦表面的摩擦力和能量损失。从总体趋势来看，生物润滑剂藕粉的降低摩擦系数效果最好，而魔芋胶的润滑效果与水基钻井液的效果相近。

2. 磨损表面表征

图 5.16 所示为生物润滑剂作用下的磨损表面与常规磨损表面的三维形貌对比，图 5.16（a）、（b）、（c）和（d）分别表示干摩擦、水基钻井液、3%藕粉和 3%魔芋胶的磨损表面。由图 5.16（a）可知，干摩擦状态下，磨损表面的粗糙度 Sa 为 1201.909nm，粗糙度最大，表面磨损情况明显，形成沿摩擦方向宽且深的犁沟；在有润滑剂加入的情况下，水基钻井液磨损表面的粗糙度减小到 737.005nm，藕粉磨损表面的粗糙度减小到 697.334nm，魔芋胶磨损表面的粗糙度减小到 808.339nm，粗糙度变化趋势与摩擦系数变化趋势相同。观察 X 方向轮廓线可以发现，干摩擦下轮廓线有较大的波动，出现的犁沟宽且深，魔芋胶的轮廓线也有较大深度，但犁沟宽度比干摩擦小得多，故干摩擦和魔芋胶的表面粗糙度相对较大。水基钻井液轮廓线波动较小，无论是犁沟的深度还是宽度都远小于干摩擦下的情况，藕粉条件下的截面轮廓线更加平稳。

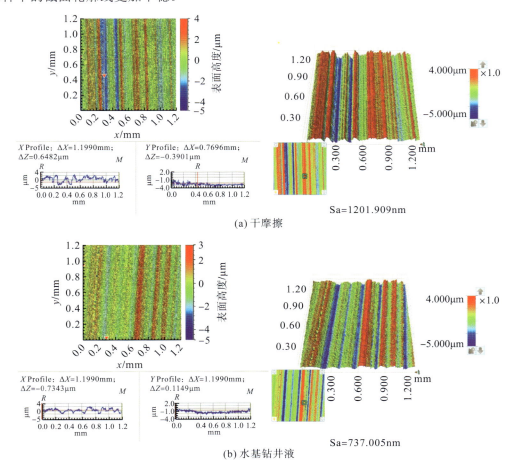

(a) 干摩擦

(b) 水基钻井液

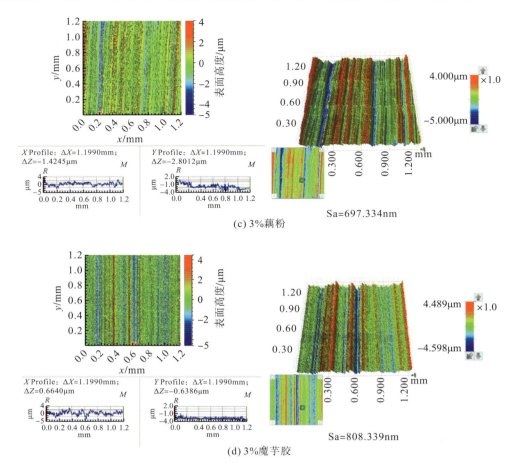

图 5.16   不同润滑介质下磨损表面的三维形貌

3. 生物润滑剂 XRD 表征

为了研究生物润滑剂的物相组成及结晶情况，进一步了解其改善润滑效果的原因，采用 X 射线衍射（XRD）仪测定藕粉和魔芋胶的衍射图谱，图 5.17 为藕粉和魔芋胶的 X-射线衍射图。由图可得，藕粉的出峰位置在 15.1°、17.1°、18°和 23°，是 A 型淀粉的典型出峰位置，主要由淀粉分子中的直链淀粉（amylose）和支链淀粉（amylopectin）引起。amylose 是淀粉分子中的直链部分，由 α-1,4-葡萄糖苷键连接而成；amylopectin 是淀粉分子中的支链部分，由 α-1,4-葡萄糖苷键和 α-1,6-葡萄糖苷键连接而成，故藕粉的出峰本质是葡萄糖晶体在 X-射线衍射的作用下发生的结晶现象。

在图 5.17 中，魔芋胶的出峰位置在 18.8°，主要是由魔芋胶中的葡甘露聚糖（glucomannan）分子引起的。魔芋胶中的主要成分为葡甘露聚糖，是一种多糖类化合物，由葡萄糖和甘露糖通过 β-1,4-糖苷键和 β-1,3-糖苷键连接而成，在受到 X 射线照射时形成特定的衍射峰。综上，藕粉和魔芋胶组成中都含有多糖成分，植物多糖由于其特殊的化学结构和物理性质可以在一定程度上减小摩擦，主要包括：①植物多糖具有较高的分子量，使其形成黏性较高的液体,这种特性可以降低润滑剂在表面的流失速度,从而使摩擦系数减小。②植物多糖的高黏度可以形成黏稠的薄膜覆盖在摩擦表面,降低摩擦副之间的直接接触,从而降低摩擦系数。③植物多糖具有良好的水合能力,可以吸附和保持水分子在摩擦表面存在,形成稳定的水合层润滑膜,减少摩擦磨损。

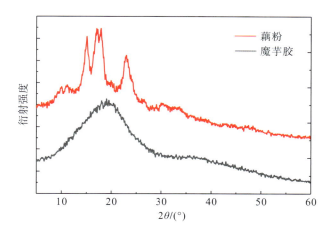

图 5.17　藕粉和魔芋胶的 XRD 表征

　　通过试验结果对比可知,本次试验中藕粉的润滑效果优于魔芋胶(图 5.15),可通过多糖的结晶情况来分析其具体原因。由图 5.17 可以看出,藕粉的 XRD 图谱中,衍射峰更加明显,宽度较窄且尖锐,结晶度为 39.85%(表 5.4);魔芋胶的 XRD 图谱中衍射峰更加宽大圆滑,表明其结晶度较低,经计算,其结晶度为 12.82%(表 5.4)。通常情况下,结晶度较高的植物多糖具有更完善的有序结构,分子排列更加规则,这将会影响多糖与水分子之间的相互作用,促进水合作用。水合作用是指水分子与溶质分子之间的相互作用,植物多糖具有多个羟基官能团,这些羟基团可以与水分子发生氢键作用,形成水合物。结晶度较高的植物多糖可能具有更多的结晶区域和有序结构,提供更多的氢键接触点,有助于形成更稳定的水合物,这些水合物在摩擦表面形成润滑膜,减少摩擦副之间的直接接触,降低了摩擦磨损。综上,藕粉的结晶度更高,故在减磨效果上优于魔芋胶。

表 5.4　藕粉和魔芋胶的结晶度情况

样品	衍射峰 $2\theta/(°)$	结晶度/%
藕粉	15.1, 17.1, 18, 23	39.85
魔芋胶	18.8	12.82

5.4.2　不同浓度藕粉润滑特性对比

1. 摩擦系数和表面粗糙度对比

　　为了探究植物多糖浓度对润滑效果的影响,根据添加不同浓度藕粉的黏度情况,配置

4 种不同浓度的藕粉溶液进行摩擦磨损试验，藕粉浓度分别为 1%、3%、5%和 10%。由图 5.18(a)可得，1%、3%、5%和 10%浓度的藕粉从试验初期到末期，摩擦系数几乎趋于稳定，没有较大波动，这是因为藕粉溶液的润滑性良好，且具有一定的流动性，由磨损产生的磨屑和磨粒几乎不会出现堆积的现象，故不会出现试验力陡然增大和减小的情况，从而导致整个试验过程较平稳，摩擦系数几乎趋于稳定。

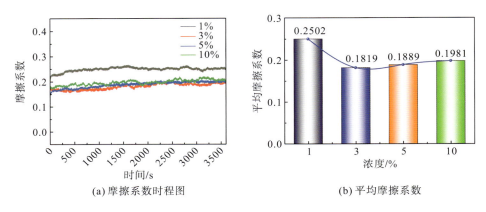

(a) 摩擦系数时程图　　　　　　　　　　　　　(b) 平均摩擦系数

图 5.18　不同浓度藕粉润滑条件下的摩擦系数

由图 5.18(b)可得，藕粉溶液浓度为 1%时，摩擦系数最大，为 0.2502，随着浓度的增加，摩擦系数均低于 1%时的摩擦系数，其中，浓度为 3%时摩擦系数最小，为 0.1819，润滑效果最好；浓度为 5%和 10%时，相对于浓度为 3%时摩擦系数略有升高，但差别不大。经过对整个试验过程的分析及对试验情况的观察，几种不同浓度藕粉溶液之间的显著区别在于黏度不同，1%的藕粉溶液具有较小的黏度，流动性很好；3%的藕粉溶液黏度适中，也具有较好的流动性；5%的藕粉溶液黏度较大，相对于 1%和 3%浓度的溶液流动性下降，而 10%的藕粉溶液黏度非常大，流动性很小。在试验过程中，试验机具有较高的往复运动速度，由于 10%的藕粉溶液流动性较差，故在试验过程中会出现藕粉溶液无法及时流动至磨损接触表面的问题，如图 5.19 所示，这会使藕粉的润滑效果减弱，从而导致摩擦系数略微升高。综合以上结果，尽管 5%和 10%的藕粉溶液浓度增大了，溶液中植物多糖的含量相应增加，但受到黏度影响，其润滑效果不如 3%的藕粉溶液。几种不同浓度溶液的润滑效果以 3%的效果最佳。

不同浓度藕粉溶液的粗糙度趋势如图 5.20 所示，由图可得，随着藕粉溶液浓度增大，磨损表面的粗糙度呈现先减小后略微增大的趋势。浓度为 1%时，磨损表面粗糙度为 929.27nm；浓度为 3%时，磨损表面粗糙度为 697.334nm；浓度为 5%时，磨损表面粗糙度为 723.46nm；浓度为 10%时，磨损表面粗糙度为 766.903nm，该粗糙度的趋势与磨损试验测得的摩擦系数变化趋势一致。

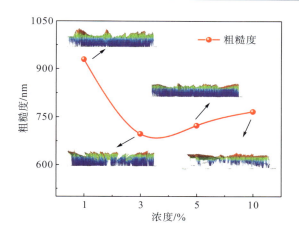

图 5.19　10%浓度的藕粉溶液试验过程图　　图 5.20　不同浓度藕粉润滑条件下磨损表面的糙度

2. 磨损表面表征

图 5.21 为不同浓度藕粉溶液润滑条件下的磨损表面三维形貌表征，其中分图(a)、(b)、(c)和(d)分别表示藕粉浓度为 1%、3%、5% 和 10%的磨损表面。由图可得，不同浓度藕粉磨损表面呈现的磨损特征几乎相同，表面沿摩擦方向形成平行的划痕，特征以犁沟为主，无黏着点及凹坑的出现，这意味着在藕粉溶液润滑的条件下，连续管与套管的主要磨损机制为磨粒磨损。藕粉浓度为 1%时[图 5.21(a)]，观察其 X 方向轮廓线，各个犁沟之间的宽度相对较大较深，主要原因是摩擦作用下表面断裂的微凸体和磨屑掺杂在藕粉溶液中不断犁削表面，而藕粉溶液浓度较低时，植物多糖成膜效果较差，阻挡磨粒磨削表面的能力较弱，故表面的犁沟较大，相应的表面粗糙度也较大。当藕粉溶液为 3%时[图 5.21(b)]，其 X 方向轮廓线表面犁沟对比 1%时呈现较密集且相对较浅的状态，主要归因于藕粉浓度增大，使得植物多糖含量增加。糖分子的亲水性使之产生的水合层更加显著，减少了摩擦副之间的直接接触，导致表面粗糙度减小。当藕粉溶液为 5% 和 10%时[图 5.21(c)、(d)]，其 X 方向轮廓线磨痕的宽度和深度比 1%时更大。

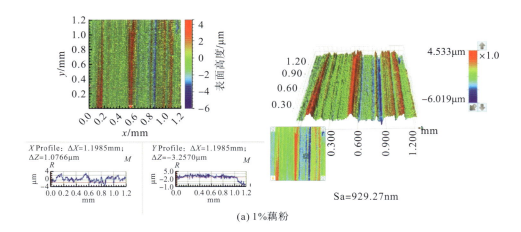

(a) 1%藕粉

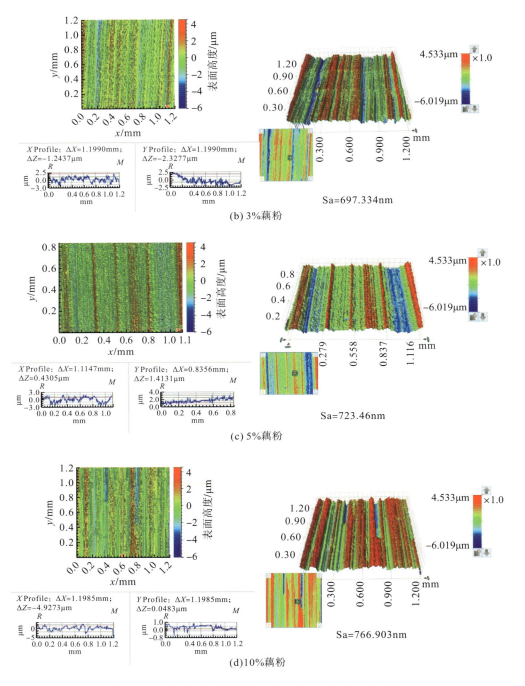

图 5.21　不同浓度藕粉润滑条件下磨损表面的三维形貌

3. 磨损截面表征

图 5.22 为不同浓度藕粉润滑条件下磨损表面的截面微观形貌。由图可得，靠近摩擦表面区域的晶粒与远离摩擦表面区域的晶粒有明显区别，形成了较为明显的塑性变形区域。

主要原因是靠近摩擦表面区域受到正压力及摩擦过程中的剪切力影响，晶粒会产生位错效应，导致发生严重的塑性变形。藕粉浓度为 1%时，塑性变形区域最深，厚度约为 25.1μm[图 5.22(a)]，随着浓度的增加，3%浓度时的塑性变形区域最浅，厚度约为 18.7μm[图 5.22(b)]，5%浓度时的晶粒变形条带厚度约为 20.3μm[图 5.22(c)]，10%浓度时的塑性变形区域厚度约为 21.1μm[图 5.22(d)]，其变化规律与摩擦系数变化规律一致，原因是摩擦过程中的摩擦系数不同，导致摩擦过程中的剪切力不同，对摩擦界面造成的影响也不同，较大的剪切力使塑性变形区更深。

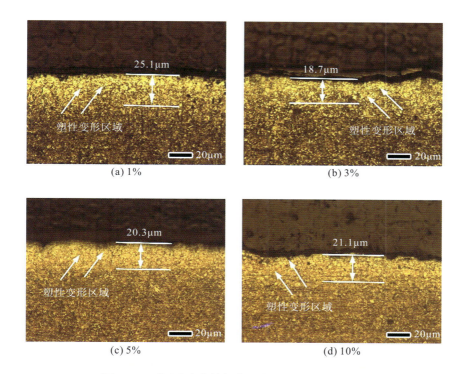

图 5.22　不同浓度藕粉条件下磨损表面的截面形貌

5.4.3　不同浓度魔芋胶润滑特性对比

1. 摩擦系数与表面粗糙度对比

根据添加不同浓度魔芋胶的黏度情况，配置了 4 种不同浓度的魔芋胶溶液进行摩擦磨损试验，魔芋胶浓度分别为 0.5%、1%、2%和 3%。由图 5.23(a)可得，从试验初期到末期，整个时程摩擦系数有略微波动，且 4 种不同浓度下的摩擦系数有部分重叠情况。由此可知，魔芋胶浓度增大对减小摩擦有一定效果，但并不显著。然而，相较于干摩擦，魔芋胶的使用确实显著降低了摩擦系数。同藕粉减磨润滑的机理相同，成膜效应会使摩擦系数减小，魔芋胶溶液的流动特性使磨损产生的磨屑和磨粒几乎不会出现堆积的现象，故不会出现试验力陡然增大和减小的情况，故整个试验过程较平稳，摩擦系数几乎趋于稳定。

　　由图 5.23(b) 可得，藕粉溶液浓度为 0.5% 时，摩擦系数最大，为 0.3016，随着浓度的增加，摩擦系数呈现逐渐下降的趋势，浓度为 3% 时摩擦系数最小，为 0.2737，润滑效果在试验组中表现最好。从整体趋势来看，虽然浓度增大使摩擦系数减小，但效果不明显。分析出现这种现象的原因如下：随着魔芋胶溶液浓度的增大，所含的植物多糖含量增加，其亲水性更容易在摩擦过程中形成水合层，多糖含量多，成膜效果更好，故魔芋胶溶液浓度高的减磨削效果更好。但魔芋胶中葡甘露聚糖的结晶度较低，导致多糖与水分子之间的水合作用效果较差，水合物形成润滑膜的效果不好。

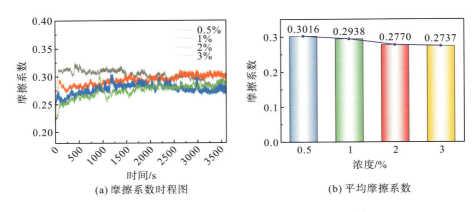

(a) 摩擦系数时程图　　　　　　　　(b) 平均摩擦系数

图 5.23　不同浓度魔芋胶润滑条件下的摩擦系数

　　图 5.24 为不同浓度魔芋胶溶液作用下磨损表面的粗糙度趋势图，由图可得，随着魔芋胶溶液浓度增大，磨损表面的粗糙度呈现逐渐减小的趋势，浓度为 0.5% 时，磨损表面粗糙度为 1130nm；浓度为 1% 时，磨损表面粗糙度为 958.875nm；浓度为 2% 时，磨损表面粗糙度为 805.580nm；浓度为 3% 时，磨损表面粗糙度为 810.303nm，该粗糙度的趋势与磨损试验测得的摩擦系数变化趋势相一致。

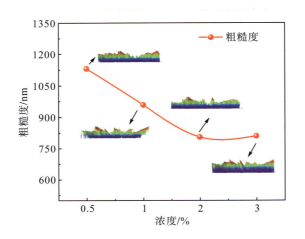

图 5.24　不同浓度魔芋胶润滑条件下磨损表面的粗糙度

2. 磨损表面表征

图 5.25 为不同浓度魔芋胶溶液的磨损表面三维形貌表征，魔芋胶浓度为 0.5%、1%、2% 和 3% 的磨损表面分别如图 5.25 各分图所示。由图 5.25(a) 得，磨痕特征以平行的犁沟为主，由 X 方向轮廓线可得，各个犁沟之间的宽度较大，深度较小，表明该磨损表面有着较大的粗糙度，原因是在摩擦磨损的作用下，摩擦副表面的微凸体断裂形成磨粒，不断犁削表面形成平行状的犁沟，由于植物多糖亲水性的作用，形成的水合层润滑膜起到了部分阻挡磨粒与表面相互接触的作用，但浓度较小，成膜效果较差，故出现的犁沟相对较深。魔芋胶浓度从 0.5% 增大到 1% 时，磨损表面粗糙度有所减小，如图 5.25(a) 和图 5.25(b) 所示。从图中可以看出，在以上两种浓度魔芋胶的润滑作用下，磨损表面磨痕均呈现平行的犁沟状，观察二者的 X 方向轮廓线可以发现，磨痕宽度较宽但深度较窄。这是因为多糖浓度增大，形成的水合层润滑膜更厚，阻挡磨粒犁削表面的效果更好。当魔芋胶浓度增加到 2%、3% 时，从图 5.25(c)、(d) 可以看出，磨损表面呈现平行且较为密集的磨痕，其 X 方向轮廓线显示磨痕的宽度和深度都更小，说明形成的水合层降低磨粒与表面接触的效果更好。

从图 5.25 可以看出，随着魔芋胶溶液浓度的变化，磨损表面呈现的磨损特征未发生变化，形成了沿摩擦方向平行的划痕，特征以犁沟为主，未出现黏结点、黏着坑及剥层脱落等其他特征，表明连续管与套管在魔芋胶润滑作用下的主要磨损机制为磨粒磨损。

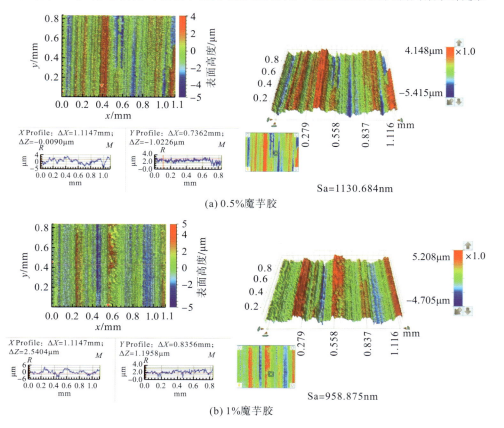

(a) 0.5% 魔芋胶

(b) 1% 魔芋胶

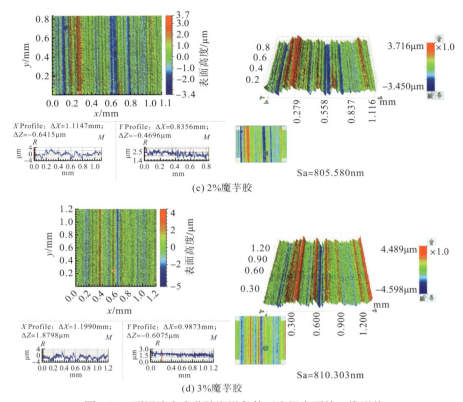

(c) 2%魔芋胶

(d) 3%魔芋胶

图 5.25　不同浓度魔芋胶润滑条件下磨损表面的三维形貌

3. 磨损截面表征

图 5.26 为不同浓度魔芋胶润滑作用下的磨损截面微观形貌,截面整体被分为基体区域和晶粒变形区域。由图可得, 魔芋胶浓度为 0.5%时晶粒变形区域厚度为 25.5μm[图 5.26(a)],随着浓度的增加, 晶粒变形区域的厚度变化幅度很小, 1%时晶粒变形区域厚度为 23.4μm[图 5.26(b)], 2%时晶粒变形区域厚度为 22.5μm[图 5.26(c)], 3%时晶粒变形区域厚度为 21.8μm[图 5.26(d)]。对比图 5.23(b)中各浓度魔芋胶的摩擦系数可知, 随着浓度的增加, 摩擦系数变化趋势较小,与塑性变形区域的厚度变化趋势相同。该行为与摩擦过程中的剪切力相关,在摩擦系数变化较小的情况下,表明在各个条件下的剪切力基本相同,导致塑性变形区域变化较小。

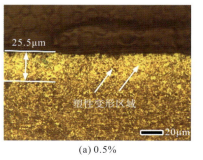

(a) 0.5%

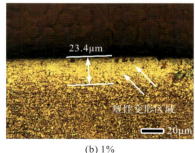

(b) 1%

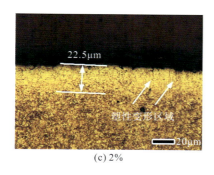
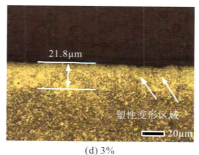

(c) 2%　　　　　　　　　　　　　(d) 3%

图 5.26　不同浓度魔芋胶润滑条件下磨损表面的截面形貌

5.5　基于响应面法的 Archard 磨损模型修正

5.5.1　连续管-套管磨损有限元模型建立

1. 三维模型建立

在实际试验中，由于施加的正压力、往复移动的频率和距离都为提前设定的试验条件，无法考虑到磨损模型中压力指数 m 和速度指数 n 对磨损的影响，为了解压力指数与速度指数对磨损的影响，在此使用有限元分析的方法进行探究。基于数据的对比性，在进行模拟时为使模型与实际试验模型保持一致，采用 SolidWorks 软件进行建模，如图 5.27 所示。

图 5.27　三维模型建立

2. 材料属性设置及网格划分

本节的目的是以实验数据为目标，通过有限元软件改变压力指数和速度指数进行最优化修正。为了使实验结果更具对比性，材料属性设置与实验所用材料相同，连续管材料选用 CT90，套管材料选用 P110，其材料属性见表 5.5。

表 5.5　材料属性

材料	密度/(g/cm³)	杨氏模量/GPa	泊松比	屈服强度/MPa	抗拉强度/MPa
CT90	7.85	207	0.3	670	720
P110	7.85	205.9	0.3	760	862

将三维模型图导入 Workbench 分析软件，按表 5.5 对连续管、套管进行材料属性设置。模型网格划分形式采用六面体单元的 C3D8 单元，节点总数 42968，如图 5.28 所示。

图 5.28　网格划分

3. 接触设置及边界条件

本次有限元计算中模拟的运动状态与摩擦磨损试验完全一致，其接触状态主要为连续管外壁与套管内壁的接触摩擦磨损，接触形式为二者的面-面接触。

根据连续管-套管所求解的目标值，设定此次计算的接触设置如下：连续管和套管之间接触属于有摩擦的接触滑动，设置时应选择"摩擦的"，依据试验结果，给定摩擦系数为 0.35。接触行为采用非对称接触，连续管为接触几何体，套管为目标几何体，探测方法采用从接触出发的节点法线，接触算法采用广义拉格朗日法，有助于模型更好收敛。

如图 5.29 所示，该模型的边界条件设置如下：在全局坐标系下，对套管下底面施加固定约束，约束套管的全部自由度；连续管试样沿套管内壁（Y 方向）往复移动，需要在 Z 方向施加压力，故只约束 X 方向自由度，释放 Y、Z 方向的自由度；所需正压力施加在连续管上表面，采用力施加的方式，力的大小与试验载荷相同，为 50N，所需往复位移采用正弦函数施加方式实现，正弦函数幅值控制往复距离，正弦函数频率控制往复频率。

图 5.29　约束及载荷设置

在 Archard 模型中，根据不同的实际工况及磨损类型，压力指数 m 和速度指数 n 通常在 0.6～1.2 之间变化。本次模拟以相同的变化梯度设置压力指数和速度指数，分别取 0.6、0.8、1.0 和 1.2，每种情况两两相交，共计算 16 组数据用于结果对比和分析。计算磨损时需要在接触设置磨损命令流，调用 Archard 模型，采用命令流 TBDATA 定义磨损相关的 K、H、m 和 n 值，其取值见表 5.6。

表 5.6　磨损命令流设置

参数	数值
磨损系数 K	6.9×10^{-6}
布氏硬度 $H/(\text{N/mm}^2)$	233
压力指数 m	0.6, 0.8, 1.0, 1.2
速度指数 n	0.6, 0.8, 1.0, 1.2

5.5.2　有限元仿真及结果分析

1. 磨损深度对比

共计算了 16 组不同压力指数和速度指数组合下的实验结果，为研究磨损深度与压力指数和速度指数之间的关系，分别取压力指数相同、速度指数不同和压力指数不同、速度指数相同情况的部分数据进行对比，磨损深度的变化趋势与修正指数之间的关系见图 5.30。

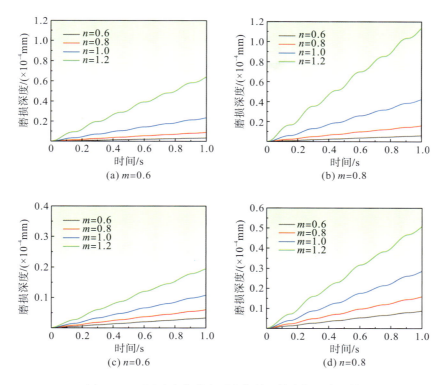

图 5.30　不同速度指数和压力指数下的磨损深度比较

由图 5.30(a)可得：当压力指数 m 一定时，随着速度指数 n 的增大，磨损深度呈逐渐变大的趋势，且最大磨损深度的差值越来越大，当速度指数 n 大于 1.0 时，磨损深度变化趋势明显加快。对比图 5.30(a)和(b)，增大压力指数 m 的值，磨损深度也会增大。由图 5.30(c)

可得：当速度指数 n 一定时，随着压力指数 m 的增大，磨损深度也呈现逐渐增大的趋势，压力指数 m 越大，磨损情况越严重，相对来说，对比图 5.30(a) 可以看出，最大磨损深度的差值较小，改变压力指数 m 对磨损深度的影响要远远小于改变速度指数 n。综上所述，磨损深度关于压力指数 m 和速度指数 n 具有相同的变化规律，压力指数和速度指数的增大都会导致磨损深度增大，且速度指数 n 对磨损深度的影响比压力指数 m 的影响大。

图 5.31 为不同速度指数下的磨损深度云图。随着速度指数 n 的增大，连续管的最大磨损深度逐渐增大，由云图可知，中间部分的磨损深度明显大于两侧。出现此现象的主要原因是：连续管与套管接触不同于平面接触，初始状态下，连续管与套管均有弧度，接触状态为线接触，此时仅连续管中间部分与套管存在磨损，故中间的磨损深度大于两侧的磨损深度。

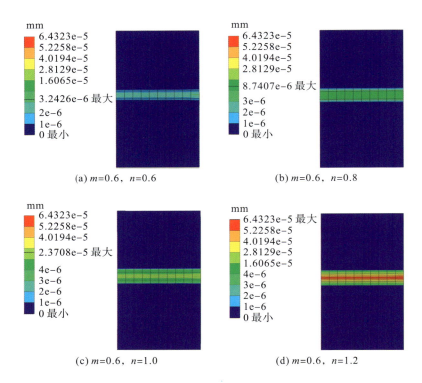

图 5.31　不同速度指数的磨损深度云图

2. 摩擦应力对比

连续管和套管在摩擦过程中两接触面之间会产生摩擦应力，这是导致表面磨损的重要因素。通过计算 16 组不同压力指数和速度指数组合下的实验结果，提取接触表面的摩擦应力进行对比，如图 5.32 所示。由图 5.32(a) 可得：当压力指数 m 一定时，随着速度指数 n 的增大，接触面之间的摩擦应力逐渐减小，且摩擦应力减小的差值在不断增大。对比图 5.32(a) 和(b)，增大压力指数 m，摩擦应力整体呈下降趋势。图 5.33 为速度指数 n 变化下的摩擦应力云图，可以看出，随着速度指数 n 的增大，摩擦应力减小，但应力分布未发生变化，呈现中间区域大两侧区域小的规律。由图 5.32(c)可以看出：当速度指数 n 一定时，随着压力指数 m 的增大，摩擦应力也呈现逐渐减小的趋势，对比图 5.32(a)和图 5.32(c)，速度指数 n 的变化对摩擦应力减小的影响大于压力指数 m 的变化。

　　摩擦应力之所以出现减小的趋势，其原因在于：在力学概念中，摩擦应力的定义是单位面积上的摩擦力，因此影响摩擦应力的因素主要有摩擦系数、正压力和接触面积。在本次模拟中，摩擦系数和正压力均为定值，故接触面积是影响摩擦应力的因素。连续管与套管在摩擦接触过程中，其接触方式是不断变化的，最初的接触方式为线接触，随着磨损过程的进行，接触方式由线接触转变为面接触，随着磨损深度的增加，接触面积逐渐增大。综上可知，随着磨损过程的进行，磨损深度不断增加，会出现摩擦应力减小的趋势。

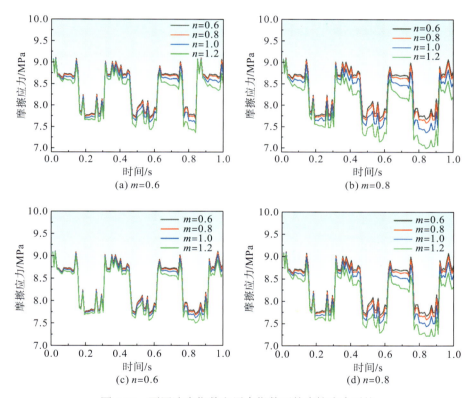

图 5.32　不同速度指数和压力指数下的摩擦应力对比

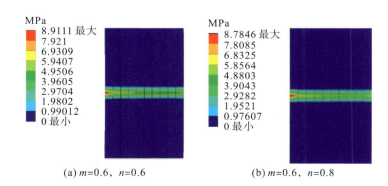

(a) $m=0.6$，$n=0.6$　　　　　　　　(b) $m=0.6$，$n=0.8$

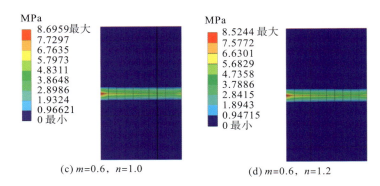

(c) $m=0.6$，$n=1.0$　　　　　(d) $m=0.6$，$n=1.2$

图 5.33　不同速度指数的摩擦应力云图

5.5.3　基于响应面法的修正指数优化

1. 多因素响应面法优化模型建立

通过响应面法可以控制压力指数 m 和速度指数 n 为变量，以磨损量为目标值进行优化，选定合适的速度指数和压力指数作为适合连续管-套管磨损的指数。基于 Design-Expert 软件，采用 Box-Behnken 试验设计方法进行试验设定，试验设计及计算结果如表 5.7 所示。通过该方法建立变量(压力指数 m、速度指数 n)与响应值(磨损量)之间的三阶线性回归数学模型，得到影响因素与响应值之间的隐式关系。

表 5.7　试验设计表

序号	压力指数 m	速度指数 n	磨损量/mm^3
1	0.6	0.6	8.71×10^{-6}
2	0.6	0.8	2.35×10^{-5}
3	0.6	1.0	6.41×10^{-5}
4	0.6	1.2	1.76×10^{-4}
5	0.8	0.6	1.53×10^{-5}
6	0.8	0.8	4.12×10^{-5}
7	0.8	1.0	1.12×10^{-4}
8	0.8	1.2	3.08×10^{-4}
9	1.0	0.6	2.67×10^{-5}
10	1.0	0.8	7.22×10^{-5}
11	1.0	1.0	1.97×10^{-4}
12	1.0	1.2	5.4×10^{-4}
13	1.2	0.6	4.69×10^{-5}
14	1.2	0.8	1.27×10^{-4}
15	1.2	1.0	3.45×10^{-4}
16	1.2	1.2	9.46×10^{-4}

为确定压力指数、速度指数对磨损量的显著性，运用 Design-Expert 软件对试验结果方差分析，方差分析表见表 5.8。表 5.8 中：A 为压力指数 m；B 为速度指数 n；AB 为压力指数 m

和速度指数 n 的一级交互作用项；A^2 为压力指数 m 的平方项；B^2 为速度指数 n 的平方项；A^2B、AB^2 为压力指数 m 和速度指数 n 的二级交互作用项；A^3、B^3 分别为 m、n 的三次项。

表 5.8　方差分析表

来源	平方和	均方	F 值	P 值
模型	9.302×10^{-7}	1.034×10^{-7}	227.2	<0.0001
A	2.800×10^{-9}	2.800×10^{-9}	6.15	0.0477
B	9.421×10^{-9}	9.421×10^{-9}	20.71	0.0039
AB	1.536×10^{-7}	1.536×10^{-7}	337.67	<0.0001
A^2	1.126×10^{-8}	1.126×10^{-8}	24.76	0.0025
B^2	7.378×10^{-8}	7.378×10^{-8}	162.17	<0.0001
A^2B	8.933×10^{-9}	8.933×10^{-9}	19.64	0.0044
AB^2	2.458×10^{-8}	2.458×10^{-8}	54.04	0.0003
A^3	1.691×10^{-10}	1.691×10^{-10}	0.3717	0.5644
B^3	3.244×10^{-9}	3.244×10^{-9}	7.13	0.0370
残差	2.7302×10^{-9}	4.549×10^{-10}		
R^2		0.9971		

通过对 F 值和 P 值进行显著性判断，在表 5.8 中，拟合模型的 F 值为 227.2，P 值<0.0001，远远小于显著性水平 0.05，说明该模型显著性良好，可显著地模拟影响因素与响应值之间的关系。

根据表 5.8，建立磨损量 y、压力指数 m 和速度指数 n 的函数关系，如式 (5.1) 所示：

$$y = -0.004494 + 0.006567m + 0.011277n - 0.010684mn$$
$$- 0.00335m^2 - 0.00941n^2 + 0.002642m^2n + 0.004383mn^2 \qquad (5.1)$$
$$+ 0.000606m^3 + 0.002653n^3$$

如图 5.34 所示，该模型的预测结果与实际值十分接近，近似在一条直线上，表明该模型预测效果良好，回归方程式准确可用，为压力指数 m 与速度指数 n 的修正结果的可信度提供了支撑。

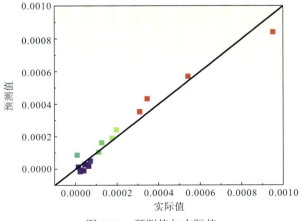

图 5.34　预测值与实际值

　　图 5.35 为压力指数 m 和速度指数 n 与磨损量的响应面曲线图，最低点处 m 值和 n 值都为 0.6，m 值和 n 值都为 1.2 时，磨损量远远大于其他点。图中，压力指数 m 和速度指数 n 与磨损量之间呈正相关关系，一个变量固定时，另一个变量的增大会使磨损量增大，且受到速度指数 n 的影响更为明显。

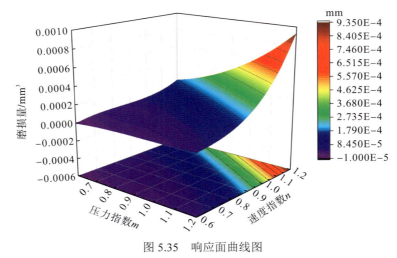

图 5.35　响应面曲线图

2. 磨损模型最优化条件

　　为了符合实际磨损的情况，得到最优指数，应用 Design-Expert 软件，选取 Box-Behnken 试验设计方法，以压力指数 m 和速度指数 n 为设计变量，以实验所得的磨损量为目标函数，基于响应面法进行修正指数优化，确定修正的磨损指数，其优化设计流程图如图 5.36 所示。

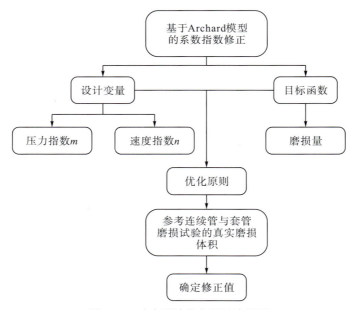

图 5.36　响应面法优化设计流程图

　　根据优化流程，以连续管与套管磨损试验的真实磨损体积为优化的目标值，在摩擦磨损试验中，磨损量为 $2.597×10^{-4}mm^3$，选择目标时应为"target"，数值为真实磨损体积，经过分析得到最优值，优化结果见表 5.9，根据实际磨损体积，确定优化的压力指数为 0.929，速度指数为 1.105。

表 5.9　优化结果

	压力指数 m	速度指数 n	实际磨损体积/($10^{-4}mm^3$)
范围	0.6～1.2	0.6～1.2	2.59722
优化值	0.929	1.105	—
可信度		1.0	

5.5.4　修正摩擦磨损模型建立

1. 磨损系数修正

　　在高温摩擦磨损试验中，加热装置设置在下试样底部，故开始试验时，套管的温度已达到试验温度，连续管试样的温度比常温略高。正常连续管在下入过程中，连续管温度近乎常温，套管受地层温度影响有相应温度，故该摩擦磨损试验情况与连续管下入情况相一致。

　　试样的磨损情况与硬度有直接关系。通常情况下，低碳钢在常温条件下表面会发生硬化，多数是塑性变形位错密度增加而发生加工硬化，导致局部硬度升高，材料耐磨性增强。随着温度的升高，温度升高条件下的恢复和再结晶，使得加工硬化效果不明显，材料发生软化，有利于摩擦系数的降低，但会使变软材料的转移程度增加，磨损加剧。如上所述，连续管试样在磨损过程中受到温度的影响较小，硬度值变化相对较小，故磨损率情况与摩擦系数的变化情况相类似，随着温度的升高有减小的趋势。不同温度下的磨损系数如表 5.10 所示。

表 5.10　不同温度下的磨损系数（CT90）

温度/℃	25	60	110	160
磨损系数/10^{-6}	6.90	5.58	4.45	4.52

　　为了得到其他不同温度下的磨损系数，通过拟合的方式得到了磨损系数关于温度的函数，如图 5.37 所示，用于预测其他温度下的磨损系数。磨损系数与温度的关系见式（5.2）。

$$K = 8.22741 - 0.05776T + 2.15789×10^{-4}×T^2 \tag{5.2}$$

　　套管装夹在加热装置上，受温度影响较大。随着温度升高，硬度值减小明显，由于材料软化作用，材料去除明显，磨损率呈现逐渐升高的趋势，其磨损系数也随温度的升高逐渐增大。不同温度下的磨损系数如表 5.11 所示。

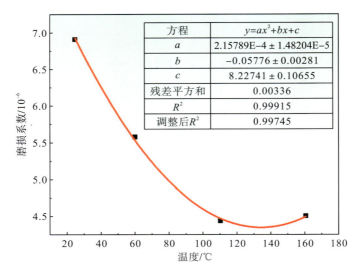

图 5.37　不同温度下连续管磨损系数修正

表 5.11　不同温度下的磨损系数（P110）

温度/℃	25	60	110	160
磨损系数/10^{-6}	4.48	6.97	8.64	9.49

　　与连续管相同，通过拟合的方式得到了套管磨损系数随温度变化的函数，其拟合结果见图 5.38，磨损系数与温度的关系见式(5.3)。

$$K = 2.56598 + 0.0866T - 2.7303 \times 10^{-4} \times T^2 \tag{5.3}$$

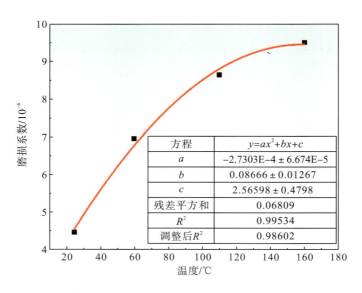

图 5.38　不同温度下套管磨损系数修正

2. 修正摩擦磨损模型

连续管与套管在井下发生磨损的失效机理复杂，受到多种因素的影响，破坏形式也有多种，其磨损变形依次经历弹性变形、塑性变形和脱离成屑等过程。连续管与套管的磨损计算模型是基于数学基础描述磨损量与影响因素之间的函数关系式，目前，众多研究人员对不同类型的磨损机理构建了较多的计算模型，其中影响最大且应用广泛的是 Archard 模型，其具体表达式为

$$W = \frac{K}{H} P^m L^n \tag{5.4}$$

式中，W 为磨损体积，mm^3；K 为磨损系数；H 为材料布氏硬度，N/mm^2；P 为法向接触压力，N；L 为相对滑动距离，mm；m 为压力指数；n 为速度指数。

在 Archard 理论模型中，主要考虑了法向接触压力、相对滑动距离及材料布氏硬度对磨损的影响，将其他可能影响磨损量的因素全部考虑到磨损系数 K 中。由于 Archard 模型属于经验公式，不能完全覆盖所有情况，因此需要根据磨损的实际用途及工况进行修正，以确保模型的准确性。在式(5.4)中，压力指数 m 和速度指数 n 是修正指数，直接影响磨损量的计算精度。将式(5.4)进行微分处理，其表现形式为

$$dW = \left(\frac{Kmn}{H} P^{m-1} L^{n-1} \right) dP dL \tag{5.5}$$

在连续管磨损过程中，连续管与套管的接触形式不断变化，由最初的线接触变成面接触，磨损的截面可近似看作矩形。用磨损深度来表征磨损量可以更加直观地反映连续管的磨损情况，令

$$\begin{cases} dW = dh \times dA \\ dP = \sigma \times dA \\ dL = v \times dt \end{cases} \tag{5.6}$$

式中，h 为磨损深度，m；A 为接触面积，m^2；σ 为接触压力，MPa；v 为相对滑动速度，m/s；t 为相对滑动时间，s。

将式(5.6)中各式代入式(5.5)，可得磨损深度表达如式(5.7)：

$$dh = \frac{Kmn}{H} P^{m-1} L^{n-1} (\sigma \times v) dt \tag{5.7}$$

由上式可得，在磨损系数与材料硬度都确定的情况下，需要获取在 j 时刻接触点 i 的法向接触应力和相对滑动速度 v_{ij}，此时刻接触点 i 的磨损深度可表示为

$$h_{ij} = \int \frac{Kmn}{H} P^{m-1} L^{n-1} (\sigma_{ij} \times v_{ij}) dt \tag{5.8}$$

则在整个磨损阶段，接触点 i 的总磨损深度可改写为

$$h_i = \sum_{j=1}^{n} \int \frac{Kmn}{H} P^{m-1} L^{n-1} (\sigma_{ij} \times v_{ij}) dt \tag{5.9}$$

综上所述，通过修正压力指数、速度指数及磨损系数，可将连续管磨损模型改写为如下形式：

$$
\begin{cases}
h_i = \sum_{j=1}^{n} \int \dfrac{Kmn}{H} P^{m-1} L^{n-1} (\sigma_{ij} \times v_{ij}) \mathrm{d}t \\
K = 8.23977 - 0.0576T + 2.15874 \times 10^{-4} \times T^2 \\
m = 0.929 \\
n = 1.105
\end{cases}
\tag{5.10}
$$

同理可得，套管磨损模型可改写为

$$
\begin{cases}
h_i = \sum_{j=1}^{n} \int \dfrac{Kmn}{H} P^{m-1} L^{n-1} (\sigma_{ij} \times v_{ij}) \mathrm{d}t \\
K = 2.56598 + 0.0866T - 2.7303 \times 10^{-4} \times T^2 \\
m = 0.929 \\
n = 1.105
\end{cases}
\tag{5.11}
$$

3. 模型准确性验证

基于响应面法对压力指数和速度指数进行了优化，通过多项式拟合的方式进行了磨损系数关于温度的修正，共同修正了摩擦磨损模型。为了验证该修正模型的准确性，采用有限元的方式对短时磨损进行计算，分别计算 25℃、60℃、110℃ 和 160℃ 下的磨损量，结果即为该模型的修正值，与实验值进行对比。连续管在各温度下的修正值与实验值的磨损情况如表 5.12 和图 5.39 所示。

表 5.12　修正值与实验值误差对比（CT90）

温度/℃	修正值/($10^{-4}\mathrm{mm}^3$)	实验值/($10^{-4}\mathrm{mm}^3$)	误差/%
25	2.7396	2.7566	0.6
60	2.1718	2.2192	2.1
110	1.7708	1.5941	11.1
160	1.8502	1.7957	3.0

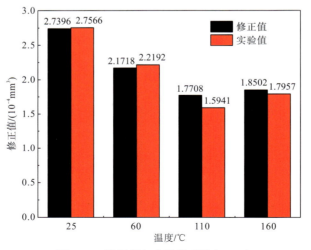

图 5.39　修正值与实验值对比（CT90）

由表 5.12 和图 5.39 可得，当研究对象为 CT90 连续管时，经过修正的磨损模型在计算精度上与实验值差距较小，最大误差仅为 11.1%，在工程允许的误差范围之内，表明该修正模型有着良好的适用性。以 P110 为对象时，对比了磨损的修正值与实验值的结果，如表 5.13 和图 5.40 所示，最大误差为 16.2%，在工程允许的误差范围之内。

表 5.13　修正值与实验值误差对比（P110）

温度/℃	修正值/(10^{-4}mm^3)	实验值/(10^{-4}mm^3)	误差/%
25	1.4782	1.3871	6.6
60	2.4279	2.4443	0.7
110	3.3517	2.8834	16.2
160	3.8513	3.7384	3.0

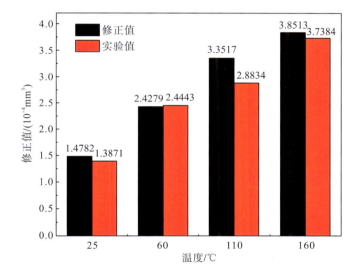

图 5.40　修正值与实验值误差对比（P110）

综上所述，基于响应面法对摩擦磨损模型进行了修正，将通过有限元法计算得到的修正摩擦磨损模型的磨损量与实验值进行了对比，其误差在工程允许的范围之内，证明了该修正摩擦磨损模型的适用性。

参 考 文 献

[1] 毕宗岳, 鲜林云, 张晓峰, 等. 国产 CT90 连续管组织与性能[J]. 焊管, 2013, 36(5): 14-18.

[2] 张福祥, 杨向同, 钱智超, 等. 超级 13Cr 油管在 P110 套管中往复磨损实验研究[J]. 科学技术与工程, 2014, 14(36): 189-193.

第6章 连续管裂纹萌生与扩展

连续管失效的主要原因是腐蚀、机械损伤、制造缺陷和人为误操作[1]，无论是腐蚀还是其他主要原因，最终都会导致连续管表面出现不同形状的几何缺陷，在载荷的作用下，缺陷处的局部位置会出现明显的应力集中，随着持续的加载，将会引起断裂失效，使连续管提前报废。连续管的断裂失效过程可以分为5个阶段：①在复杂工况下产生局部的塑性大变形；②萌生出不容易观察得到的微裂纹；③大量微裂纹从不同方向会聚成一条或多条容易观察的长裂纹；④长裂纹继续扩展；⑤断裂失效。本章采用试验和有限元模拟相结合的方法，开展不同载荷形式下的裂纹萌生和扩展规律研究，对连续管的安全使用，降低作业成本具有重要意义。

6.1 基于原位疲劳法的连续管疲劳裂纹萌生

连续管焊缝和母材的疲劳失效机制尚不明确，本研究利用原位 SEM 疲劳试验方法结合电子背散射衍射(EBSD)等表征手段揭示连续管疲劳微观损伤机理，并对比母材(BM)和焊缝(WZ)的疲劳性能差异。

6.1.1 材料和实验方案

1. 材料和疲劳设备

研究使用 CT90 连续管，屈服强度为 694MPa，抗拉强度为 759MPa。连续管母材(BM)和焊缝(WZ)的化学成分如表 6.1 所示。采用电火花线切割机沿连续管轴向进行切割，利用铣床将弧形半成品加工成板材，用计算机数控(CNC)技术加工成疲劳样品。焊缝样品加工过程中保证样品中间最窄位置全为焊缝区域。为便于捕捉疲劳裂纹的萌生，在疲劳样品的中间位置加工一个半径为 0.2mm 的单边缺口，样品的几何尺寸如图 6.1 所示。

表 6.1 CT90 连续管母材和焊缝化学成分

材料类型	C/%	Mn/%	Cr/%	Mo/%	Ni/%	Si/%	(Nb+V+Ti)/%
母材	0.14	0.95	0.65	0.17	0.24	0.32	0.05
焊缝	0.09	0.97	0.61	0.15	0.23	0.24	0.06

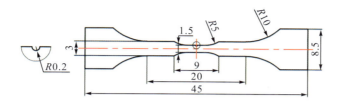

图 6.1 疲劳试样几何尺寸(单位: mm)

2. 实验方案

疲劳实验前,依次使用 300 目、800 目、1000 目和 2000 目砂纸对疲劳试样两面进行打磨和抛光处理,采用 EBSD 技术对母材和焊缝显微组织进行表征。EBSD 测试结束后,采用 4%的硝酸酒精溶液进行腐蚀,随后进行原位疲劳实验。疲劳实验是在原位疲劳实验系统(日本岛津)上进行的,该设备最大载荷达 1kN,最大位移 10mm,疲劳实验的整个过程都在 SEM 真空舱中进行,如图 6.2 所示。疲劳实验在室温下进行,在应力控制模式下进行应力比 R 为 0.1 的拉-拉疲劳实验,采用正弦波进行加载,频率为 10Hz,峰值载荷为 730MPa。在经历不同疲劳循环周期后暂停测试,以便于记录疲劳裂纹的扩展情况和显微组织变形机制,并通过原位 SEM 成像记录裂纹长度 a,然后评估每个时间间隔内的平均裂纹扩展速率 da/dN,以此揭示裂纹与母材或焊缝局部显微组织之间的相互作用机制。疲劳实验完成后,用 SEM 对样品的疲劳断口形貌进行观察。此外,对疲劳裂纹周围的微观结构进行 EBSD 表征,使用 AZtecCrystal 软件分析获得的 EBSD 数据。

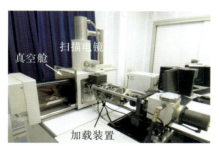
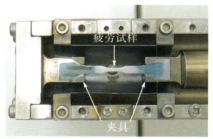

(a) 疲劳加载装置和扫描电镜   (b) 加载夹具和疲劳试样

图 6.2 原位疲劳实验设备

6.1.2 实验结果

1. 微观结构和硬度

图 6.3 为 BM 和 WZ 的显微组织,CT90 连续管母材的显微组织由大量尺寸不均匀的块状铁素体和少量珠光体组成[图 6-3(a)],铁素体含量高达 70%,且其呈不规则的多边形形状,形成互锁篮织组织,而焊缝处形成尺寸相对较大较均匀的等轴铁素体和少量珠光体组织。

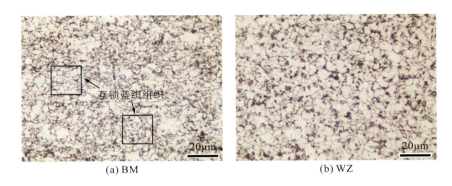

(a) BM　　　　　　　　　　(b) WZ

图 6.3　不同样品的微观结构特征

利用维氏硬度计对 BM 和 WZ 的显微硬度进行测量，一共测量了五个位置，最终结果为五个位置硬度的平均值，结果如图 6.4 所示。可以看出，BM 的硬度范围为 243～247HV$_{0.5}$，WZ 的硬度范围为 227～234HV$_{0.5}$，两种材料的硬度波动较小，表明组织比较均匀。BM 的平均硬度为 245HV$_{0.5}$，WZ 的平均硬度为 230HV$_{0.5}$，BM 的硬度略高于 WZ 的硬度，晶粒度的差异导致了这两种材料硬度的差异。母材和焊缝的硬度控制合理，均满足标准规定的 CT90 连续管的硬度要求（≤249HV$_{0.5}$）。

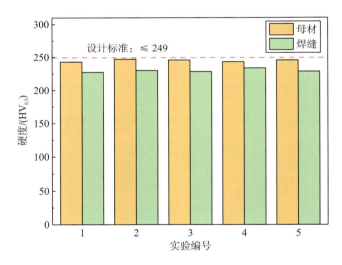

图 6.4　母材和焊缝处的硬度

2. 裂纹扩展过程

图 6.5 为 BM 在不同循环加载后的疲劳裂纹萌生和扩展微观过程。疲劳加载前 BM 样品缺口附近组织完整，无缺陷的存在[图 6.5(a)]。当循环次数达到 70428 时，疲劳裂纹从缺口根部偏下方萌生，形成单一的疲劳源，裂纹方向基本垂直于加载方向，如图 6.5(b)所示。裂纹尖端附近晶粒内部产生滑移带，且明显的滑移带仅出现在较小范围内的较大铁素体晶粒内部，而在周围较小的晶粒中很难发现有明显的滑移轨迹[如图 6.5(b)中的插图

所示]。这表明此时裂纹尖端局部驱动力相对较小,不足以使更多的晶粒发生塑性变形,此外也说明较大晶粒的铁素体更容易发生塑性变形。当循环次数达到 73681 时,裂纹整体斜向下 30°方向扩展,然而裂纹局部形貌呈波浪状,说明显微组织对裂纹的扩展方向起到偏折的作用,进而延缓了裂纹的扩展进程。仔细观察裂纹尖端与显微组织的交互过程发现,裂纹在遇到晶界时发生偏折和分叉[图 6.5(e)和图 6.5(f)],表明晶界对裂纹的扩展起到明显的阻碍作用。裂纹尖端附近区域明显变亮[图 6.5(e)],这是由于裂纹尖端应力集中激活了位错运动,位错运动局部化导致成像衬度发生变化,裂纹尖端处晶粒的塑性变形起到释放裂纹尖端应力的作用,进一步延缓了裂纹扩展。当循环次数达到 78922 时,裂纹出现较大方向的偏转,且伴随着与主裂纹垂直方向的二次裂纹的出现,二次裂纹的出现主要是由于主裂纹尖端处出现了大量的塑性变形和滑移带的集中,如图 6.5(h)所示。当循环次数在 78922~80325 之间时,裂纹尖端张开位移(crack tip opening displacement,CTOD)显著增大,如图 6.5(i)所示。在 80325 循环次数之后,BM 样品在短时间内快速扩展,循环次数为 81226 时样品断裂。

　　图 6.6 为 WZ 在不同循环加载后的疲劳裂纹萌生和扩展微观过程。图 6.6(a)显示了在循环加载之前 WZ 样品缺口根部的形貌,显微组织均匀无缺陷。当加载开始后,由于局部的应力集中,缺口根部的大量晶粒内部逐渐出现了不同方向的滑移带[图 6.6(b)],滑移带数量和范围明显大于 BM,说明 WZ 显微组织更容易发生塑性变形。并且随着循环次数的增加,滑移带的数量也在不断增加。在经历 13857 次循环加载后,裂纹于缺口根部上方滑移带处萌生[图 6.6(b)],初始裂纹方向约为斜向上 45°,且裂纹倾向于沿着晶粒中被激活的滑移带扩展[图 6.6(c)]。当循环次数达到 16521 时,裂纹扩展方向在晶界处发生偏转,沿着斜向下 45°方向扩展[图 6.6(e)],同时,在第一条裂纹的附近及下方萌生了多条微裂纹[图 6.6(f)],这表明不同于 BM 产生的单一疲劳源,WZ 在疲劳加载过程中产生了多个疲劳源。这些裂纹萌生于滑移带处,且沿着滑移带方向扩展形成小裂纹[图 6.6(d)和(f)]。随着加载的继续进行(循环次数在 16521~18869 之间时),第一条裂纹下方的裂纹发生快速扩展,扩展形式为主裂纹与多条小裂纹相互连接的过程[图 6.6(f)和(g)]。第二条裂纹的扩展释放了缺口根部的集中应力,导致第一条裂纹扩展停滞。当加载次数达到 21315 时,第一条裂纹和第二条裂纹的继续扩展受到了显著的阻碍作用。CTOD 随着裂纹的终止而增大,如图 6.6(h)所示。此时距离第一条裂纹 42.8μm 和第二条裂纹 93.2μm 的缺口根部萌生了第三条裂纹,该裂纹为主裂纹[图 6.6(h)]。当循环次数达到 21556 后,主裂纹进入失稳扩展阶段,WZ 样品因为主裂纹的快速扩展而断裂。

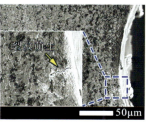
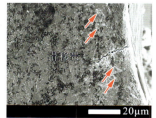

(a) 0次循环　　　　　　　(b) 70428次循环　　　　　　　(c) 71681次循环

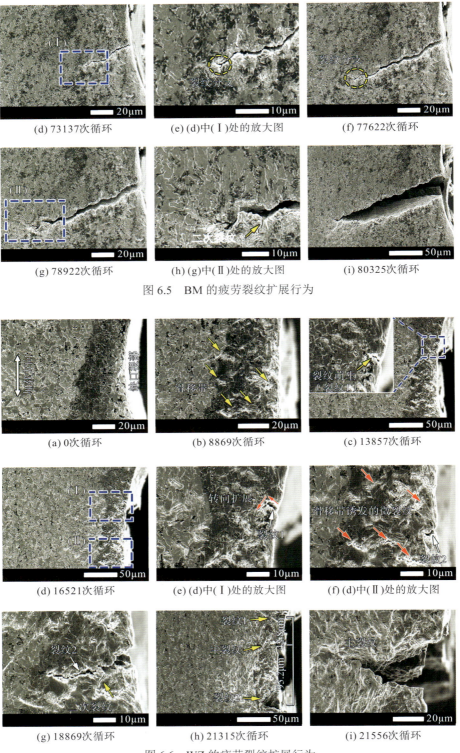

(d) 73137次循环   (e) (d)中(Ⅰ)处的放大图   (f) 77622次循环

(g) 78922次循环   (h) (g)中(Ⅱ)处的放大图   (i) 80325次循环

图 6.5   BM 的疲劳裂纹扩展行为

(a) 0次循环   (b) 8869次循环   (c) 13857次循环

(d) 16521次循环   (e) (d)中(Ⅰ)处的放大图   (f) (d)中(Ⅱ)处的放大图

(g) 18869次循环   (h) 21315次循环   (i) 21556次循环

图 6.6   WZ 的疲劳裂纹扩展行为

3. 疲劳断面分析

对母材和焊缝疲劳实验后的断口形貌通过 SEM 进行了详细的表征，如图 6.7 所示。对于这两种试样，从宏观断口可以很清楚地观察到两种区域，即裂纹稳定扩展区(stable propagation zone，SPZ)和瞬间断裂区(instantaneous fracture zone，IFZ)，如图 6.7(a)和(d)所示。从图 6.7(a)和(d)中可以看出，BM 样品的裂纹稳定扩展区要明显大于 WZ 样品的裂纹稳定扩展区，说明在加载过程中，两种样品中裂纹自萌生后均有一个缓慢的扩展过程，并且 BM 样品中裂纹缓慢扩展的持续时间更长。在裂纹稳定扩展区域，BM 样品的断口中发现了大量的次生裂纹，如图 6.7(b)所示。次生裂纹的萌生导致主裂纹发生分支扩展，从而减小了主裂纹扩展的驱动力，降低了主裂纹的扩展速率。母材和焊缝的萌生区和扩展区的断口形貌均为孔洞、韧窝和撕裂脊的混合形貌，属于明显的韧性断裂。值得注意的是，WZ 断口表面的大尺寸韧窝底部存在球形夹杂物 WZ。高频感应焊接时，连续管开口处边缘钢材被加热到接近熔点的温度，接缝中心及其附近处于熔融、半熔融状态，在随后的冷却过程中形成夹杂物。在变形过程中，易在夹杂物和基体界面处产生应力和应变集中，对材料的疲劳性能造成不良影响。

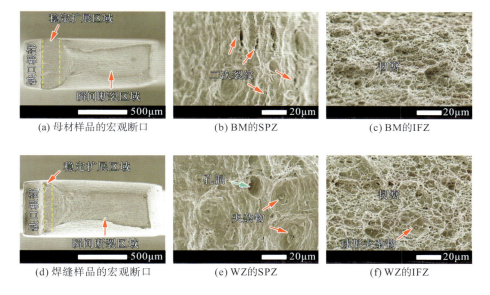

图 6.7　疲劳实验后的断裂表面形态

4. 疲劳裂纹扩展速率

为了揭示微观组织对裂纹扩展速率的影响规律，对 BM 和 WZ 两种样品的疲劳裂纹扩展数据进行了统计，如图 6.8 所示。图中 BM 表示母材样品中的裂纹，WZ-1、WZ-2、WZ-3 分别表示焊缝样品中依次出现的三条长裂纹，其中 WZ-3 为主裂纹。如图 6.8(a)所示为裂纹长度随循环次数的变化，随着循环次数的增大，裂纹长度明显增大。两种样品中主裂纹的曲线斜率相差不大，曲线斜率依次为：WZ-3＞BM＞WZ-2＞WZ-1，说明 WZ 样品的疲劳裂纹扩展速率（FCGR）最高。焊缝样品中，主裂纹 WZ-3 的 FCGR 明显高于裂纹 WZ-1 和 WZ-2，裂纹 WZ-3 开始扩展时，裂纹 WZ-1 和 WZ-2 先后停止了扩展。WZ 样品中裂纹萌生时间更早，WZ 的裂纹萌生寿命（13857 次）仅为 BM 样品（70428 次）的 19.7%；BM 样品失稳扩展前的临界裂纹长度（232.4μm）更大，约为 WZ 样品（85.5μm）的 3 倍。这说明 BM 具有比 WZ 更好的抗疲劳裂纹扩展性能。

图 6.8(b) 为 BM 和 WZ 样品的 FCGR（da/dN，a 为裂纹长度，N 为循环次数）与应力强度因子 ΔK 的曲线关系图。在相同的 ΔK 下，WZ 的 FCGR 显著低于 BM，WZ 样品的最大 FCGR 值约为 BM 样品的 5 倍，说明 BM 具备更好的抵抗裂纹扩展能力。此外，BM 样品在裂纹失稳扩展前的最大应力强度因子要远大于 WZ 样品。断裂前的应力强度因子越大，对应的断裂韧性也越大。在给定相同的外力条件下，断裂韧性值越大的材料，裂纹达到失稳扩展时的临界尺寸就越大，这与图 6.8(a) 中的结果相对应。此外，BM 样品的曲线出现了明显的波动，而 WZ 样品的曲线波动较弱。

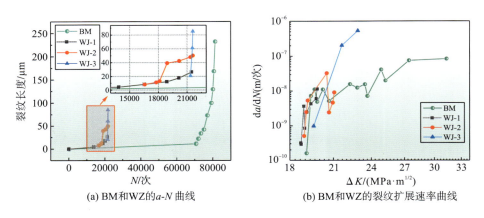

(a) BM和WZ的a-N曲线　　　　(b) BM和WZ的裂纹扩展速率曲线

图 6.8　BM 和 WZ 的裂纹扩展数据

6.1.3　讨论与分析

1. FCGR 效果分析

相对于焊缝样品，母材样品的裂纹扩展速率曲线波动更明显，说明在扩展过程中 BM 样品遇到的阻碍更多。图 6.9(a) 所示为样品 BM 的裂纹扩展情况，当裂纹扩展到 A1、A2、A3 处时，由于晶界的阻碍作用，裂纹出现分叉现象，从而出现裂纹扩展速率降低的情况。除此之外，主裂纹尖端后面次裂纹的扩展，同样也会使主裂纹的扩展速率降低，如图 6.9(a) 中的 A4 处所示。而 A5 处之后扩展速率降低，是因为裂纹 1 基本停止了扩展。WZ 样品中裂纹 1 的扩展情况如图 6.9(b) 所示，从 B1 到 B2 扩展速率降低，主要原因为第二条裂纹的萌生吸收了大量的能量，导致裂纹 1 的扩展驱动力减弱。B3 到 B4 之间扩展速率增大，是因为在较短的循环次数之内，两条短裂纹连接成了一条裂纹。WZ 中裂纹 2 的扩展情况如图 6.9(c) 所示，由于短裂纹的连接是在较多的循环次数之内完成的，所以从 C1 到 C2

之间，虽然裂纹长度和应力强度因子发生了明显的增大，但裂纹扩展速率没有发生明显变化。C3 处裂纹扩展速率下降是因为主裂纹尖端附近显微组织产生剧烈塑性变形吸收了大量能量。WZ 样品中主裂纹的扩展情况如图 6.9(d) 所示，由于 WZ 样品中主裂纹出现在稳定扩展后期，样品处于失稳断裂边缘，晶界等微观结构对裂纹的阻碍作用减弱，所以裂纹扩展速率曲线没有发生波动，扩展速率持续增大。

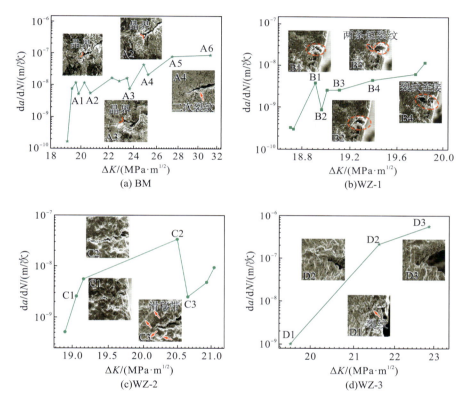

图 6.9　FCGR 变化原因图

2. 疲劳寿命的影响机制

1) 颗粒形状和方向的差异

为了揭示晶粒形状和大小对连续管疲劳寿命的影响，本研究通过 EBSD 实验的方法获得了连续管 BM 和 WZ 样品缺口附近的晶粒形状，结果如图 6.10 所示。图 6.10(a) 和 (c) 所示分别为 EBSD 获取的 BM 和 WZ 样品的晶粒形状，从图中可以看出，连续管 WZ 的晶粒形状更规则，趋于等轴晶粒组织，但是不规则的 BM 的晶粒呈现一种互锁的篮织组织。这种互锁的篮织组织会使裂纹的扩展方向发生偏转，导致裂纹的扩展路径更加曲折，从而降低裂纹的扩展速率。

晶粒尺寸对金属材料的力学性能具有决定性的作用，材料的强度与晶粒尺寸的关系可表示为

$$\sigma_y = \sigma_0 + K_y d^{-1/2} \tag{6.1}$$

式中，σ_y 为屈服强度；σ_0 为摩擦应力；K_y 为常数；d 为晶粒尺寸。通过公式(6.1)可知，材料的屈服强度与晶粒尺寸呈负相关，较大的晶粒尺寸会导致更低的屈服强度。

图 6.10(b)和(d)所示分别为 BM 和 WZ 样品的晶粒尺寸统计直方图。两种材料的晶粒尺寸大多在 12μm 以内，BM 样品中有部分晶粒尺寸达到 39μm 以上，BM 和 WZ 的平均晶粒尺寸分别为 4.5μm 和 5.5μm。BM 的晶粒尺寸更细，WZ 的晶粒尺寸更均匀。这是因为连续管在板材制成管材的过程中，卷曲作用导致材料发生变形，最终使晶粒的均匀性变差，而 WZ 在焊接过程中局部受热，导致了更大的晶粒尺寸和更好的均匀性。在相同大小的区域内，较小的晶粒尺寸意味着拥有更多的晶粒个数和更长的晶界长度。如表 6.2 所示为两种材料的晶粒个数和晶界长度统计数据。BM 和 WZ 的晶粒个数分别为 930 和 721，晶界长度分别为 10309μm 和 7319μm。BM 拥有更小的晶粒和更长的晶界，晶界会阻碍疲劳裂纹的扩展，显著降低 FCGR。晶粒越细、晶界长度越长，裂纹在扩展过程中遇到的阻碍就会越多，裂纹扩展越困难。在裂纹扩展初期，由于 BM 样品中滑移系启动较少，裂纹的扩展受晶粒大小和晶界分布的影响较大，导致裂纹的扩展路径更加曲折，整体呈"S"形，如图 6.10(d)所示。

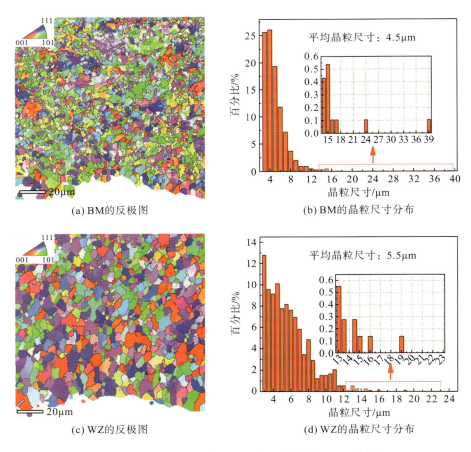

(a) BM的反极图　　　　　　　(b) BM的晶粒尺寸分布

(c) WZ的反极图　　　　　　　(d) WZ的晶粒尺寸分布

图 6.10　BM 和 WZ 缺口附近微观结构的 EBSD 分析

表 6.2 晶粒数量和晶界长度统计

项目	BM	WZ
数量/个	930	721
边界长度/μm	10309.3	7318.5

大小角度晶界的数量也会对材料的性能产生影响，取向差大于 15° 的为大角度晶界，取向差在 2°～15° 之间的为小角度晶界。统计了 BM 和 WZ 样品在疲劳实验前后缺口附近的大小角度分布情况，如图 6.11(a)、(b)、(e)、(f) 所示，图中黑色边界表示大角度晶界，绿色边界表示小角度晶界。图 6.11(c)、(d)、(g)、(h) 分别为 BM 样品和 WZ 样品在疲劳实验前后的取向差分布图，可见，BM 样品中小角度晶界占 54.9%，而 WZ 样品中小角度晶界仅占 12.2%，WZ 样品中小角度晶界数量明显比 BM 中少，如图 6.11(c)、(d) 所示。这主要是因为连续管在成型过程中经历冷成型，造成晶粒内部产生大量的位错和亚结构，随后高频焊接接头附近的显微组织在高温作用下发生回复、再结晶和晶粒长大，导致其小角度晶界显著减小。

较少的小角度晶界导致对晶粒的滑移以及位错运动的阻碍作用大大减弱，造成 WZ 中晶粒发生软化，导致晶粒在疲劳循环加载过程中更容易发生塑性变形而产生大量的滑移带，这些滑移带成为疲劳裂纹萌生和扩展的通道。样品断裂后，BM 中小角度晶界占 53.7%，WZ 样品中小角度晶界占 44.0%，如图 6.11(g) 和 (h) 所示。BM 样品中的小角度晶界占比

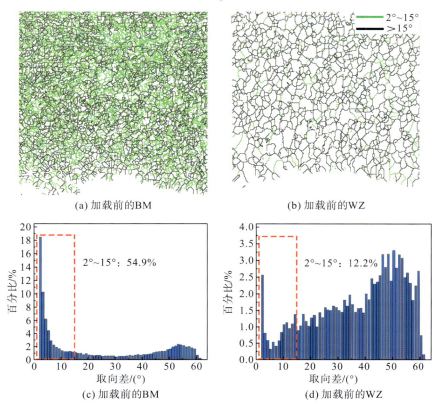

(a) 加载前的BM (b) 加载前的WZ

(c) 加载前的BM (d) 加载前的WZ

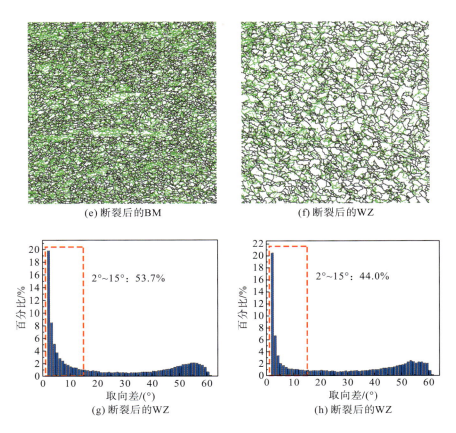

(e) 断裂后的BM　　　　　　　　(f) 断裂后的WZ

(g) 断裂后的WZ　　　　　　　　(h) 断裂后的WZ

图 6.11　大小角度晶界分布

无明显变化，而 WZ 样品中小角度晶界占比增加了近 3 倍，可能是塑性变形导致大量的位错和亚晶，从而导致 WZ 小角度晶界大幅增加。因此，在裂纹扩展初期，WZ 样品中会出现大量的滑移带，并且随着加载的进行，发生滑移的晶粒越来越多，裂纹的扩展以滑移带开裂和连接的穿晶断裂形式为主，如图 6.11(e) 所示。

2) KAM 值的差异

取向差指的是晶粒与相邻晶粒之间的夹角，取向差对材料的强度、塑性和疲劳寿命等具有重要的影响。核平均取向差(kernel average misorientation，KAM)是晶体学中用于描述晶粒取向差的重要指标，它表示一定区域内所有数据点与中心数据点的取向差之和的平均值。KAM 的分布主要用于反映材料在变形过程中的应变分布和变形程度。因此获取 BM 和 WZ 缺口附近的 KAM 图，以此来揭示两种样品的变形特征。

图 6.12 为 BM 和 WZ 在疲劳实验前后缺口附近区域的 KAM 分布图。在疲劳实验前，BM 中 KAM 值均匀地分布在晶粒的内部[图 6.12(a)]，而 WZ 中的 KAM 值显著低于 BM，且分布不均匀。通过对 WZ 样品中部分晶粒内 KAM 值的统计可知，从晶界附近到晶粒中心位置 KAM 值呈梯度分布，高 KAM 值在晶粒内部呈带状聚集，如图 6.12(e) 和 (f) 所示。

这进一步说明了焊缝处晶粒内部位错密度低，更容易发生塑性变形。图 6.12(c) 和 (d) 分别为 BM 和 WZ 疲劳断裂后断口表面附近的 KAM 分布图，在循环加载后，由于疲劳前 BM 的 KAM 值较高，疲劳变形后 KAM 值变化不明显，然而可以依稀看到变形前部分较高的 KAM 值在变形后变小，可能原因是循环加载引起应力松弛。而 WZ 中 KAM 值显著增大，由局部集中到大面积分布，说明 WZ 发生了严重的塑性变形。还发现 WZ 中 KAM 值呈梯度分布：越靠近断口处，KAM 值越大，越远离断口，KAM 值越小，这也说明裂纹萌生和扩展初期阶段显微组织经历更大的塑性变形。

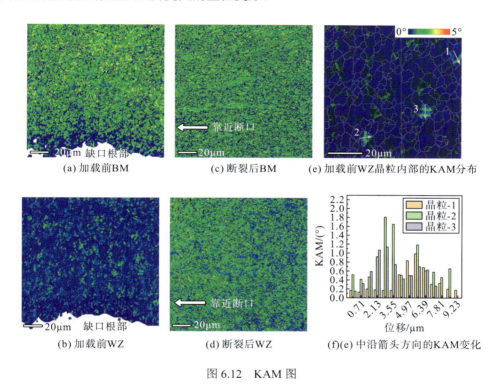

(a) 加载前BM (c) 断裂后BM (e) 加载前WZ晶粒内部的KAM分布

(b) 加载前WZ (d) 断裂后WZ (f)(e) 中沿箭头方向的KAM变化

图 6.12 KAM 图

综上所述，连续管的母材和焊缝显微组织有所不同，造成裂纹萌生和扩展行为的不同，进而造成两者表现出不同的疲劳性能。对于 BM 试样，显微组织是由大量尺寸不均匀且形状不规则并相互嵌套的块状铁素体和少量珠光体组成的多层次混合组织。在疲劳加载的变形初期，缺口根部附近易产生应力集中，造成缺口附近区域优先发生变形。在此过程中，较软的大尺寸铁素体首先发生塑性变形，然而其随后的变形受到周围较硬的小尺寸铁素体的约束，其产生持续的加工硬化，当界面处的应力达到较硬铁素体的屈服强度时，小尺寸铁素体便开始发生塑性变形，说明不同尺度显微组织之间发生了协调变形，有效协调了局部应力集中，延缓裂纹萌生，这也是 BM 试样在循环次数高达 70428 次才发生裂纹萌生的根本原因。裂纹萌生后，裂纹尖端的应力集中程度高于其他区域，多尺度组织的协调变形及纯净无夹杂的基体造成其他部位难以再形成裂纹，这是 BM 形成单一疲劳源的原因。在随后的裂纹扩展过程中，晶界起到偏转裂纹扩展方向的作用，由于 BM 晶界多，有效减缓了裂纹扩展速率。此外，循环载荷造成原本母材因加工成型过程形成的内应力得到一定的释放，进一步延缓了裂纹的扩展。

对于 WZ 试样，显微组织为尺寸较大的均匀铁素体组织，其硬度低于 BM，且其内部 KAM 值较低，导致其在疲劳变形初期发生更明显的塑性变形，且晶粒间的协调变形效应显著弱于 BM，造成较大范围内的多个晶粒内部滑移系激活而产生滑移线[图 6.12(b)]。随着进一步变形，滑移线转变为滑移带，其中一部分滑移带为驻留带，驻留滑移带上可以形成挤出峰、挤入槽现象，进而引发裂纹的萌生，上述原因造成 WZ 在循环次数为 13857 时产生了裂纹。裂纹萌生后沿着滑移带方向扩展并形成小裂纹，小裂纹在遇到较强的晶粒时停止扩展，此时其他部位变形较严重区域便开始发生裂纹的萌生（主要萌生于滑移带处）。此外，由于焊缝处存在夹杂物，在变形过程中夹杂物和基体组织之间存在变形不相容性，因此，造成应力集中程度高，在较低的外加应力作用下引起裂纹在夹杂物和基体界面处萌生，且存在同时发生裂纹萌生和扩展形成小裂纹的现象，导致 WZ 形成多个疲劳源。在裂纹扩展阶段，上述多个区域萌生裂纹尖端阻碍作用最弱的裂纹扩展并成为主裂纹，多条二次裂纹同时扩展相互连接并和主裂纹会合，导致裂纹扩展速率远高于 BM，造成其过早的疲劳断裂失效。

6.2　缺陷处裂纹萌生数值模拟研究

针对连续管的断裂失效问题，选取 CT90 连续管作为研究对象，对连续管的裂纹萌生规律开展了数值模拟研究，主要研究内容为：①通过金相组织观察实验，得到 CT90 连续管微观结构的晶粒分布和晶粒度等级。根据实验结果，基于沃罗诺伊(Voronoi)图原理，利用 MATLAB 软件和 Python 语言实现 ABAQUS 二次开发的方法，建立 CT90 连续管等轴晶粒模型，该模型能够准确反映微观组织的各向异性特征。②采用 ABAQUS 二次开发的方法，将 Tanaka-Mura 模型与有限元法相结合，建立连续管裂纹萌生有限元模型，研究连续管微观裂纹萌生规律。研究得到加载载荷的增大会降低连续管裂纹萌生寿命，将裂纹萌生模拟计算结果与实验结果对比，验证了结合 Tanaka-Mura 模型与有限元法模拟连续管裂纹萌生方法的可靠性。

6.2.1　CT90 连续管材料金相组织观察

1. 实验步骤

分别利用 240 目、400 目、600 目、800 目、1000 目、1200 目、1500 目和 2000 目的砂纸对试样进行打磨，接着利用抛光机对试样抛光，然后使用浓度为 4% 的 HNO_3 溶液对试样进行腐蚀，便于观察晶粒形状，最后将腐蚀好的试样放在金相显微镜下观察。图 6.13 为实验过程中镶嵌、打磨和抛光后的试样。

(a) 镶嵌后的试样　　　(b) 打磨后的试样　　　(c) 抛光后的试样

图 6.13　实验过程中不同阶段的试样

2. 晶粒度测量

依据《金属平均晶粒度测定方法》(GB/T 6394—2017)测量CT90 连续管材料的晶粒度。选择面积法给定确定面积内的晶粒数来测定晶粒度。面积法的主要过程为：在放大倍数为M的晶粒图形上绘制面积为A(单位：mm^2)的圆形区域，并且保证区域内的晶粒个数不得超过 100 个，然后计算完全落在圆形区域内的晶粒个数$N_内$和落在圆形区域边界上的晶粒个数$N_交$，该圆形区域内的晶粒总个数I可通过式(6.2)计算：

$$I = N_内 + \frac{1}{2} N_交 - 1 \tag{6.2}$$

通过放大倍数 M 和晶粒总个数可以计算出单位面积内的晶粒数 n_a：

$$n_a = \frac{M^2 \cdot I}{A} \tag{6.3}$$

则晶粒度级别 G 可表示为

$$G = 3.321928 \lg n_a - 2.954 \tag{6.4}$$

如图 6.14 所示为CT90 微观结构的晶粒形状及分布。取面积A为 $0.0314mm^2$(半径为0.1mm的圆)，放大倍数M=400，通过对CT90 连续管板材三个不同位置进行测量，得到晶粒个数$N_内$和$N_交$，联立公式(6.3)和公式(6.4)计算得到晶粒度等级均为G=9。

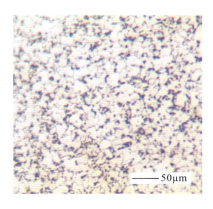

图 6.14　CT90 晶粒形状及分布

6.2.2 晶体有限元模型建立

1. 微观模型建立

建立连续管等轴晶粒的有限元模型的主要步骤为：首先利用 MATLAB 软件中随机函数的功能，在一定区域内生成相应个数的随机坐标点，基于泰森多边形的基本原理，建立多个二维的 Voronoi 图，每个 Voronoi 图代表一个晶粒，多个 Voronoi 图的集合就表示连续管的微观结构，并且将每个 Voronoi 图的顶点导出。其次，利用 Python 进行 ABAQUS 的二次开发，将所有 Voronoi 图的顶点坐标导入到 ABAQUS 中，即可实现 CT90 等轴晶粒模型的建立。

由前面可知 CT90 微观结构的晶粒度等级 G=9.0。结合 CT90 的实际晶粒度等级，认为当微裂纹长度达到 0.2mm 时，进入宏观裂纹扩展阶段，故在裂纹萌生的模拟过程中，只针对危险区域建立微观有限元模型。在 0.2mm×0.2mm 区域内建立了晶粒度等级 G=9.0 的连续管微观几何模型，如图 6.15 所示。

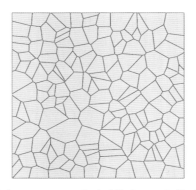

图 6.15　G=9.0 的连续管微观几何模型

2. 晶向及潜在滑移带的设置

1）晶向设置

由于金属晶体中不同晶向上的原子排列紧密程度不同，所以不同方向上的原子结合力不同，进而导致晶体在不同方向上的物理、化学以及力学性能不同，即在微观尺度上，金属材料表现为各向异性。CT90 连续管微观结构的正交各向异性矩阵参数如表 6.3 所示。然而在实际测试时，金属的各种性能却不因方向不同有明显的差异，即在宏观尺度上表现为各向同性。这是因为构成金属材料的大量各向异性的晶粒各自材料取向随机排列，导致晶粒之间相互抵消和补充，从而在宏观上表现各向同性。所以在对晶体模型进行有限元分析的过程中，还需要对每个晶粒的晶向进行设置。本节根据模型的晶粒个数随机生成相应个数的 0～360° 之间的数，每个数代表一个晶粒的晶向。如图 6.16 所示，深色晶粒中(X(1)，Y(1))为其局部坐标系，(X，Y)为全局坐标系。局部坐标系 X(1)轴的方向为当前晶粒的晶向，由全局坐标系的 X 轴旋转一定的角度得到，Y(1)轴的方向由 X(1)轴逆时针旋转 90°得到。

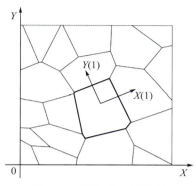

图 6.16　随机晶向示意图

表 6.3　正交各向异性刚度矩阵　　　　　　　　　　（单位：GPa）

C_{11}	C_{22}	C_{33}	C_{12}	C_{23}	C_{13}	C_{44}	C_{55}	C_{66}
237	237	237	141	141	141	116	116	116

2）潜在滑移带设置

Tanaka-Mura 裂纹萌生理论模型认为裂纹从滑移带处开裂，所以利用 Tanaka-Mura 模型模拟多晶材料裂纹萌生时，需要对潜在滑移带进行定义。根据微观晶体学理论可知，滑移面通常是原子密度最大的晶面，因为在原子密度最大的晶面上通常有最小的滑移阻力。不同的晶格形式具有不同的原子密度最大面，常见的金属晶格形式有：体心立方晶格、面心立方晶格和密排六方晶格三种。对于 CT90 等晶格形式为体心立方晶格的材料，{110} 面族是最高密度面，{110} 面族包括面 (110)、(101)、(011)、($\bar{1}$10)、($\bar{1}$01) 和 (0$\bar{1}$1) 六个面，六个晶面均经过晶粒的中心，见图 6.17。在二维平面上投影得到 [110] 和 [$\bar{1}$10] 两个滑移方向，两个滑移方向相互垂直并且经过晶粒中心。两条相互垂直的滑移带形成正交滑移带，两条正交滑移带可通过晶粒中心点坐标和局部坐标系 $X(1)$ 轴旋转±45°得到。晶粒度等级 G=9.0 时晶体有限元模型内的滑移系如图 6.18 所示。

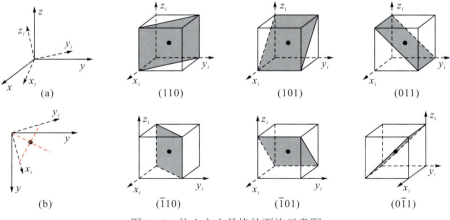

图 6.17　体心立方晶格的面族示意图

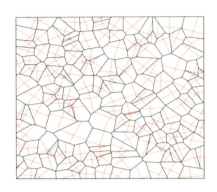

图 6.18   晶体有限元模型内的潜在滑移系

3. 网格无关性及模型准确性验证

1）网格无关性验证

在有限元计算过程中，网格形状和质量会对有限元结果产生决定性影响。确定高质量网格的主要手段是选择适合模型计算的网格类型和单元数量，高质量的网格是获得准确结果的前提。为降低网格数量对裂纹萌生有限元模拟结果的影响，提高有限元的计算精度，并且有效减少计算时间成本，进行了网格无关性的验证。设置载荷为 500MPa、频率为 10Hz 以及应力比为 0.1 的加载条件，采用相同的网格划分方法，网格类型为四面体网格。分析了 6 种不同网格大小对 CT90 晶体塑性有限元模型的最大剪切应力的影响，结果如图 6.19 所示。从图中可以看出，网格数量从 598 个增加到 4190 个时，数量增加了 3592 个，最大剪切应力变化非常明显，增加了 14.8%；在网格数量超过 7092 个以后，最大剪切应力随网格数量的增加变化较缓慢；网格数量从 7092 个增加到 14474 个时，数量增加了 7382 个，最大剪切应力仅仅增加了 0.2%。可以认为，网格数量为 7092 个时计算得到的有限元结果比较可信，故本章建立的 CT90 晶体塑性有限元模型所采用的网格数量为 7092 个。

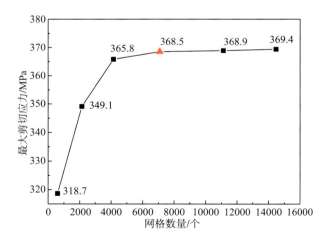

图 6.19   网格数量对最大剪切应力的影响

2）Tanaka-Mura 模型准确性验证

现有研究对 TC4-DT 钛合金电子束焊接接头的母材进行了疲劳实验，得到了加载载荷为 600MPa 和 700MPa 下的裂纹萌生寿命。本章借鉴 TC4-DT 钛合金的基本材料参数（表 6.4）。

表 6.4　TC4-DT 的基本材料参数

弹性模量 E/GPa	抗拉强度 σ_b/MPa	屈服强度 σ_b/MPa	泊松比 v
110	890	830	0.3

根据 TC4-DT 钛合金的材料参数，利用微观裂纹有限元模拟方法进行了 TC4-DT 钛合金的微裂纹萌生有限元模拟，得到了在加载载荷 600MPa 和 700MPa 下的 TC4-DT 钛合金电子束焊接接头母材的裂纹萌生寿命。将所得到的裂纹萌生寿命与现有研究中的实验寿命和模拟寿命进行对比，以此验证本章采用的有限元模拟方法的准确性。对比结果如表 6.5 所示。

表 6.5　裂纹萌生模拟结果对比

参数	载荷/MPa	
	600	700
钛合金实验裂纹萌生寿命/次	64000	29600
钛合金数值模拟裂纹萌生寿命/次	67226	30497
误差/%	5.04	3.03

由表 6.5 中的结果可知，在其他条件相同的情况下，对 TC4-DT 钛合金试样施加 600MPa 应力，TC4-DT 钛合金微观裂纹萌生寿命实验值为 64000 次，利用本章的方法基于 Tanaka-Mura 裂纹萌生准则模拟的微观裂纹萌生寿命为 67226 次，误差为 5.04%；对 TC4-DT 钛合金试样施加 700MPa 应力，TC4-DT 钛合金微观裂纹萌生寿命实验值为 29600 次，利用本章的方法基于 Tanaka-Mura 裂纹萌生准则模拟的 TC4-DT 钛合金微观裂纹萌生寿命为 30497 次，误差为 3.03%。由此可知，利用 Tanaka-Mura 裂纹萌生准则模拟金属裂纹萌生，研究裂纹萌生寿命的规律与实验结果对比误差较小，验证了 Tanaka-Mura 微裂纹萌生模型的准确性。

6.2.3　连续管裂纹萌生规律研究

为分析不同加载载荷对 CT90 连续管裂纹萌生规律的影响，模拟了晶粒度等级 G=9.0 的母材微观组织在频率 f = 10Hz，应力比 R = 0.1，加载载荷 F 分别为 220N、240N、260N 和 280N 的加载条件下的裂纹萌生过程。图 6.20 所示为不同加载载荷下，CT90 连续管微观组织的剪切应力云图。从图中可以看出，在均布载荷下，剪切应力在晶体模型中分布不均匀，最大剪切应力与最小剪切应力相差较大，证明了晶粒各向异性特征较明显。并且随着所受均布载荷的增大，晶粒内最大剪切应力也在增大，当加载载荷由 220N 增大到 280N 时，最大剪切应力由 735.8MPa 增大到 1031.8MPa，增大了约 40%。

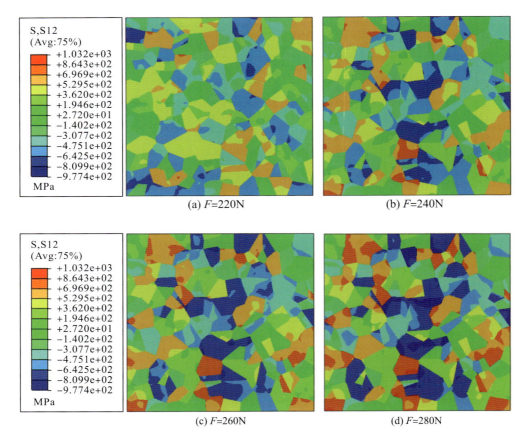

图 6.20　不同加载载荷下剪切应力云图

(注：S,S12 表示剪切应力，单位为：MPa)

　　图 6.21 为 220N、240N、260N 和 280N 四种不同大小的加载载荷下第一条短裂纹出现的位置，从图中可以看出，四种不同大小的载荷条件下第一条短裂纹萌生位置相同，均由同一个晶粒中的同一条滑移带开裂形成。该晶粒中的应力明显大于其他晶粒，并且在裂纹两端有明显的应力集中，这是导致滑移带开裂的主要原因。初始裂纹的位置在模型的中下部，初始裂纹的方向与加载方向成约 80°夹角。随着加载载荷由 220N 增大到 280N，最大剪切应力由 1116.3MPa 增大到 1420.3MPa，剪切应力增大了 27.2%，这会明显降低连续管的裂纹萌生寿命。

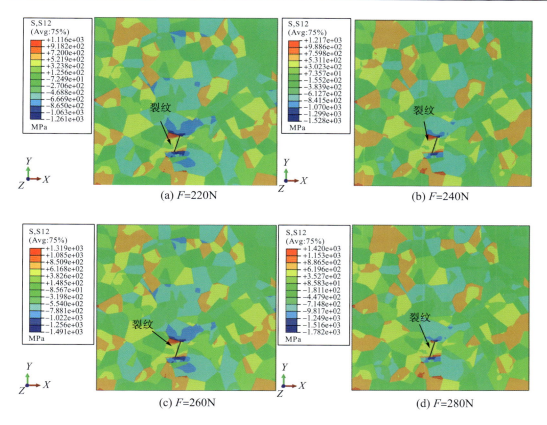

图 6.21 不同加载载荷下第一条裂纹萌生

　　如图 6.22 所示为加载载荷为 $F = 220N$ 下的裂纹萌生过程,从第一条滑移带开裂形成裂纹到微裂纹贯穿整个模型的过程经历了 5838 次的循环加载。当加载次数 $N = 829$ 时,晶粒内滑移带开裂形成第一条微裂纹,第一条微裂纹形成的位置为模型的中下部,裂纹方向与加载方向呈 80°夹角,该裂纹为导致模型断裂的主裂纹之一,如图 6.22(b)中的裂纹Ⅰ所示。当加载次数增加到 1286 次时,在裂纹Ⅰ附近又萌生了两条短裂纹:裂纹Ⅱ和裂纹Ⅲ;裂纹Ⅱ的方向与加载方向呈 105°夹角,裂纹Ⅲ的方向与加载方向呈−30°夹角,虽然三条裂纹之间相距很近但并未发生连接,如图 6.22(c)中所示。当 $N=2206$ 时,裂纹Ⅱ沿与加载方向呈 10°夹角的方向向上扩展,和裂纹Ⅰ会聚;同时裂纹Ⅲ沿与加载方向呈−45°夹角的方向向下扩展,和裂纹Ⅰ会聚;即裂纹Ⅱ和裂纹Ⅲ同时向裂纹Ⅰ的方向扩展,并与裂纹Ⅰ会聚成一条长裂纹。与此同时,第四条裂纹在模型正中间的位置出现,如图 6.22(d)所示。当加载次数达到 3436 次时,裂纹Ⅳ沿与加载方向呈 80°方向向上扩展;在模型上边缘位置出现了裂纹Ⅴ,裂纹Ⅴ与加载方向呈 80°夹角。当加载次数达到 5838 次时,裂纹Ⅲ沿 45°方向向上扩展与裂纹Ⅳ会合;裂纹Ⅳ沿 80°方向向上扩展与裂纹Ⅴ会合。至此裂纹Ⅰ、Ⅱ、Ⅲ、Ⅳ和Ⅴ会聚成了一条贯穿模型的长裂纹,长裂纹整体走向为 80°方向,裂纹形状为锯齿状,此时对应的加载次数为 5838 次。即在 $F = 220N$ 加载载荷下,CT90 连续管裂纹萌生寿命为 5838 次。

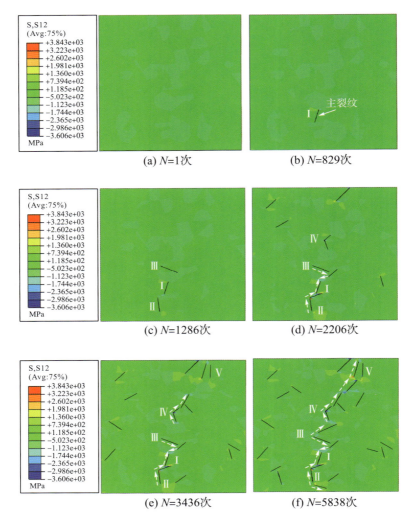

图 6.22　$F=220\mathrm{N}$ 载荷下裂纹萌生过程

　　图 6.23 为裂纹萌生寿命 N_i 随加载载荷变化图。从图中可以看出,当加载载荷 $F=220\mathrm{N}$ 时, 裂纹萌生寿命 N_i=5838 次;当加载载荷 $F=240\mathrm{N}$ 时, 裂纹萌生寿命 N_i=2646 次, 裂纹萌生寿命减少 54.7%;当加载载荷 $F=260\mathrm{N}$ 时, 裂纹萌生寿命 N_i=1501 次, 裂纹萌生寿命减少 43.3%;当加载载荷 $F=280\mathrm{N}$ 时, 裂纹萌生寿命 N_i=958 次, 裂纹萌生寿命减少 36.2%。由此可知, 随着加载载荷的增大, 裂纹萌生寿命 N_i 均逐渐减小, 并且减小的幅度也在放缓, 这是因为在其他条件相同的情况下, 载荷增大最直接的结果就是会导致最大剪切应力和最小剪切应力的增大, 也就是会增大剪切应力幅, 较大的剪切应力幅会导致较低的滑移带寿命。寿命减低的幅度之所以会随着加载载荷的增大而减小, 是因为较大的加载载荷会造成较大的最大剪切应力与最小剪切应力。但是随着加载载荷的增大, 最小剪切应力与最大剪切应力的差值在减小, 即剪切应力幅的增长速度在减小, 这必然导致裂纹萌生寿命的下降幅度的减小。

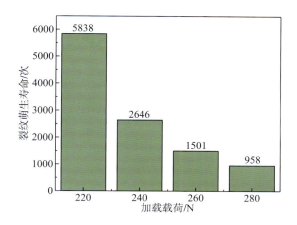

图 6.23　裂纹萌生寿命随加载载荷变化

6.3　含刮痕缺陷处裂纹萌生及扩展

6.3.1　有限元模型的建立

为研究连续管刮痕缺陷处的裂纹萌生及扩展规律，在 ABAQUS 软件中建立外径为 50.8mm，壁厚为 4.4mm，长度为 1500mm 的连续管有限元模型，并在连续管表面预置直径为 4mm 的刮痕缺陷，如图 6.24 所示。

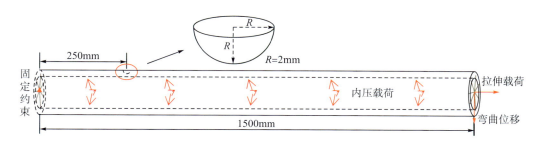

图 6.24　含刮痕缺陷连续管示意图

由于在弯曲位移下连续管约束部位会产生应力集中，球形缺陷距离约束部位太远对应力集中影响较小，故将球形缺陷位置设置在距离左端面 250mm 处，用 ABAQUS 软件建立上述模型，并将左端固定，在右端施加不同类型载荷(向下的弯曲位移、向右的轴向拉伸载荷和内压载荷)，通过最大主应力判断准则实现在单一载荷作用和多种载荷作用下的裂纹萌生和扩展情况模拟，最终通过数据分析不同载荷对含刮痕缺陷连续管裂纹萌生以及扩展的影响。

CT110 具有较高承载能力、抗内压能力和抗疲劳性能。本章选择 CT110 连续管作为研究对象，根据参考文献[2]提供的 CT110 连续管材料的应力-应变曲线进行研究。在 CAE 软件中判断损伤准则定义为最大主应力准则，根据参考文献[3]中所提供的参数值，其具体设置如表 6.6 所示。

表 6.6　CT110 连续管性能参数

力学性能指标	单位	指标值
屈服强度	MPa	758
抗拉强度	MPa	793
断裂能	J/m³	2.83×10^7
伸长率	%	21
弹性模量	MPa	2.31×10^5
泊松比	—	0.3

为保证有限元计算的准确性，在缺陷处对网格进行细化处理，并且进行网格无关性研究，为此设计了 9 种不同数量的网格计算方案。如图 6.25 所示，当网格数量大于 60000 个时，裂纹萌生临界载荷基本保持一致。本节采用的网格数量为 63940 个，网格类型为六面体网格。

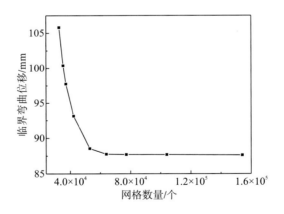

图 6.25　网格收敛性研究

6.3.2　连续管裂纹自然萌生研究

1. 拉伸载荷下裂纹萌生

对上述模型分别施加单一拉伸载荷、拉伸载荷+30mm 弯曲位移组合载荷、拉伸载荷+60MPa 内压组合载荷、拉伸载荷+30mm 弯曲位移+60MPa 内压载荷组合载荷，改变施加拉伸载荷的大小，得到裂纹萌生时拉伸载荷的临界值，如图 6.26 所示。

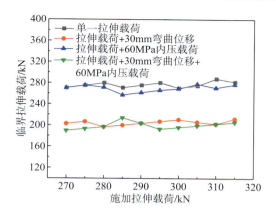

图 6.26　裂纹萌生临界拉伸载荷分布图

由图 6.26 中结果可知，在以上四种加载条件下，随着拉伸载荷的不断增大，对应的临界载荷值呈波动变化。分别对四种加载条件对应的拉伸载荷临界值取平均值，结果如表 6.7 所示。同种加载条件下，临界拉伸载荷值波动范围很小，验证了所取平均临界拉伸载荷值可靠性较强，进一步说明拉伸载荷的大小对连续管裂纹萌生临界拉伸载荷影响较小。相对单一拉伸载荷，拉伸载荷+30mm 弯曲位移加载条件下对应的临界拉伸载荷下降了 25.83%；拉伸载荷+60MPa 内压载荷加载条件下对应的临界拉伸载荷下降了 2.33%；拉伸载荷+30mm 弯曲位移+60MPa 内压载荷加载条件下对应的临界拉伸载荷下降了 28.12%。由此可知弯曲位移对拉伸载荷下的裂纹萌生有明显促进作用，而内压载荷影响很小。

表 6.7　不同加载类型下的临界拉伸载荷

加载类型	临界拉伸载荷/kN	变化率/%
单一拉伸载荷	274.5	—
拉伸载荷+30mm 弯曲位移	203.6	−25.83
拉伸载荷+60MPa 内压载荷	271.3	−2.33
拉伸载荷+30mm 弯曲位移+60MPa 内压载荷	197.3	−28.12

2. 弯曲位移下裂纹萌生

对上述连续管分别施加单一弯曲位移、弯曲位移+80kN 拉伸载荷、弯曲位移+60MPa 内压载荷，以及弯曲位移+80kN 拉伸载荷+60MPa 内压载荷，改变弯曲位移大小，得到裂纹萌生的临界弯曲位移值。由图 6.27 可知，随着施加弯曲位移的不断增大，四种加载情况下的裂纹萌生临界弯曲位移呈波动性变化。同种加载条件下，临界弯曲位移值整体波动范围均比较小，说明弯曲位移的大小对连续管裂纹萌生的临界弯曲位移影响较小。当施加 85mm 的单一弯曲位移时，连续管有裂纹萌生，当施加弯曲位移+60MPa 内压载荷时，连续管无裂纹萌生；并且弯曲位移+60MPa 内压载荷同时施加，弯曲位移在 85～125mm 变化时，连续管裂纹萌生临界弯曲位移随着施加弯曲位移的增加，而逐步上升，由此可知，60MPa 内压载荷对 85～125mm 范围内弯曲位移导致的连续管裂纹萌生有一定的遏制作用。

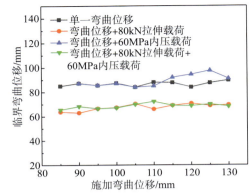

图 6.27　裂纹萌生临界弯曲位移分布图

分别对四种加载情况下的临界弯曲位移取平均值，如表 6.8 所示，相对于单一弯曲位移，弯曲位移+80kN 拉伸载荷同时加载对应的临界弯曲位移下降了 22.06%；弯曲位移+60MPa 内压载荷同时加载对应的临界弯曲位移上升了 3.12%；弯曲位移+80kN 拉伸载荷+60MPa 内压载荷同时加载对应的临界弯曲位移下降了 20.90%，由此可知，拉伸载荷会明显促进弯曲位移导致的连续管裂纹萌生。

表 6.8　不同加载类型下的临界弯曲位移

加载类型	临界弯曲位移/mm	变化率/%
单一弯曲位移	86.6	—
弯曲位移+80kN 拉伸载荷	67.5	−22.06
弯曲位移+60MPa 内压载荷	89.3	3.12
弯曲位移+80kN 拉伸载荷+60MPa 内压载荷	68.5	−20.90

3. 内压载荷下裂纹萌生

对上述模型分别施加单一内压载荷、内压载荷+30mm 弯曲位移、内压载荷+250kN 拉伸载荷，以及内压载荷+30mm 弯曲位移+250kN 拉伸载荷，研究裂纹萌生时临界内压载荷。由图 6.28 可知，在单一内压载荷、内压载荷+30mm 弯曲位移、内压载荷+250kN 拉伸载荷加载条件下，随着内压载荷不断增大，对应的临界内压载荷值呈波动性变化。

但在三种载荷同时加载时，随着内压的增大，对应的临界内压载荷值先增大后趋于平稳。分别对四种加载情况下的临界内压载荷取平均值，结果如表 6.9 所示。从表中可以看出，在单一内压载荷、内压载荷+30mm 弯曲位移、内压载荷+250kN 拉伸载荷三种加载条件下，裂纹萌生临界内压载荷相差不大。而在三种载荷同时施加的情况下，临界内压载荷相差较大。这是因为在三种载荷同时施加且内压较小时，裂纹的萌生由弯曲位移和拉伸载荷共同主导；随着内压的逐步增大，裂纹的萌生逐渐转为内压载荷主导。由此导致三种载荷同时施加的情况下，临界内压载荷与其他三类加载组合下的相差较大。此外，三种载荷同时施加的情况下，当施加内压载荷大于 120MPa，即裂纹萌生均由内压载荷主导时，四类加载组合下的临界内压载荷相差不大，这充分说明，内压载荷的大小对连续管裂纹萌生临界内压载荷的影响较小。

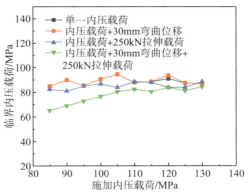

图 6.28 裂纹萌生临界内压载荷分布图

表 6.9 不同载荷类型下的临界内压载荷

载荷类型	临界内压载荷/MPa	变化率/%
单一内压载荷	88.8	—
内压载荷+30mm 弯曲位移	89.1	0.34
内压载荷+250kN 拉伸载荷	85.3	−3.94
内压载荷+30mm 弯曲位移+250kN 拉伸载荷	77.7	−12.50

6.3.3 裂纹萌生后扩展规律

1. 拉伸载荷下裂纹扩展

为研究连续管在拉伸载荷下的裂纹扩展规律,对连续管施加 430kN 的轴向拉伸载荷,结果如图 6.29 所示。由图 6.29(a)可知,430kN 拉伸载荷下,当分析步到 step13 时,含球形缺陷连续管裂纹从球形缺陷最低点位置开始萌生,原因为在拉伸载荷下连续管截面面积最小处所受应力最大。然后沿连续管径向稳定扩展,进一步扩展后裂纹在一个分析步内快速扩展至连续管断裂。

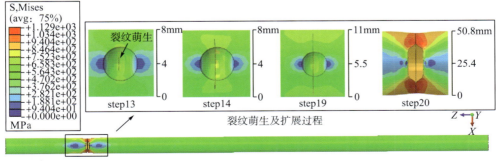

(a) 拉伸载荷下裂纹扩展云图

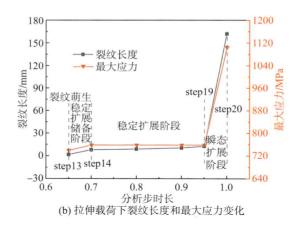

(b) 拉伸载荷下裂纹长度和最大应力变化

图 6.29　拉伸载荷下裂纹扩展结果

由图 6.29(b)可知，430kN 拉伸载荷下，依据最大应力和裂纹长度变化率，可将裂纹扩展过程分为稳定扩展储备阶段、稳定扩展阶段和瞬态扩展阶段三个阶段。三个阶段的最大应力及裂纹长度变化如图 6.29(b)所示。在稳定扩展储备阶段(step13～step14)，最大应力以及裂纹长度增长率较大，单位分析步内，最大应力增长率为 2.5%，裂纹长度增长率为 409.8%；在稳定扩展阶段(step14～step19)，最大应力以及裂纹长度增长率较小，单位分析步内，最大应力增长率为 0.003%，裂纹长度增长率为 12.1%；在瞬态扩展阶段(step19～step 20)，最大应力和裂纹长度均非常大，单位分析步内，最大应力增大 346.87MPa，增长率为 45.8%，裂纹长度增长 149.35mm，增长率为 1192.9%。

2. 内压载荷下裂纹扩展

为研究连续管在内压载荷下的裂纹扩展规律，对连续管施加 145MPa 的内压载荷，结果如图 6.30 所示。145MPa 内压载荷下，当分析步为 step6 时，裂纹从球形缺陷最低点位置萌生，其原因为：在内压载荷下，连续管壁最薄处所受应力最大。然后由稳定扩展到快速扩展。但与拉伸载荷不同，内压载荷下的裂纹扩展方向为轴向扩展，如图 6.30(a)所示。

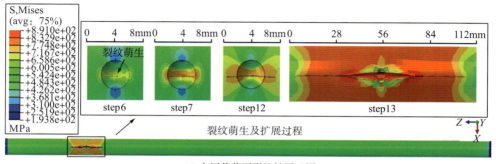

(a) 内压载荷下裂纹扩展云图

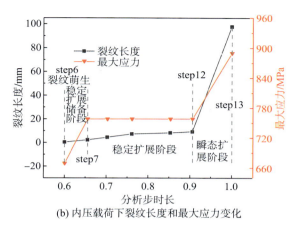

(b) 内压载荷下裂纹长度和最大应力变化

图 6.30　内压载荷下裂纹扩展结果

由图 6.30(b)可知，145MPa 内压载荷下，依据最大应力和裂纹长度变化率，可将裂纹扩展过程分为稳定扩展储备阶段、稳定扩展阶段和瞬态扩展阶段三个阶段。在稳定扩展储备阶段(step6～step7)，最大应力以及裂纹长度增长率较大，单位分析步内，最大应力增长率为 13.2%，裂纹长度增长率为 551.5%；在稳定扩展阶段(step7～step12)，最大应力以及裂纹长度增长率较小，单位分析步内，最大应力增长率为 0.01%，裂纹长度增长率为62.9%；在瞬态扩展阶段(step12～step13)，最大应力和裂纹长度增长率较大，最大应力增大 131.8MPa，增长率为 17.3%，裂纹长度增长 88.6mm，增长率为 963.8%。

3. 弯曲位移下裂纹扩展

为研究连续管在弯曲位移下的裂纹扩展规律，对连续管施加 120mm 的弯曲位移，结果如图 6.31 所示。120mm 弯曲位移下，当分析步为 step12 时，含球形缺陷连续管裂纹从球形缺陷最低点，以及球形缺陷圆周上两点同时萌生，原因为：弯曲位移下，缺陷边缘处应力最集中，同时缺陷最深处最薄弱。萌生后沿径向稳定扩展到快速扩展，如图 6.31(a)所示。

由图 6.31(b)可知，120mm 弯曲位移下，依据最大应力和裂纹长度变化率，可将裂纹扩展过程分为稳定扩展储备阶段、稳定扩展阶段和瞬态扩展阶段三个阶段。在稳定扩展储备阶段(step12～step13)，最大应力以及裂纹长度增长率较大，单位分析步内，最大应力增长率为 1.2%，裂纹长度增长率为 171.7%；在稳定扩展阶段(step13～step19)，最大应力以及裂纹长度变化率较小，单位分析步内，最大应力变化率为-0.09%，裂纹长度变化率为 86.1%；在瞬态扩展阶段(step19～step20)，最大应力和裂纹长度增长率较大，单位分析步内，最大应力增大 137.1MPa，增长率为 18.1%，裂纹长度增长 118.1mm，增长率为 957.2%。

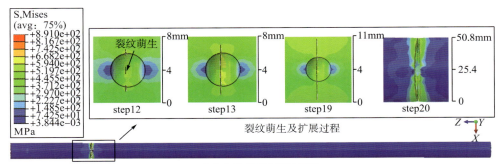

(a) 弯曲位移下裂纹扩展云图

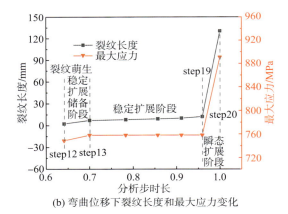

(b) 弯曲位移下裂纹长度和最大应力变化

图 6.31　弯曲位移下裂纹扩展结果

参 考 文 献

[1] Padron T, Craig S H. Past and present coiled tubing string failures - history and recent new failures mechanisms[C]//SPE/ICoTA Coiled Tubing and Well Intervention Conference and Exhibition. March 27-28, 2018. The Woodlands, Texas, USA. SPE, 2018.

[2] 毕宗岳, 鲜林云, 汪海涛, 等. 国产超高强度 CT110 连续管组织与性能[J]. 焊管, 2017, 40(3): 24-27, 31.

[3] Ustrzycka A, Mróz Z, Kowalewski Z L, et al. Analysis of fatigue crack initiation in cyclic microplasticity regime[J]. International Journal of Fatigue, 2020, 131: 105342.

第7章 完整连续管疲劳寿命评估

由连续管工作原理可知，连续管下放起升过程中在滚筒、导向器、注入头之间承受弯直循环载荷，连续管工作一个行程至少发生 6 次弯直塑性大变形：1（弯）-2（直）-3（弯）-4（直）-5（弯）-6（直）-7（弯），如图 7.1 所示，不断的塑性大变形造成连续管低周疲劳失效[1]。作业时连续管内充满高压循环液体，同时连续管在动力钻具的作用下承受反扭矩，如图 7.1 中 A 处所示。在弯曲载荷、扭转载荷以及内压的作用下连续管容易疲劳失效。本章结合现有研究以及连续管的实际工况，通过试验、数值模拟以及理论研究等方法，开展完整连续管在弯曲载荷、扭转载荷以及内压等复合载荷下的疲劳寿命研究，并开发连续管疲劳寿命预测软件，对连续管在实际工程中的使用和安全评估具有重要的意义。

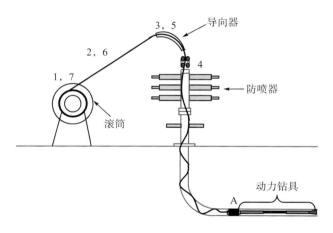

图 7.1 连续管低周弯直疲劳及扭转疲劳过程

7.1 纯低周弯直疲劳

7.1.1 低周弯直疲劳理论模型

根据梁弯曲原理可得，连续管发生弯曲时，其弯曲变形如图 7.2 所示。
由连续管的弯曲变形示意图可得，连续管的应变可表示为

$$\varepsilon = \frac{\Delta(\mathrm{d}x)}{\mathrm{d}x} = \frac{\overline{A_0 A_1} - \overline{B_0 B_1}}{\overline{B_0 B_1}} = \frac{(R' + Z)\mathrm{d}\theta - R'\mathrm{d}\theta}{R'\mathrm{d}\theta} = \frac{R}{R'} = \frac{D}{2R'} \tag{7.1}$$

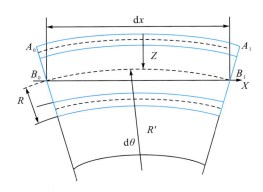

图 7.2　连续管弯曲变形图

连续管在弯曲变形载荷下发生弯曲时产生的总应变为弹性应变与塑性应变之和：

$$\varepsilon = \varepsilon_e + \varepsilon_p = \frac{D}{2R'} \tag{7.2}$$

因此，连续管在弯曲变形载荷作用下发生弯曲时的塑性应变可表示为

$$\varepsilon_p = \varepsilon - \varepsilon_e = \frac{D}{2R'} - \frac{\sigma_s}{E} \tag{7.3}$$

$$\varepsilon_e = \frac{\sigma_s}{E} \tag{7.4}$$

式中，ε 为连续管发生弯曲时的总应变；ε_e 为弯曲弹性应变；ε_p 为弯曲塑性应变；σ_s 为连续管的屈服应力，MPa；E 为连续管的弹性模量，MPa；D 为连续管外径，mm；R' 为弯曲半径，mm，与弯曲半径 R_b、滚筒半径 R_g 以及连续管导向器半径 R_d 有关。

根据曲率公式 $\dfrac{1}{R_b} = \dfrac{M}{EI}$ 可得，连续管在弯曲变形载荷下的弯曲半径为

$$R_b = \frac{EI}{M} \tag{7.5}$$

当 $R_b \geqslant R_g \geqslant R_d$ 时，$R' = R_d$；当 $R_b \geqslant R_d \geqslant R_g$ 时，$R' = R_g$；当 $R_d \geqslant R_g \geqslant R_b$ 时，$R' = R_b$。

连续管在内压 p 的作用下，其简化的径向应力 σ_r、环向应力 σ_h 的力学关系由拉梅公式，可得

$$\sigma_r = -\frac{\dfrac{R^2}{\left(R - \dfrac{\delta}{2}\right)^2} - 1}{\dfrac{R^2}{r^2} - 1} p \tag{7.6}$$

$$\sigma_h = \frac{\dfrac{R^2}{\left(R - \dfrac{\delta}{2}\right)^2} + 1}{\dfrac{R^2}{r^2} - 1} p \tag{7.7}$$

式中，R 为连续管外半径，mm；r 为连续管内半径，mm；δ 为连续管壁厚，mm。

因此，可得在内压作用下轴向力与轴向应力之间的关系为

$$F_{xp} = p \frac{(D - 2\delta)^2 \pi}{4} = \pi(D - 2\delta)\delta\sigma_{ap} \tag{7.8}$$

$$\sigma_{ap} = \frac{p(D - 2\delta)}{4\delta} \tag{7.9}$$

在弯曲变形载荷和内压的耦合作用下，由于内压的影响，连续管的低周疲劳寿命的计算不再仅限于连续管在单一弯曲变形载荷下产生的塑性应变，还需要计算出连续管在弯曲变形载荷和内压载荷耦合协作下的等效塑性应变。

根据经典塑性应变计算理论公式可得，当连续管在单一弯曲变形载荷作用下产生塑性应变时，其产生的应力可表示为

$$\varepsilon_p = \left(\frac{\sigma_b}{K'}\right)^{\frac{1}{n'}} \tag{7.10}$$

$$\sigma_b = K'\left(\varepsilon_p\right)^{n'} \tag{7.11}$$

式中，σ_b 为单一弯曲变形载荷产生塑性应变时的等效应力，MPa；n' 为循环应变硬化指数；K' 为循环应变硬化系数，MPa。

当内压和弯曲变形载荷耦合时，其等效应力可表示为

$$2\sigma_e^2 = \left(\sigma_a - \sigma_h\right)^2 + \left(\sigma_h - \sigma_r\right)^2 + \left(\sigma_r - \sigma_a\right)^2 \tag{7.12}$$

$$\sigma_a = \sigma_b + \sigma_{ap} \tag{7.13}$$

同理，根据经典塑性应力计算公式，可以得出连续管在等效应力下的塑性应变 $\varepsilon_{p'}$ 为

$$\varepsilon_{p'} = \left(\frac{\sigma_e}{K'}\right)^{\frac{1}{n'}} \tag{7.14}$$

然而，连续管在弯曲变形载荷和内压的耦合作用下，其寿命属于多轴低周疲劳失效，并且在等效应力作用下，得到的塑性应变 $\varepsilon_{p'}$ 主要和轴向应力分量相关。但是连续管在内压作用下，其径向应力分量与环向应力分量并未使连续管达到屈服，并且在计算等效应力时，径向应力分量与环向应力分量也被计算在内，所以可以得出此时的环向塑性应变和径向塑性应变为 0。根据等效应变或 Prantl 理论可知，连续管在耦合载荷作用下的等效塑性应变如公式(7.15)所示。

$$\varepsilon_{pe} = \frac{\sqrt{2}}{3}\sqrt{\left(\varepsilon_{p'} - \varepsilon_{hp}\right)^2 + \left(\varepsilon_{hp} - \varepsilon_{rp}\right)^2 + \left(\varepsilon_{rp} - \varepsilon_{p'}\right)^2} = \frac{2}{3}\varepsilon_{p'} \tag{7.15}$$

因此，连续管在外部载荷耦合协作下，其低周疲劳寿命可由式(7.16)表示：

$$\varepsilon_{pe} = C \cdot N^{-\alpha} \tag{7.16}$$

根据文献[2, 3]可得连续管的材料参数如表 7.1 所示。

表 7.1　连续管材料参数

材料类型	α	C	K'	n'
QT-800	0.3348	0.1052	785	0.1

7.1.2　低周弯直疲劳数值模拟

1. 文献结果对模型验证

　　为了验证连续管低周疲劳寿命数学模型和有限元模型的正确性，以文献[4]中的实验结果，验证了弯曲半径为 1219mm、直径为 38.1mm、壁厚为 3.18mm、材料为 QT-800 的连续管在不同内压下的有限元寿命值和理论寿命值，如表 7.2 所示。表 7.2 给出了在不同内压下，连续管疲劳寿命的有限元值 N_1、理论值 N_2 以及实验值 N_3 的对比分析。其中误差 1 是有限元值与实验值之间的误差，误差 2 是理论值与实验值之间的误差。

　　由表 7.2 计算结果可知，最大误差为 −19.1%，是连续管的理论值与实验值的误差，这个误差在工程上是允许的。由此可以验证连续管低周疲劳寿命数学模型和有限元模型的正确性，为今后连续管低周疲劳寿命的理论计算提供了理论依据。

表 7.2　疲劳寿命结果对比

内压/MPa	有限元值 N_1/次	理论值 N_2/次	实验值 N_3/次	误差 1/%	误差 2/%
0	531	515	547	2.9	5.9
34.5	203	250	210	3.3	−19.1

　　如图 7.3 所示为连续管应力与疲劳寿命云图，由图 7.3(a) 可知，连续管在弯曲变形载荷作用下被拉弯，其外壁首先出现屈服达到最大应力值；由图 7.3(b) 疲劳寿命云图也可以看出，蓝色部分为连续管最危险部分，也是从外壁开始，并且该云图表示出现最差疲劳寿命点。从图 7.3(b) 可以看出，疲劳寿命云图完整地定义了连续管在外部载荷的作用下其疲劳寿命的分布情况以及出现最危险的疲劳寿命点。连续管在内压作用下，并未使连续管内壁达到屈服，在持续的弯-直过程中，相对于无内压状态，内压的作用会加速连续管的破坏，使其服役寿命相对于无内压时减少。

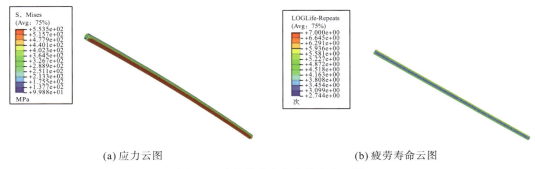

(a) 应力云图　　　　　　　　　　　　　　(b) 疲劳寿命云图

图 7.3　连续管应力和疲劳寿命云图

2. 实验结果对模型验证

　　为了对有限元分析结果进行定性的验证，开展了内压影响下的完整连续管的疲劳寿命研究。连续管外径为 60.325mm，长度约为 1400mm。如图 7.4 所示，挠曲模半径为 1219mm，实验试样一端密封，另一端与增压设备连接。两端密封的连续管试样被安装在疲劳实验机上。实验过程如下：增压器向连续管里面注水，当连续管里注满水后，泄压阀被打开，随后增压器开始对试样打压直到压力达到预定值。打压后液压缸驱动连续管可动端在挠曲模和直模间做往复运动直到连续管试样疲劳失效，LCD 显示器自动记录和显示连续管弯曲循环次数。

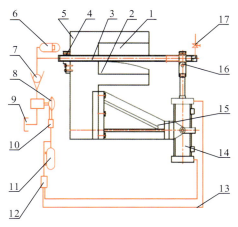

1-直模；2-挠曲模；3-连续管试样；4-固定装置；5-底座；6-蓄能器；7-止回阀；8-增压器；9-液池；10-气阀；11-微型空压机；
12-阀；13-连接管；14-气缸；15-支架；16-活动连接器；17-泄压阀

图 7.4 连续管疲劳测试装置示意图

连续管内压在 0～50MPa 时，分别测试了连续管试样的疲劳寿命。实验结果如图 7.5 所示，实验结果与数值计算结果趋势是相吻合的，实验结果证实了有限元计算结果是可行的。结果对比得出，最小误差为 7%，最大误差为 25%，此误差在工程中是可以被接受的。

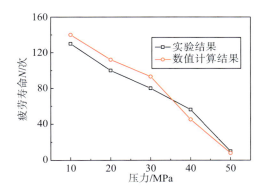

图 7.5 实验结果与数值计算结果对比

3. 内压对连续管弯直疲劳寿命的影响

内压作为影响连续管疲劳寿命的主控载荷，研究内压对连续管疲劳寿命的影响，对于连续管在现场操作中的压力控制有一定的指导意义。因此，为了全面研究内压对连续管疲劳寿命的影响，分别针对三种不同尺寸的连续管展开寿命变化研究。三种连续管分别为31.75mm、44.45mm、60.325mm，其弯曲半径为1219mm。如图7.6所示，给出了三种不同尺寸连续管在不同内压下的寿命变化情况。

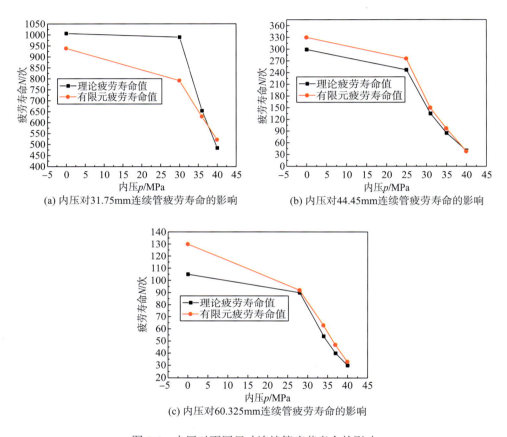

(a) 内压对31.75mm连续管疲劳寿命的影响   (b) 内压对44.45mm连续管疲劳寿命的影响

(c) 内压对60.325mm连续管疲劳寿命的影响

图 7.6   内压对不同尺寸连续管疲劳寿命的影响

由图 7.6 可知，三种不同尺寸连续管随着内压的增大，其疲劳寿命值减小，而且理论值与有限元值的误差均在工程允许的范围内，从侧面反映出理论模型与有限元模型的正确性。并且由三种不同尺寸连续管在内压下的疲劳寿命变化可知，随着连续管的尺寸增大，在同一弯曲半径下，其疲劳寿命减小。由图 7.6(a) 可知，31.75mm 连续管的理论疲劳寿命值与有限元疲劳寿命值在 0～40MPa 的内压范围内，其变化范围为 450～1000 次；由图 7.6(b) 可得，在 0～40MPa 的内压范围内，44.45mm 连续管的理论疲劳寿命值与有限元疲劳寿命值的变化范围为 40～350 次；由图 7.6(c) 可知，与 44.45mm 连续管在同一内压范围内，60.325mm 连续管的理论疲劳寿命值与有限元疲劳寿命值的变化范围为 30～130 次。

　　特别指出，当三种连续管的内压值为 40MPa，弯曲半径为 1219mm 时，三种尺寸连续管疲劳寿命变化如图 7.7 所示。图 7.7 给出了三种不同型号连续管在相同内压和弯曲半径下，其疲劳寿命值变化情况。从图中可以看出，无论是理论计算得到的寿命还是有限元计算得到的寿命，其值均随着连续管直径的增大而减小。这是因为当弯曲半径一定时，连续管的直径越大，弯曲过程中发生的塑性变形也越大，从而导致疲劳寿命降低。

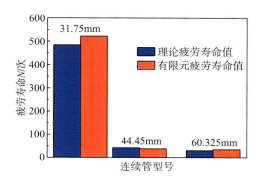

图 7.7　不同型号连续管疲劳寿命对比

4. 弯曲半径对连续管弯直疲劳寿命的影响

　　连续管在运输过程中，由于缠绕在滚筒架上，其弯曲半径随着缠绕圈数的增加而增大，其弯曲应变也随之变化；同时开采环境不同，选择连续管的型号以及导向器也不尽相同，这也使连续管的弯曲应变发生相应的变化。然而，连续管在弯曲过程中，不仅包括弹性应变，还包括塑性应变，并且塑性应变直接影响连续管的疲劳寿命。因此，有必要展开研究不同弯曲半径对连续管疲劳寿命的影响。为了全面研究不同型号连续管在不同弯曲半径下，其疲劳寿命值的变化情况，图 7.8 给出了三种不同尺寸连续管在内压 40MPa 下，随着弯曲半径变化其疲劳寿命的变化情况。

　　如图 7.8 所示，三种不同型号连续管在恒定的内压下，随着弯曲半径的增大，其疲劳寿命增加，并且理论疲劳寿命值与有限元疲劳寿命值的误差均在 20%以内，满足工程上的需求。由此可以得出，随着弯曲半径的增大，连续管产生的塑性应变减小，这样在持续的拉弯-拉直过程中，塑性积累也随之减少，使拉弯-拉直循环次数增加，即连续管的疲劳寿命增加。通过对三种连续管在不同弯曲半径下疲劳寿命的对比可以得出，当三种连续管在恒定的内压下达到相同的疲劳寿命时，尺寸小的连续管的弯曲半径最小。这说明，连续管的弯曲半径对大尺寸连续管疲劳寿命的影响极大，即大尺寸连续管需要大的弯曲半径来减小其弯曲时产生的塑性应变。由于连续管的尺寸不同，在不同弯曲半径下，其疲劳寿命值的变化范围也是不一样的。由图 7.8(a)可知，31.75mm 连续管在1112～1500mm 的弯曲半径范围内，其理论疲劳寿命值与有限元疲劳寿命值变化范围为357～1053 次；根据图 7.8(b)可得，44.45mm 连续管的弯曲半径变化范围为 1219～3000mm，其理论疲劳寿命值与有限元疲劳寿命值变化范围为 40～964 次；图 7.8(c)给出了 60.325mm 连续管弯曲半径从 1219mm 变化到 3133mm 时，其理论疲劳寿命值与有限元疲劳寿命值变化范围为 31～594 次。受连续管尺寸的影响，在同一弯曲半径下，尺寸小的连续管的疲劳寿命值大，而尺寸大的连续管的疲劳寿命值反而小，尺寸大的连续管甚至可能直接失效。因此，为了使得到的疲劳寿命值更具有说服力，选择不同的弯曲半径来研究弯曲半径对连续管疲劳寿命的影响。所以，建议在连续管运输过程中选择直径较大的滚筒。

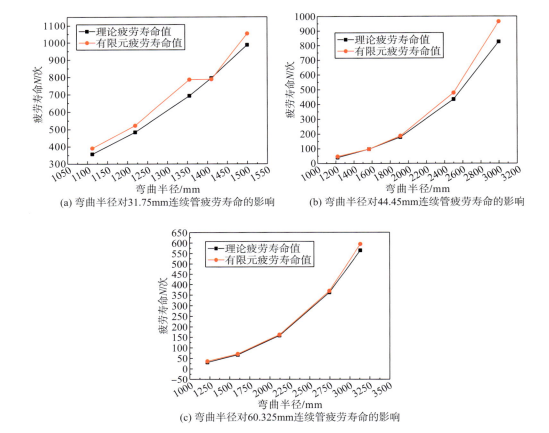

图 7.8　弯曲半径对不同尺寸连续管疲劳寿命的影响

5. 壁厚对连续管弯直疲劳寿命的影响

由于生产制造工艺存在一定差异以及现场使用的要求不一致，连续管在同一直径下，存在不同壁厚的差异；并且在运输与使用过程中由于摩擦的作用，连续管的壁厚会发生变化。因此，研究不同壁厚对连续管疲劳寿命的影响，对连续管的现场操作有指导意义。为研究壁厚对连续管疲劳寿命的影响，选取 31.75mm、44.45mm、60.325mm 三种不同尺寸的连续管作为研究对象。如图 7.9 所示，给出了连续管在恒定的内压和弯曲半径下，随着壁厚的变化，连续管疲劳寿命的变化情况。

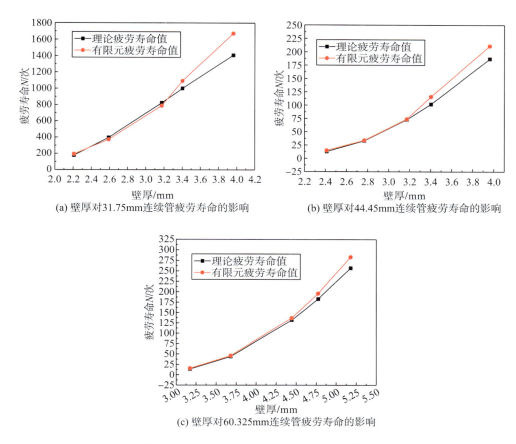

(a) 壁厚对31.75mm连续管疲劳寿命的影响　　　(b) 壁厚对44.45mm连续管疲劳寿命的影响

(c) 壁厚对60.325mm连续管疲劳寿命的影响

图 7.9　壁厚对不同尺寸连续管疲劳寿命的影响

　　如图 7.9 所示为壁厚对连续管疲劳寿命的影响，对比分析可知，随着壁厚的增加，连续管的疲劳寿命也随之增加，并且理论疲劳寿命值与有限元疲劳寿命值的误差均在工程许可范围内，低于 20%。三种连续管在直径和内压相同的情况下，由壁厚的变化情况可以看出，壁厚对连续管的疲劳寿命有较大的影响。由此可以建议，在工程上使用壁厚较大的连续管。倘若连续管在使用过程中，由于拖拉过程的摩擦造成壁厚减薄，也会使连续管的疲劳寿命降低。图 7.9(a) 给出了 31.75mm 连续管在壁厚变化情况下，其疲劳寿命的变化。从图中可以看出，当内压为 40MPa，弯曲半径为 1425mm 时，31.75mm 连续管在壁厚为 2.2098mm 时，其疲劳寿命值最小；在壁厚为 3.9624mm 时，其疲劳寿命值最大。根据图 7.9(b) 可知，当内压为 40MPa，弯曲半径为 1425mm 时，44.45mm 连续管在壁厚为 2.413mm 时，其疲劳寿命值最小；在壁厚为 3.9624mm 时，其疲劳寿命值最大。由图 7.9(c) 的计算结果可知，当内压为 40MPa，弯曲半径为 2225mm 时，60.325mm 连续管在壁厚为 3.175mm 时，其疲劳寿命值最小；在壁厚为 5.1816mm 时，其疲劳寿命值最大。

7.1.3　软件编制

1. 软件运行环境及架构

疲劳寿命预测软件基于成熟的跨平台图形应用程序开发框架 Qt，采用 C++语言对同一接口进行调用。Qt 平台使用 QtSql 模块实现了对各大数据库的完美支持，并结合 QSqlTableModel 和 QTableView，简化了数据库的插入、删除等过程。在对连续管疲劳寿命进行曲线图形分析时，Qt 为开源图表库 QWT 提供了强大的支持。

本软件选择使用 Qt 和 SQLITE 数据库开发[4,5]，运用 Qt 第三方控件实现疲劳寿命曲线的输出，直观表示出连续管不同外径、壁厚、滚筒半径、导向器半径下疲劳寿命的分布曲线。系统计算流程如图 7.10 所示，该软件分为计算模块、数据查看模块和数据结合图形分析模块这 3 大模块，分别用于实现相应的功能。

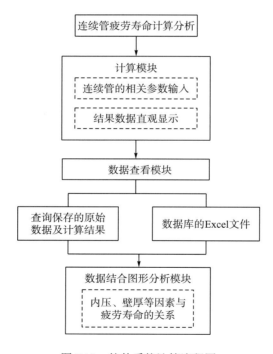

图 7.10　软件系统计算流程图

计算模块的界面主要是参数的输入及利用 Table Widget 组件显示所得的数据，如图 7.11 所示，输入的参数主要为连续管的钢级、壁厚、外径、滚筒半径、导向器半径以及内压等。当点击"计算"按钮后，便能将计算所得的径向等效应力、环向等效应力、疲劳循环次数显示在 Table Widget 组件的表格中。该计算模块的数据可通过使用 QAxObject 类实例化指针对象控制 com 对象，将计算所得的数据导出成 Excel 文件。

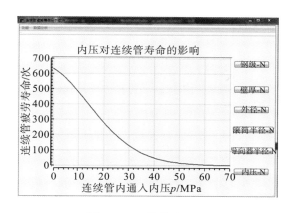

图 7.11　计算模块界面

2. 软件可行性验证

为了验证该软件计算数据的准确性和理论模型的准确性，以文献[6]中的实验结果，验证弯曲半径为 1219mm、直径为 38.1mm、壁厚为 3.18mm、材料为 QT-800 的连续管在不同外径下的软件计算值。在不同外径下，连续管疲劳寿命的理论值与实验值的对比如表 7.3 所示。从表中可以看出，软件计算值与实验值最大误差为 16.42%，在工程允许误差范围之内。该对比数据证明了以塑性应变为研究基础的连续管低周疲劳寿命数学模型的正确性，说明以该理论为基础而开发的软件能有效地为今后连续管寿命预测提供理论依据。

表 7.3　疲劳寿命结果对比

外径/mm	理论值 N_1/次	实验值 N_2/次	误差/%
31.8	723	621	16.42
38.1	250	244	2.45

在利用实验结果进行验证的基础上，利用数值模拟结果对其可行性进一步验证。现场多使用外径为 ϕ 50.8mm、壁厚为 4.4mm 的连续管。通过 CAE 软件对在内压和循环弯曲载荷作用下的连续管进行疲劳寿命分析，并利用本章开发的软件进行同样的分析计算，得到疲劳寿命计算值。有限元模拟和软件计算所得疲劳寿命曲线对比如图 7.12 所示。有限元结果相对于软件计算值的最大误差为 14%，由于疲劳分析分散性大，在内压较低和较高时存在误差，但在允许范围内。由图 7.12 可看出疲劳寿命随着内压的增大而减小。

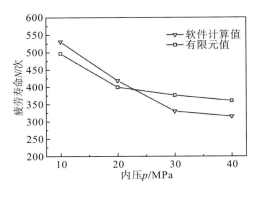

图 7.12　疲劳寿命曲线

3. 应用案例分析

本节利用所开发的软件，结合连续管的实际工作情况，研究了内压、弯曲半径、壁厚、连续管外径、连续管屈服强度对连续管低周疲劳寿命的影响，结果如图 7.13 所示。

选取钢级为 QT-800 的连续管，其直径为 ϕ31.75mm，壁厚为 4mm，屈服强度为 552MPa。研究内压对连续管疲劳寿命的影响，结果如图 7.13 (a) 所示。从图中可以看出，随着连续管内压的增加，其疲劳寿命急剧下降，当内压为 60～70MPa 时，连续管基本没有了承载能力，疲劳寿命趋于 0 次。等效塑性应变随着内压的增加而增加，内压由 0MPa 增加到 70MPa，塑性应变增长了约 67%。由此得出，内压对连续管疲劳寿命的影响十分显著，因此实际使用过程中应尽量减少连续管带压弯直循环。

图 7.13 (b) 所示为其他条件不变，内压为 34.5MPa 情况下，不同弯曲半径对连续管疲劳寿命的影响。从图中可以看出，当连续管弯曲半径为 1050～1220mm 时，随着滚筒半径的增大，其疲劳寿命增大。分析可知，随着连续管弯曲半径的增加，连续管产生的塑性变形减小，这使得连续管的疲劳寿命增加。所以，在条件允许的情况下应尽量选择外径较大的滚筒，以提高连续管的使用寿命。

图 7.13 (c) 所示为其他参数与前文相同的情况下，壁厚对连续管疲劳寿命的影响。由图 7.13 (c) 可知，随着连续管壁厚的增加，连续管的疲劳寿命增加，且其增加的趋势近似为直线，应变降低了约 52%，总体看出壁厚对连续管疲劳寿命的影响较大。因此建议，在条件允许的情况下，工程上尽量选用壁厚较大的连续管。

图 7.13 (d) 所示为连续管外径对其疲劳寿命的影响。从图中可见，连续管外径尺寸越大，疲劳寿命越小；外径尺寸越小，疲劳寿命越大。因此，在当前连续管大管径的发展趋势下，应尽量增加连续管的壁厚。

图 7.13 (e) 所示为连续管屈服强度与其疲劳寿命的关系曲线。从图中可以看出，随着屈服强度的增加，疲劳寿命增加较快。所以高强度连续管凭借其强度高、抗压高、疲劳寿命高等优势，在非常规油气田开发中得到广泛应用。

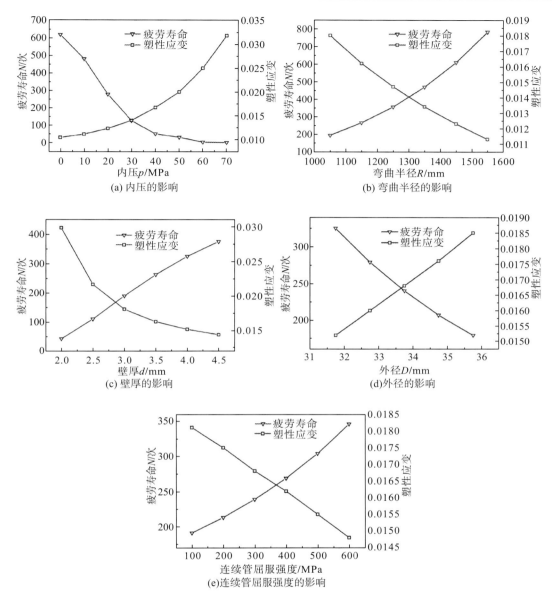

图 7.13　各因素对连续管疲劳寿命的影响

7.2　扭　转　疲　劳

在进行井下钻磨桥塞作业时，连续管承受动力钻具反扭矩和内压载荷。在内压和扭矩等多种载荷的叠加作用下，连续管易产生疲劳失效，使用寿命大大降低[7]。因此，对连续管在扭矩和内压载荷等条件下进行疲劳寿命分析、研究其疲劳寿命的影响因素，并对其寿命进行预测十分必要。

7.2.1 反扭矩对疲劳寿命影响的数值模型建立

图 7.14 为连续管钻磨桥塞示意图，在工作过程中，连续管会受到马达传递的反扭矩作用，同时管内承受高压钻井液的内压载荷，在内压和扭矩复合载荷作用下，连续管会因发生扭转变形而产生疲劳失效，甚至扭断。

由于实验难以满足实际受力情况，与理论计算结果误差较大，难以准确预测连续管的疲劳寿命，因此采用有限元方法来模拟实际工况。将实际模型简化为一小段连续管，以 CT80 钢级连续管为研究对象，外径为 44.45mm，管长为 1200mm，壁厚为 3.175mm，其他参数如表 7.4 所示，建立其在内压和扭矩作用下的疲劳寿命模型。

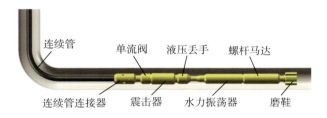

图 7.14 连续管钻磨桥塞示意图

表 7.4 CT80 材料参数

参数	弹性模量 E/MPa	泊松比 μ	屈服应力/MPa	循环应变硬化系数 K'/MPa	循环应变硬化指数 n'
值	210000	0.3	552	785	0.1

图 7.15 所示为连续管受力模型，利用 ABAQUS 进行建模，网格类型采用 C3D8R，网格总数为 18000。载荷边界条件为：左端采用固定约束，右端施加扭矩，内管壁施加恒定内压。

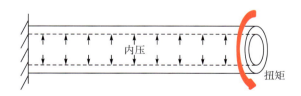

图 7.15 连续管受力模型

采用 FE-SAFE 软件计算连续管的疲劳寿命，该软件利用应变-疲劳特性曲线计算结构的疲劳寿命，在没有材料的 ε-N 曲线情况下，可采用四点关联法估算软件算法模型中的未知量，由文献[8]和文献[9]可知：

$$b = -0.83 - 0.166 \lg \frac{\sigma_{\mathrm{f}}}{\sigma_{\mathrm{b}}} \tag{7.17}$$

$$c = -0.52 - 0.25 \lg \varepsilon_{\mathrm{f}} + \left[\frac{1}{3} - 27.3 \frac{\sigma_{\mathrm{b}}}{E} \left(\frac{\sigma_{\mathrm{f}}}{\sigma_{\mathrm{b}}} \right)^{0.179} \right] \tag{7.18}$$

$$\sigma_{\mathrm{f}}' = \frac{9}{4} \left(\frac{\sigma_{\mathrm{f}}}{\sigma_{\mathrm{b}}} \right)^{0.9} \sigma_{\mathrm{b}} \tag{7.19}$$

$$\varepsilon_{\mathrm{f}}' = 0.413 \varepsilon_{\mathrm{f}} \left[1 - 82 \frac{\sigma_{\mathrm{b}}}{E} \left(\frac{\sigma_{\mathrm{f}}}{\sigma_{\mathrm{b}}} \right)^{0.179} \right]^{-\frac{1}{3}} \tag{7.20}$$

式中，b 为疲劳强度指数；c 为疲劳延性指数；σ_{f} 为真实断裂强度，MPa；σ_{b} 为极限强度，MPa；ε_{f} 为真实断裂延性；σ_{f}' 为疲劳强度系数；$\varepsilon_{\mathrm{f}}'$ 为疲劳延性系数。

由文献[10]查得 CT80 的参数，σ_{b} =621MPa，σ_{f} =758MPa，ε_{f} =0.26。将其代入式(7.17)～式(7.20)，求得 $b = -0.1$，$c = -0.6$，σ_{f}' =1087，$\varepsilon_{\mathrm{f}}'$ =0.22。

在 FE-SAFE 疲劳软件中导入有限元计算的 ODB 文件，定义材料、表面粗糙度、载荷，设置上述相关参数，选用修正的布朗-米勒(Brown-Miller)算法模型。图 7.16(a)为扭矩为 2000N·m、内压为 0MPa 时的疲劳寿命云图，该图为以 10 为底的对数寿命，由图可知，图中管段中部寿命最低，寿命仅为 $1 \times 10^{0.591} \approx 4$ 次；图 7.16(b)为扭矩为 2000N·m、内压为 65MPa 时的疲劳寿命云图，寿命为 $1 \times 10^{3.889} \approx 7745$ 次，失效部位在固定端一侧。

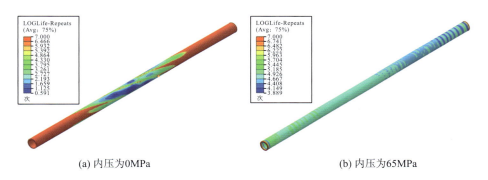

(a) 内压为0MPa　　　　　　　　　　　(b) 内压为65MPa

图 7.16　不同内压下连续管疲劳寿命云图

7.2.2　反扭矩对疲劳寿命影响的因素分析

1. 钢级对连续管扭转疲劳寿命的影响

保持外径为 ϕ44.45mm、壁厚为 3.175mm 不变，分别计算 CT80、CT90 和 CT110 这 3 种钢级连续管在扭矩值为 2000N·m、内压为 65～75MPa(低内压寿命高，不加以计算)条件下的疲劳寿命，CT90 和 CT110 钢级连续管的材料参数可由文献[11]和文献[12]得到。图 7.17 为不同钢级连续管的疲劳寿命，由图可知，随内压的增大，3 种钢级连续管的疲劳寿命均减小，在内压和扭矩值相同的条件下，钢级越高，连续管疲劳寿命越大。当内压超过 70MPa 时，CT80 和 CT90 钢级连续管的疲劳寿命相差不大。由此得出，内压对 3 种钢级连续管的疲劳寿命影响都比较大，但当达到 70MPa 时，低钢级的 CT80 和 CT90 连续管已经处于屈服状态，所以疲劳寿命相差不大。

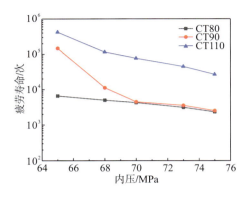

图 7.17　不同钢级连续管的疲劳寿命

2. 外径对连续管扭转疲劳寿命的影响

保持壁厚为 3.175mm 不变，分别计算外径为 ϕ44.45mm、ϕ50.80mm 和 ϕ60.33mm 的 CT80 连续管在扭矩值为 2000N·m、内压范围为 65～75MPa 条件下的疲劳寿命。图 7.18 为不同外径连续管的疲劳寿命，由图可知，随着连续管外径的增大，其疲劳寿命降低，外径由 ϕ44.45mm 增至 ϕ50.80mm，连续管的疲劳寿命下降为原有的 1/50。连续管直径越大，管壁处的受力和变形越大，因此直径增大，连续管扭转疲劳寿命降低。

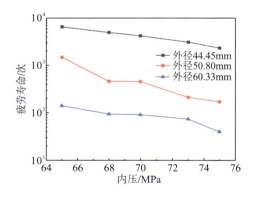

图 7.18　不同外径下连续管的疲劳寿命

3. 壁厚对连续管扭转疲劳寿命的影响

根据文献[13]，分别建立外径为 ϕ44.45mm，壁厚为 3.175mm、3.400mm 和 3.962mm 的连续管疲劳寿命模型，分析在扭矩为 2000N·m、内压为 65～75MPa 条件下连续管的扭转疲劳寿命。图 7.19 所示分别为壁厚 3.400mm 和 3.962mm 连续管在内压为 65MPa 时的疲劳寿命云图。壁厚为 3.400mm 的连续管寿命为 135207 次，寿命最低处位于固定端一侧；壁厚为 3.962mm 的连续管寿命为 2037042 次。

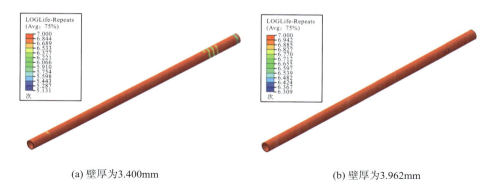

(a) 壁厚为3.400mm　　　　　　　　　　(b) 壁厚为3.962mm

图 7.19　不同壁厚下连续管疲劳寿命云图

图 7.20 为不同壁厚下连续管的疲劳寿命，由图可知 3 种壁厚的连续管随内压增大，其疲劳寿命的下降趋势较为接近。连续管壁厚由 3.175mm 增至 3.400mm 时，疲劳寿命增加约 2 倍；壁厚由 3.400mm 增至 3.962mm 时，其疲劳寿命增加约 125 倍，可知壁厚对连续管的疲劳寿命影响较大，连续管壁厚越大，疲劳寿命越长。

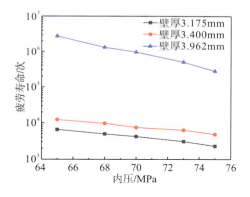

图 7.20　不同壁厚下连续管的疲劳寿命

4. 旋转转速对连续管扭转疲劳寿命的影响

保持 CT80 钢级连续管外径为 ϕ44.45mm、壁厚为 3.175mm 不变，在扭矩为 1800N·m、内压为 60MPa 条件下计算螺杆马达转速为 230～360r/min 时连续管的疲劳寿命[14]，如图 7.21 所示，可得，转速由 230r/min 上升到 360r/min，连续管的疲劳寿命由 10788 次上升到 12437 次，上升幅度为 15.29%，但其使用时长由 0.782h 下降至 0.576h，下降幅度为 26.34%。出现这一现象的原因是：随转速增大，连续管局部塑性变形增大，所以扭转次数增加，但是塑性变形的增大使得连续管强度降低，导致其服役时间缩短。

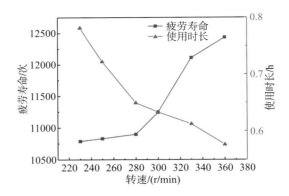

图 7.21   不同转速下连续管的疲劳寿命

5. 内压扭矩复合载荷对连续管扭转疲劳寿命的影响

根据螺杆钻具扭矩以及 CT80 连续管的屈服扭矩和屈服内压，计算扭矩为 1000～2000N·m、内压为 0～70MPa 时连续管的疲劳寿命[15,16]，计算结果如表 7.5 所示。由表 7.5 可得，当内压为 0MPa 时，疲劳寿命下降的临界扭矩区间为 1800～2000N·m，计算结果小于文献[13]所给的屈服扭矩 2528N·m，证明该疲劳模型相对准确；在内压为 0～45MPa、扭矩值低于连续管的临界扭矩条件下，连续管的寿命超过 10^7 次；达到临界扭矩时，在 10～45MPa 内压范围内，连续管的寿命也可达到 10^7 次；当内压超过 45MPa 时，随内压的增加，连续管的寿命大幅下降。

表 7.5   不同内压扭矩耦合载荷下的连续管疲劳寿命（次）

扭矩/(N·m)	内压/MPa						
	0	10～45	50	55	60	65	70
1000	$>10^7$	$>10^7$	8×10^6	936444	125921	18474	5434
1200	$>10^7$	$>10^7$	7.8×10^6	931026	118009	11437	5375
1400	$>10^7$	$>10^7$	7.9×10^6	968606	63950	7740	5205
1600	$>10^7$	$>10^7$	8.3×10^6	941296	18379	7663	5012
1800	$\geqslant10^7$	$>10^7$	7.9×10^6	943172	12329	7028	4813
2000	4	$\geqslant10^7$	5.1×10^6	150945	10206	6552	4219

图 7.22 为 CT80 钢级、外径 ϕ 44.45mm 连续管内压、扭矩和疲劳寿命的拟合关系，由图可知，在恒定内压条件下，随着扭矩增大，疲劳寿命减小，但减小幅度较小；在恒定扭矩条件下，随着内压增大，疲劳寿命减小，且在 50～60MPa 内压范围内变化幅度很大，在 60～70MPa 内压范围内变化幅度较小，主要原因是在扭矩和内压复合作用时，内压为 60MPa 时连续管趋于屈服状态。式(7.21)为拟合公式：

$$\ln N = a + mT\ln T + nT^{1.5} + dT^2 + eT^{2.5} + fT^3 + gP^2 \qquad (7.21)$$

式中，N 为疲劳寿命，次；T 为扭矩，N·m；P 为内压，MPa；a、m、n、d、e、f 和 g 为参数，$a = 149.439$，$m = -0.4623$，$n = 0.2038$，$d = -0.005248$，$e = 7.16958 \times 10^{-5}$，$f = -3.95 \times 10^{-7}$，$g = -0.00395$，决定系数 $r^2 = 0.99568$。

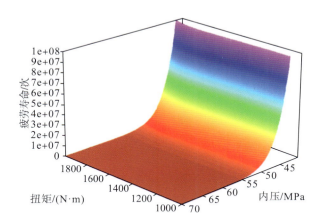

图 7.22　内压、扭矩和疲劳寿命的拟合关系

7.3　弯扭内压组合下疲劳寿命研究

7.3.1　理论模型建立

采用修正的 Brown-Miller 疲劳寿命理论模型[17,18]。设最大剪应变 $\gamma_{\max} = \varepsilon_1 - \varepsilon_3$，最大正应变 $\varepsilon_n = (\varepsilon_1 + \varepsilon_3)/2$，单轴平面应变中，$\varepsilon_2 = -v\varepsilon_1$，$\varepsilon_3 = -v\varepsilon_1$，则

$$\gamma_{\max} = \varepsilon_1 - \varepsilon_3 = (1+v)\varepsilon_1 \tag{7.22}$$

$$\varepsilon_n = \frac{\varepsilon_1 + \varepsilon_3}{2} = \frac{(1-v)\varepsilon_1}{2} \tag{7.23}$$

式中，v 为泊松比；ε_1、ε_2 和 ε_3 分别为第 1、第 2 和第 3 主应变。

Brown-Miller 应变-寿命方程为

$$\frac{\gamma_{\max}}{2} + \frac{\varepsilon_n}{2} = 1.65\frac{\sigma_f'}{E}(2N_f)^b + 1.75\varepsilon_f'(2N_f)^c \tag{7.24}$$

考虑平均应力的影响，利用 Morrow 平均应力准则进行修正，修正后应变-寿命公式为

$$\frac{\gamma_{\max}}{2} + \frac{\varepsilon_n}{2} = 1.65\frac{(\sigma_f' - \sigma_m)}{E}(2N_f)^b + 1.75\varepsilon_f'(2N_f)^c \tag{7.25}$$

式中，$\gamma_{\max}$ 和 ε_n 为最大剪应变和正应变；σ_f' 为疲劳强度系数；ε_f' 为疲劳延性系数；b 为疲劳强度指数；c 为疲劳延性指数；σ_m 为平均应力；E 为弹性模量。

基于上述疲劳分析理论，本节采用 FE-SAFE 疲劳分析软件对耦合载荷下连续管疲劳寿命进行研究，疲劳寿命计算流程如图 7.23 所示。

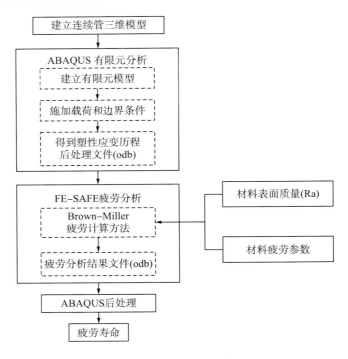

图 7.23　疲劳寿命计算流程

7.3.2　有限元数值模拟

以外径为 60.325mm 的连续管为研究对象，连续管长度为 1200mm，壁厚为 4.775mm，建立带压作业时连续管的循环弯曲和扭转三维有限元模型，研究弯曲载荷、内压载荷和扭矩载荷耦合作用对其疲劳寿命的影响。连续管的材料属性和参数如表 7.6 所示[2,3]。

表 7.6　连续管材料属性和参数

材料	外径/mm	壁厚/mm	弹性模量/MPa	泊松比
QT-800	60.325	4.775	210000	0.3

屈服应力/MPa	循环应变硬化系数/MPa	循环应变硬化指数	截面收缩率/%	
552	785	0.1	58.18	

利用 ABAQUS 软件建立连续管低周疲劳有限元模型，如图 7.24 所示，该模型包括挠曲模、矫直模、连续管。连续管一端固定，另一端施加扭矩和弯曲载荷，弯曲通过位移加载实现，连续管在挠曲模和矫直模之间进行弯直循环。挠曲模和矫直模材料为普通结构钢，并将两个模施加固定约束。连续管与两个模板的接触选择实体的面面接触，接触类型为无摩擦接触，求解方程选择纯罚函数法。采用 C3D8R 单元划分网格，网格数目为 186250。

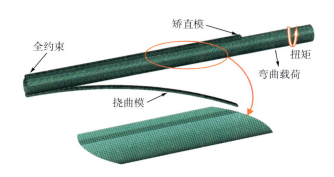

图 7.24　连续管疲劳有限元模型

7.3.3　影响因素分析

1. 有限元模型验证

为了验证连续管低周疲劳寿命有限元模型的正确性，以文献[15]中的实验模型为研究对象，模型参数为：管长为 1200mm，弯曲半径为 2108mm，直径为 60.325mm，壁厚为 4.775mm。以文献[15]中的实验结果验证数值计算结果，如表 7.7 所示为有限元值与实验值对比，由对比结果可知最大误差为 13%，这个误差在工程中是可以被接受的，由此证实该模型是可行的。

表 7.7　有限元值与实验值对比

内压/MPa	实验值 N/次	有限元值 N/次	误差/%
65	50	45	10
65	49	45	8
65	52	45	13

2. 扭矩、弯曲作用下连续管低周疲劳寿命

内压为 30MPa 时，不同弯曲半径下，扭矩对连续管疲劳寿命的影响如图 7.25 所示。在内压和弯扭载荷耦合作用下，连续管疲劳循环次数随着扭矩的增加而减少。扭矩为 0~2000N·m 时，连续管疲劳循环次数受扭矩变化的影响相对较小。扭矩为 2000~5000N·m 时，疲劳循环次数受扭矩的影响相对较大。当滚筒半径为 1219mm，扭矩为 0N·m 时连续管疲劳循环次数约为 100 次，而扭矩为 5000N·m 时连续管疲劳循环次数降为 40 次，疲劳寿命降低了约 60%。从图 7.25 中也可得出弯曲半径越小，扭矩对连续管疲劳寿命的影响越明显。

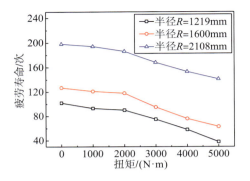

图 7.25　弯扭内压耦合载荷下扭矩对疲劳寿命的影响

3. 内压、扭矩作用下连续管低周疲劳寿命

连续管在钻井或钻磨桥塞时，动力钻具顶部产生的反扭矩易引起连续管疲劳失效，甚至扭断。内压和扭矩耦合作用时，连续管的疲劳寿命如表 7.8 所示。由表 7.8 可知，扭矩在理论安全标准范围内，扭矩对连续管的疲劳寿命影响较小。无内压时，循环次数下降的临界值在 6400～6800N·m；内压为 30～60MPa 时，循环次数下降的临界值在 5800～6000N·m。数值计算结果均小于《连续油管工程技术手册》给出的屈服扭矩(6839N·m)[13]，进一步证实该临界值是相对准确的。内压大于 30MPa 会急剧加速连续管疲劳失效。扭矩超过临界扭矩时，循环次数随着扭矩的小幅增大急剧下降。由此得出，连续管在小于临界扭矩的工况下使用是安全可行的。

表 7.8　内压、扭矩对连续管疲劳寿命的影响

扭矩/(N·m)	疲劳寿命/次		
	内压为 0MPa	内压为 30MPa	内压为 60MPa
1000	$>10^7$	$>10^7$	$>10^7$
4000	$>10^7$	$>10^7$	$>10^7$
5500	$>10^7$	$>10^7$	$>10^7$
5800	$>10^7$	$\geq10^7$	$\geq10^7$
6000	$>10^7$	1331	111
6200	$>10^7$	856	38
6400	$\geq10^7$	623	1
6800	36890	408	—
7300	8650	352	—
7400	2090	280	—
7420	745	234	—
7450	349	196	—
7480	238	145	—
7500	179	122	—
7700	18	—	—

参 考 文 献

[1] Liu S H, Xiao H, Guan F, et al. Coiled tubing failure analysis and ultimate bearing capacity under multi-group load[J]. Engineering Failure Analysis, 2017, 79: 803-811.

[2] Jiang Y, Sehitoglu H. Modeling of cyclic ratchetting plasticity, part II: comparison of model simulations with experiments[J]. Journal of Applied Mechanics, 1996, 63 (3): 726-733.

[3] Christian A. Local strain approach for fatigue life prediction of coiled tubing with surface defects[D]. Tulsa: The University of Tulsa, 2010.

[4] 陆文周. Qt 5 开发及实例[M]. 2 版. 北京: 电子工业出版社, 2015.

[5] 王彦军, 郭鸿宾. 基于 Qt 的井间地震运动学正演软件编制[J]. 计算机与数字工程, 2011, 39 (1): 155-157.

[6] 毕宗岳, 张晓峰, 张万鹏, 等. 连续管疲劳试验机设计与疲劳寿命试验[J]. 理化检验 (物理分册), 2012, 48 (2): 79-82.

[7] 李斌. 连续管失效的机理与原因分析[J]. 石油机械, 2007, 35 (12): 73-76, 78.

[8] 姚卫星. 结构疲劳寿命分析[M]. 北京: 国防工业出版社, 2003.

[9] Bridge C D. Combining elastic and plastic fatigue damage in coiled tubing[J]. Society of Petroleum Engineers, 2012, 27 (4): 493-500.

[10] 王优强, 张嗣伟. 连续管疲劳可靠性分析的新方法[J]. 石油机械, 2000, 28 (1): 5-8.

[11] 刘少胡, 吴远灯, 周浩, 等. 凹坑缺陷参数对连续管疲劳失效的影响研究[J]. 石油机械, 2020, 48 (4): 119-124.

[12] 唐国平. CT90 连续管低周疲劳特性及寿命预测研究[D]. 北京: 中国石油大学, 2017.

[13] 赵章明. 连续管工程技术手册[M]. 北京: 石油工业出版社, 2011.

[14] 逄仁德, 崔莎莎, 韩继勇, 等. 水平井连续管钻磨桥塞工艺研究与应用[J]. 石油钻探技术, 2016, 44 (1): 57-62.

[15] Perozo N, Paz C A, Teodoriu C, et al. A novel testing facility for coiled tubing fatigue evaluation under deep drilling conditions[C]//SPE Western Regional Meeting. May 23-26, 2016. Anchorage, Alaska, USA, 2016.

[16] Hampson R, Jantz E, Seidler T. Predicting coiled tubing life should consider diameter growth in addition to low-cycle fatigue[C]//SPE/ICoTA coiled tubing and well intervention conference and exhibition. March 22-23, 2016. Houston, Texas, USA. SPE, 2016.

[17] 尚德广, 王德俊. 多轴疲劳强度[M]. 北京: 科学出版社, 2007.

[18] 林腾蛟, 沈亮, 赵俊渝. 风电增速箱输出级齿轮副疲劳寿命有限元分析[J]. 重庆大学学报, 2012, 35 (1): 1-6.

第 8 章　含缺陷连续管疲劳寿命评估

由连续管工作过程可知，连续管起下作业过程中弯-直循环是造成连续管低周疲劳失效的主要原因。图 8.1 给出了连续管从在滚筒的盘绕状态到入井作业及回收这一完整过程。1-2-3-4-5-6-7 表示一个完整的作业过程，其中 1～4 表示连续管的下井过程，4～7 表示连续管的起升过程。连续管工作一个行程发生 6 次弯直，不断的弯直造成管体产生塑性变形，最终导致低周疲劳失效[1]。

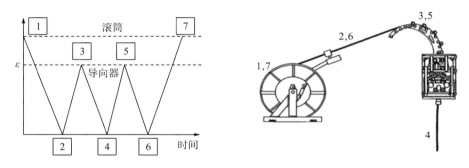

图 8.1　连续管低周弯直循环过程

本章以 CT110 钢级的连续管为研究对象，通过有限元分析和实验研究相结合的方法，对影响连续管疲劳寿命的缺陷参数(缺陷角度、缺陷深度、缺陷长度、缺陷宽度、缺陷轴向分布位置和缺陷环向分布个数)进行对比分析，得出影响连续管疲劳寿命的敏感参数。在弹塑性力学和 Brown-Miller 疲劳寿命理论模型的基础上，建立了含凹槽缺陷、锥形缺陷、球形压痕和球形刮痕缺陷的连续管疲劳寿命理论模型，并依据实验结果对理论模型进行修正，最终得到准确的连续管疲劳寿命预测理论模型。

8.1　含体积缺陷连续管疲劳寿命有限元分析

8.1.1　含体积缺陷连续管疲劳寿命有限元模型建立

1. 有限元模型建立

根据连续管在起下作业过程中的弯-直交替变形过程，在 ABAQUS 中建立了如图 8.2 所示的连续管低周疲劳有限元模型。该模型由矫直模、挠曲模、加载环和连续管四部分组成。连续管直径为 50.8mm，壁厚为 4.4mm，长度为 1200mm，钢级为 CT110。表 8.1 为 CT110 连续管的材料属性。

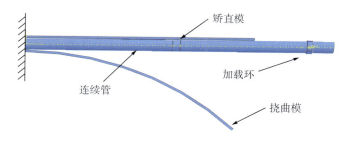

图 8.2 连续管低周疲劳有限元模型

表 8.1 CT110 连续管的材料属性[2]

参数	数值
弹性模量 E / MPa	190680
泊松比 μ	0.3
屈服应力 σ_s / MPa	⩾758
循环应变硬化系数 K' / MPa	898
循环应变硬化指数 n'	0.075
疲劳强度系数 σ'_f / MPa	1320
疲劳强度指数 b	−0.121
疲劳延性系数 ε'_f / MPa	0.571
疲劳延性指数 c	−0.75

2. 网格划分

在生产实际中，产生的缺陷体积相对于管体来说比较小，因此在涉及其缺陷的仿真中会比较容易出现应力集中。为了保证收敛性，在缺陷根附近使用了非常精细的网格，并使用一阶减缩积分，因为一阶减缩积分对大扭曲和接近高应力集中的问题更有效。含缺陷位置采用四面体单元划分网格，划分后的网格总数目为 304531，管体的网格划分结果如图 8.3 所示。

3. 载荷和边界条件

由于在弯曲发生之前，管材首先受压，所以在管材内壁施加内部压力载荷。在端部施加弯曲位移载荷。

图 8.3   模型网格划分

连续管一端固定，另一端通过加载环施加弯曲位移，弯曲通过位移加载实现，连续管在挠曲模和矫直模之间进行弯直循环。挠曲模和矫直模材料为普通结构钢，并将两个模施加固定约束[3]。连续管与矫直模和挠曲模的接触采用实体的面面接触，接触类型为无摩擦接触，求解方程选择纯罚函数法。

4. 模型验证

为了验证连续管低周疲劳有限元模型的准确性，以文献[2]中的实验模型为研究对象，模型参数为：管长为1200mm，弯曲半径为2108mm，直径为60.325mm，壁厚为4.775mm（图8.4）。以文献[2]中的实验结果验证数值计算结果，如表8.2所示为有限元值与实验值对比，由对比结果可知最大误差为13.5%，在工程允许误差范围之内，由此证实该模型是可行的。为了进一步验证超高强度连续管有限元模型的可靠性，根据文献[4]中的实验建立有限元模型，钢级为CT110。分别将完整管和含缺陷管的有限元应变值与实验应变值进行对比，表8.3是有限元应变值与实验应变值的对比结果，最大误差为9.8%，在工程允许误差范围之内，进一步说明该有限元模型是可行的。

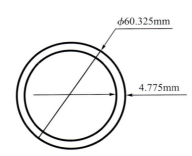

图 8.4   连续管截面图

表 8.2   有限元疲劳值与实验疲劳值对比

内压/MPa	实验值/次	有限元值/次	误差/%
65	50	45	10.0
65	49	45	8.2
65	52	45	13.5

表 8.3　有限元应变值与实验应变值的对比

试样	实验值/次	有限元值/次	误差/%
完整管	2.5	2.3	9.1
缺陷管 1	5.0	4.5	9.8
缺陷管 2	4.8	4.5	6.3

8.1.2　有限元结果讨论与分析

1. 槽形缺陷对连续管疲劳寿命的影响

对含槽形缺陷和完整连续管的疲劳寿命有限元结果进行分析,在内压 35MPa 下,通过对缺陷沿轴向角度、缺陷长度、缺陷深度、缺陷宽度、缺陷环向分布个数和轴向分布位置(与固定端的距离)等 6 个参数的分析,筛选出对连续管疲劳寿命影响比较大的参数。连续管缺陷参数的取值如表 8.4 所示。

表 8.4　缺陷参数设置

序号	缺陷角度/(°)	缺陷长度/mm	缺陷宽度/mm	缺陷深度/mm	缺陷环向分布个数/个	轴向分布位置(与固定端的距离)/mm
1	0～90	11	5	1	1	600
2	30	10～13	5	1	1	600
3	30	11	5	0.5～2	1	600
4	30	11	4～8	1	1	600
5	30	11	5	1	1～5	600
6	30	11	5	1	1	450～650

因为连续管在作业时的受力和井下环境复杂,产生损伤的位置和方向具有随机性,所以进行数值计算时,在连续管模型上建立不同角度(0°、15°、30°、45°、60°、75°和 90°)方向的凹槽缺陷,图 8.5 为部分凹槽缺陷角度示意图。

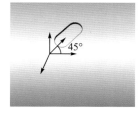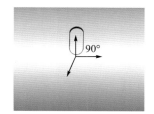

图 8.5　不同角度凹槽缺陷示意图

图 8.6 和图 8.7 分别为连续管在凹槽缺陷角度为 0°和 30°时的应力云图和疲劳寿命云图,从图中可以看出,在缺陷处有明显的应力集中,缺陷处的寿命最低。

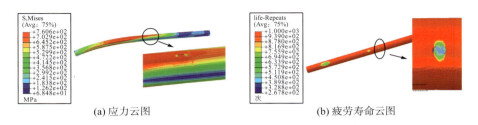

(a) 应力云图　　　　　　　　　　(b) 疲劳寿命云图

图 8.6　凹槽缺陷角度为 0°时连续管应力云图和疲劳寿命云图

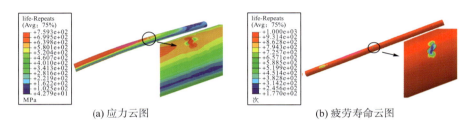

(a) 应力云图　　　　　　　　　　(b) 疲劳寿命云图

图 8.7　凹槽缺陷角度为 30°时连续管应力云图和疲劳寿命云图

　　如图 8.8 所示为疲劳寿命与缺陷参数的关系。图 8.8(a) 为凹槽缺陷角度对连续管寿命的影响，随着缺陷角度的增大，连续管的疲劳循环次数由 267 次下降到 87 次，下降幅度达 67%。在同种工况下，无缺陷连续管的疲劳循环次数为 389 次，与完整连续管疲劳寿命进行对比，含缺陷连续管疲劳寿命下降幅度达 77.6%(与 87 次比较)。图 8.8(b) 所示为凹槽缺陷长度对连续管寿命的影响，缺陷长度从 10mm 至 13mm 变化时，连续管的疲劳循环次数由 212 次下降到 136 次，下降幅度约 35.8%。在同种工况下，与不含缺陷连续管疲劳寿命进行对比，含缺陷连续管疲劳寿命下降幅度达 65.0%(与 136 次比较)。图 8.8(c) 所示为凹槽缺陷深度对连续管寿命的影响，缺陷深度从 0.5mm 至 2mm 变化时，连续管疲劳循环次数由 300 次下降到 24 次，下降幅度为 92.0%。在同种工况下，与完整连续管疲劳寿命进行对比，含缺陷连续管疲劳寿命下降幅度达 93.8%(与 136 次比较)。图 8.8(d) 所示为凹槽缺陷宽度对连续管寿命的影响，缺陷宽度从 4mm 至 8mm 变化时，连续管疲劳循环次数由 283 次下降到 62 次，下降幅度为 78.1%。在同种工况下，与完整连续管疲劳寿命进行对比，含缺陷连续管疲劳寿命下降幅度达 84.1%(与 62 次比较)。图 8.8(e) 所示为凹槽缺陷环向分布个数对连续管寿命的影响，缺陷环向数目从 1 增大到 5 时，连续管的疲劳循环次数由 87 次下降到 61 次，下降幅度约 29.9%。在同种工况下，与完整连续管疲劳寿命进行对比，含缺陷连续管疲劳寿命下降幅度达 84.0%(与 61 次比较)。图 8.8(f) 为凹槽缺陷轴向分布位置对连续管寿命的影响，在距离固定端 450～650mm 段，分别在受拉面和受压面等间距建立缺陷，得到连续管的疲劳寿命如图 8.8(f) 所示。从图中可以看出，疲劳寿命随着缺陷位置的不同，变化幅度不大，缺陷位置大于 600mm 的管体部分靠近矫直模和挠曲模的非固定端，疲劳寿命值有所增大。

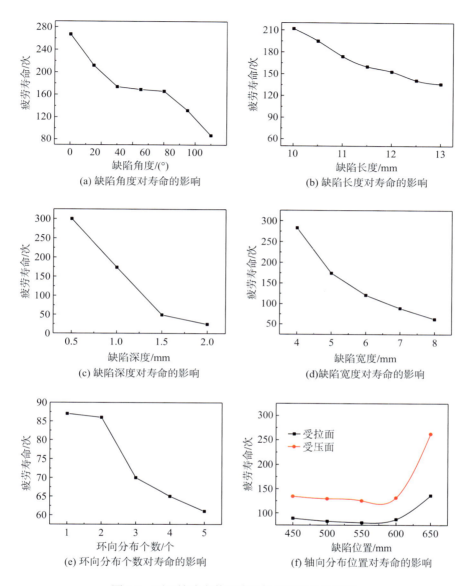

图 8.8　不同缺陷参数对连续管疲劳寿命的影响

对完整连续管和含凹槽缺陷连续管在一个循环弯曲过程中的应力-应变变化过程进行对比分析，所选的钢级为 CT110，管径为 50.8mm，壁厚为 4.4mm。凹槽缺陷深度为 1mm，长度为 11mm，角度为 30°，宽度为 5mm，图 8.9 是对比分析图。一个循环过程包括弯曲和矫直两个阶段，含缺陷管的应力和应变最大值在弯直阶段均出现在缺陷处。在矫直阶段后期，缺陷管的应力已经高于完整管，等效塑性应变明显高于完整管。矫直阶段完成后，完整管和缺陷管的应变分别达到 0.03831% 和 0.0755%。图 8.10 为含缺陷连续管一个完整循环过程的等效塑性应变云图。

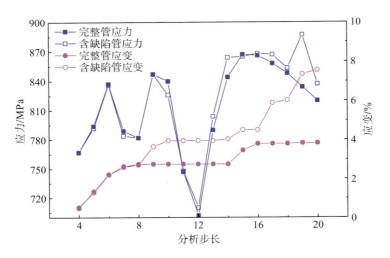

图 8.9　完整管与含缺陷管的对比分析

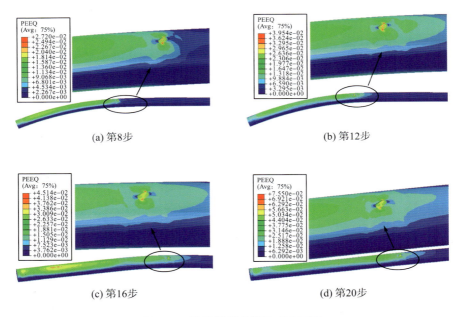

(a) 第8步　　　　　　　　　　　　　　　　　(b) 第12步

(c) 第16步　　　　　　　　　　　　　　　　　(d) 第20步

图 8.10　连续管等效塑性应变云图

　　对上述计算结果进行敏感参数分析，结果如表 8.5 所示，在六个缺陷参数中，缺陷深度、缺陷宽度、缺陷角度和缺陷长度对连续管的疲劳寿命影响比较显著，在这四个参数中，缺陷深度下降幅度最大，下降幅度为 92%。环向分布个数和轴向分布位置下降幅度均小于 30%，所以在后面的实验研究中不再考虑。

表 8.5　各参数对连续管疲劳寿命的影响

缺陷参数	疲劳寿命最大值	疲劳寿命最小值	下降幅度/%	敏感参数
缺陷角度	267	169	36.7	√
缺陷长度	212	136	35.8	√
缺陷深度	300	24	92.0	√
缺陷宽度	282	62	78.0	√
环向分布个数	87	61	29.9	
轴向分布位数	89	86	3.4	

2. 球形体积缺陷对连续管疲劳寿命的影响

通过文献检索和现场调研可知，球形或类似球形的体积缺陷的物理特征主要有缺陷直径、缺陷深度和缺陷所处位置等。故本节针对这几个因素对连续管疲劳寿命的影响进行研究。

如图 8.11 所示，为了分析缺陷直径和缺陷深度对连续管疲劳寿命的影响，首先考虑一个固定的缺陷深度 1mm，然后分析四个不同直径的缺陷对寿命的影响，直径 D 分别为 5mm、10mm、15mm 和 20mm。同样地，为相同直径 10mm 考虑的三个不同深度为 0.5mm、1mm、1.5mm 和 2mm。除了缺陷的几何形状改变以外，连续管的加载情况与上文中相同。

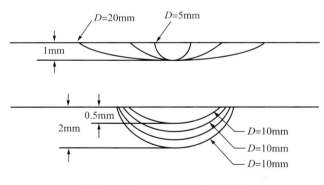

图 8.11　缺陷轴向几何示意图

图 8.12(a) 为缺陷直径对疲劳寿命和塑性应变的影响，由图可知，含缺陷连续管疲劳寿命值随着缺陷直径的增大而增大，在直径为 5~20mm 范围内，寿命的增长率也在增加，寿命由 145 次增长到 179 次，增长幅度达 23.5%；随着缺陷直径的增大，缺陷处的等效塑性应变减小，由缺陷直径为 5mm 时的 0.1449 减小到缺陷直径为 20mm 时的 0.1358，减小幅度达 6.3%。由此可见，对于球形缺陷来说，缺陷的平滑度能有效降低部件的应力应变集中现象，从而提高构件的整体寿命，这也说明对于损伤较小的含缺陷连续管，进行缺陷的修复工作对其寿命的延长具有重要意义。

图 8.12(b) 为缺陷深度与连续管疲劳寿命和塑性应变的关系，缺陷深度由 0.5mm 增加

次，最大轴向应变为 0.0153；缺陷在连续管左侧时，循环次数为 256 次，最大轴向应变为 0.00732；缺陷在连续管右侧时，循环次数为 238 次，最大轴向应变为 0.00742。结果表明，缺陷在下方时对连续管疲劳寿命的影响最为严重，缺陷在左右两侧时对连续管疲劳寿命影响很小。如图 8.14(d) 所示为锥形缺陷轴向位置对连续管疲劳寿命的影响，当缺陷从 $Z=600\mathrm{mm}$ 到 $Z=300\mathrm{mm}$ 时，连续管的循环次数从 312 次下降到 56 次，下降幅度为 82.1%；最大轴向应变从 0.0076 增加到 0.0131，增长幅度为 72.4%。由此可得出结论，Z 越小，对连续管的疲劳寿命影响越大。

　　由数值计算结果可知，在四个缺陷参数中，缺陷的轴向位置、缺陷深度、缺陷环向分布对连续管疲劳寿命的影响比较显著，如表 8.7 所示。四个因素对连续管疲劳寿命影响的主次关系为：缺陷轴向位置＞缺陷深度＞缺陷环向分布＞缺陷锥度。缺陷深度和缺陷锥度属于表征缺陷属性的参数，缺陷轴向位置和环向分布属于缺陷所在位置参数。所以建议重点监测连续管在滚筒上盘绕时，尤其是有缺陷时的疲劳寿命。

表 8.7　敏感参数对连续管疲劳寿命的影响

锥形缺陷参数	疲劳寿命最大值/次	疲劳寿命最小值/次	下降幅度/%
缺陷轴向位置	312	56	82.1
缺陷深度	312	59	81.1
缺陷环向分布	259	94	63.7
缺陷锥度	312	256	17.9

8.2　含体积缺陷连续管疲劳寿命实验研究

8.2.1　实验目的和实验方案

1. 实验目的

　　连续管疲劳失效形式多样，虽然对产生缺陷的几何形状进行简化，但是这并不能直接对连续管的寿命进行预测。建立连续管的疲劳寿命理论模型对其寿命进行准确预测是迫切需要并且行之有效的方法。而理论模型的建立既需要有各影响因素的分析结果作支撑，也需要大量的实验数据进行验证和修正，以确保寿命预测模型的可靠性。因此，在进行大量现场调研的基础上，进行了含槽形缺陷、球形缺陷和锥形缺陷连续管疲劳寿命实验研究，期于达到以下目的：

　　(1)通过实验直观得到一定内压下，缺陷的尺寸和外形因素与连续管疲劳寿命的关系，包括出现裂纹和断裂两个阶段。分析众多因素对寿命影响的显著性，使建立理论模型时有充足的参考依据。

　　(2)理论模型的建立需要有足够的现场数据和实验数据去指导和验证，本实验恰好能同时起到这样的作用。

(3) 同时也对后期的一些展望工作打下一些基础，在 (1) 和 (2) 的作用后，可以使用扫描电镜观察断口的微观组织形貌，进一步认识连续管的失效机理，便于今后从微观角度研究其失效机理，从材料领域提高连续管的使用寿命和性能。

2. 实验设备

本节疲劳实验在信达科创 (唐山) 石油设备有限公司完成，图 8.15 为连续管疲劳实验机。其主要部件为矫直模、挠曲模和加载执行机构，曲率半径为 48in。矫直模起约束作用，使连续管保持直的状态。在执行机构的作用下，连续管从由矫直模到挠曲模再到矫直模的过程为一个完整弯直循环周期。通过从两端通入高压液体来满足实验所需的内压，压力表可以实时监测内压大小，以确保压力稳定。

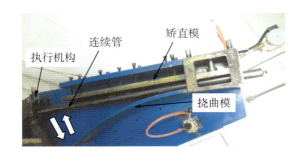

图 8.15　连续管疲劳实验设备

3. 实验方案

选取直径为 50.8mm、壁厚为 4.4mm 的 CT110 连续管作为试样制备的材料来源，将其切割成长度为 1500mm 的若干段，图 8.16 所示为切割后的部分连续管试样图。

图 8.16　缺陷制造前的连续管试样

将制备好的连续管试样进行标号，然后在连续管的外表面制造实验所需的缺陷，其中缺陷的种类主要是槽形缺陷、球形缺陷以及锥形缺陷，如图 8.17 所示。关于缺陷制备的具体方案如下所述。

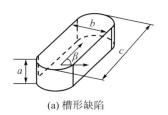 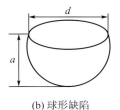 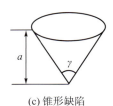

(a) 槽形缺陷　　　　　　　　(b) 球形缺陷　　　　　　　(c) 锥形缺陷

图 8.17　缺陷形貌

从上述样品中选取 10 根作为含球形压痕缺陷连续管试样。首先使用直径为 10mm 的钢球压入深度分别为 0.5mm、1.0mm、1.5mm、2.0mm、2.5mm 的球形压痕缺陷，再使用直径为 20mm 的钢球分别压入与 10mm 的钢球压入深度相同的球形缺陷，含球形缺陷连续管试样如图 8.18 所示。表 8.8 为含球形缺陷连续管的相关参数。

(a) 钢球直径10mm　　　　　　　　　　　(b) 钢球直径20mm

图 8.18　含球形缺陷试样图

表 8.8　球形缺陷连续管的相关参数

序号	1	2	3	4	5	6	7	8	9	10
钢级					CT110					
内压/MPa					35					
直径、壁厚/mm					ϕ50.8、4.4					
钢球直径/mm				10				20		
坑深 a/mm	0.5	1	1.5	2	2.5	0.5	1	1.5	2	2.5
缺陷口的直径 d/mm	4.4	6	7.1	8.0	8.7	6.2	8.7	10.5	12.0	13.2
试样编号	A_1	A_2	A_3	A_4	A_5	A_6	A_7	A_8	A_9	A_{10}

选取 16 根连续管作为含凹槽缺陷试样。利用车床在连续管外表面制造一定规格的槽形缺陷。利用正交实验法的原理，设置缺陷的 4 个因素，分别为刮痕长度 c、刮痕宽度 b、缺陷沿外圆面深度 a、缺陷沿轴向角度 β，每个因素设置 4 个变量，正交实验表如表 8.9 所示。刮痕四周需要倒钝，倒钝圆角 R 为 10mm。图 8.19 为含凹槽缺陷连续管试样。

表 8.9　含槽形缺陷连续管的正交实验表

序号	A	B	C	D	试样
	c/mm	β/(°)	a/mm	b/mm	
1	1(0.5mm)	1(0°)	1(10mm)	1(4mm)	B_1
2	1	2(30°)	2(12mm)	2(8mm)	B_2
3	1	3(60°)	3(13mm)	3(5mm)	B_3
4	1	4(90°)	4(11mm)	4(6mm)	B_4
5	2(1mm)	2	4	3	B_5
6	2	1	3	4	B_6
7	2	4	2	4	B_7
8	2	3	1	2	B_8
9	3(2mm)	3	2	4	B_9
10	3	4	1	3	B_{10}
11	3	1	4	2	B_{11}
12	3	2	3	1	B_{12}
13	4(3mm)	4	3	2	B_{13}
14	4	3	4	1	B_{14}
15	4	2	1	1	B_{15}
16	4	1	2	3	B_{16}

图 8.19　含凹槽缺陷连续管试样

　　选取 10 根完整管试样标序号，在管的外表面制造锥形缺陷。锥度 γ 分别为 60°和 120°，缺陷深度 a 分别为 0.5mm、1.0mm、1.5mm、2.0mm 和 2.5mm，缺陷在连续管的中间位置。表 8.10 所示为缺陷相关的参数。

表 8.10　锥形缺陷相关参数

序号	1	2	3	4	5	6	7	8	9	10
试样编号	C_1	C_2	C_3	C_4	C_5	C_6	C_7	C_8	C_9	C_{10}
缺陷深度 a/mm	0.5	1	1.5	2	2.5	0.5	1	1.5	2	2.5
缺陷锥度 γ/(°)	60	60	60	60	60	120	120	120	120	120

将制备好的试样，用连续管疲劳实验机进行弯曲疲劳实验，实验加载内压为 35MPa。加载过程对试样进行监测，其中缺陷处是监测的重点。当管体出现穿透裂纹后，管内液体泄漏，压力表压力值降低，此时认为已经失效，再继续弯直数次后发生断裂，并记录下此时弯直循环次数。

8.2.2 含球形缺陷连续管疲劳寿命实验研究

通过实验得到如表 8.11 所示的含球形压痕缺陷疲劳实验数据。

表 8.11 含球形压痕缺陷疲劳实验数据

序号	内压/MPa	钢球直径/mm	缺陷深度 a/mm	缺陷直径 d/mm	裂纹首次出现弯曲次数/次	断裂时弯曲次数/次	断裂面试样编号
1	35	10	0.5	4.4	448	461	A_1
2	35	10	1.0	6	203	221	A_2
3	35	10	1.5	7.1	134	148	A_3
4	35	10	2.0	8.0	112	125	A_4
5	35	10	2.5	8.7	109	121	A_5
6	35	20	0.5	6.2	358	366	A_6
7	35	20	1.0	8.7	271	282	A_7
8	35	20	1.5	10.5	167	178	A_8
9	35	20	2.0	12.0	138	154	A_9
10	35	20	2.5	13.2	78	84	A_{10}

为探究不同钢球直径时球形缺陷深度与连续管疲劳寿命的关系，对表 8.11 中的数据进行分析，得到如图 8.20 所示的疲劳寿命与缺陷参数的关系曲线。

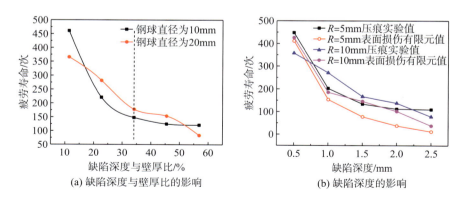

(a) 缺陷深度与壁厚比的影响   (b) 缺陷深度的影响

图 8.20 缺陷参数对连续管疲劳寿命的影响

从图 8.20(a)中可以看出，随着缺陷深度与壁厚比的增大，连续管疲劳寿命出现先快速降低，然后缓慢降低的趋势；整体来看，当钢球直径较大时，连续管疲劳寿命反而更大。

当缺陷深度相同时，钢球直径越大，产生缺陷的曲面越平滑，因此，对于相同深度的缺陷，其边缘面越平滑，寿命越高。对于现场出现缺陷的连续管，建议将缺陷处进行平滑处理，增加连续管的使用次数。

图 8.20(b)所示为不同缺陷类型及缺陷半径下，缺陷深度对疲劳寿命的影响，从图中可以看出，压痕缺陷深度在 1～2mm 范围内，相同缺陷深度时，球形压痕半径越大，连续管的疲劳寿命值越大。所以，对于含有相同形状缺陷的连续管，缺陷弧面平缓有助于提高连续管的疲劳寿命，对后续含缺陷连续管修复的研究具有指导意义。缺陷半径相同时，表面损伤缺陷对连续管疲劳寿命的影响明显大于压痕缺陷，随着缺陷深度的增加，这种影响的显著性增强。

为了确保作业的安全性，实验中裂纹首次出现的循环次数应作为连续管的疲劳寿命值，首次出现裂纹到裂纹穿透管壁的阶段是裂纹快速扩展阶段。对二者进行对比分析，发现裂纹快速扩展阶段的寿命占裂纹穿透管体寿命的比例极小，其中 A_4 试样的该阶段占比最大，为 10.4%；A_6 试样的该阶段占比最小，为 2.2%。由此可见，连续管在正常工况下，一旦出现裂纹，便会快速扩展至失效。

8.2.3 含槽形缺陷连续管疲劳寿命实验研究

含槽形缺陷连续管的实验结果如表 8.12 所示。

表 8.12 槽形缺陷连续管实验结果

序号	裂纹首次出现时弯直次数 N/次	断裂时弯直次数 N/次	试样
1	140	153	B_1
2	176	194	B_2
3	148	162	B_3
4	60	71	B_4
5	101	116	B_5
6	122	134	B_6
7	71	88	B_7
8	152	170	B_8
9	8	20	B_9
10	10	22	B_{10}
11	30	41	B_{11}
12	15	27	B_{12}
13	4	9	B_{13}
14	3	14	B_{14}
15	6	16	B_{15}
16	30	41	B_{16}

四个缺陷参数的极差结果如表 8.13 所示。表中不同参数(A-缺陷深度，B-缺陷角度，C-缺陷长度，D-缺陷宽度)下的 K_i 表示为在特定水平 i 下的计算结果之和，$\bar{K}_i$ 为在特定水平 i 下的平均值，即 $\bar{K}_i = \frac{1}{4}K_i$；表中极差 R 为特定参数中最大平均值与最小平均值之差，即 $R = \max\{\bar{K}_i\} - \min\{\bar{K}_i\}$。

表 8.13   槽形缺陷参数的极差分析

因素	A	B	C	D
K_1	524	322	308	164
K_2	446	298	285	362
K_3	63	311	289	289
K_4	43	145	194	261
K_1	131	80.5	77	41
K_2	111.5	74.5	71.25	90.5
K_3	15.75	77.75	72.25	72.25
K_4	10.75	36.25	48.5	65.25
R	120.25	44.25	28.5	49.5
次序		A>D>B>C		

从表 8.13 中可以看出，四个缺陷参数对连续管疲劳寿命影响的主次关系为：缺陷深度＞缺陷宽度＞缺陷角度＞缺陷长度。缺陷深度的极差为120.25，其他三个缺陷参数的极差值均小于 50，即缺陷深度是影响连续管疲劳寿命的主控参数。

对含槽形缺陷连续管两个阶段循环次数进行对比分析，同样发现裂纹快速扩展阶段的寿命占裂纹穿透管体寿命的比例极小，因为 $B_9\sim B_{16}$ 本身寿命就非常短，在工程上一般不会出现，所以对 $B_1\sim B_8$ 试样中循环次数超过 100 次的试样进行比较分析更有实际意义。分析得到：B_5 试样的该阶段占比最大，为 12.9%；B_1 试样的该阶段占比最小，为 8.5%，和球形缺陷的规律相同。因此，连续管裂纹的研究工作也是极其有意义的，从裂纹这种跨越微观的角度去进一步认识连续管疲劳失效机理，对突破其材料本身的限制，进一步提高连续管的价值有积极意义。

8.2.4   含锥形缺陷连续管疲劳寿命实验研究

含锥形缺陷连续管的实验结果如表 8.14 所示，表中记录了含锥形缺陷连续管两个不同阶段的循环次数，一个为出现泄漏时的循环次数，一个为发生断裂时的循环次数，当出现液体泄漏时也就意味着连续管即将发生断裂。

表 8.14　含锥形缺陷疲劳实验数据

序号	内压/MPa	缺陷锥度 γ /(°)	缺陷深度 a/mm	出现泄漏时循环次数/次	发生断裂时循环次数/次	试样编号
1	35	60	0.5	368	380	C_1
2	35	60	1	257	268	C_2
3	35	60	1.5	196	204	C_3
4	35	60	2	104	119	C_4
5	35	60	2.5	136	146	C_5
6	35	120	0.5	213	224	C_6
7	35	120	1	196	212	C_7
8	35	120	1.5	172	190	C_8
9	35	120	2	32	48	C_9
10	35	120	2.5	149	161	C_{10}

图 8.21 为连续管实验失效照片，缺陷锥度都为 60°，缺陷深度分别为 0.5mm、1mm、1.5mm、2mm、2.5mm。当缺陷深度为 0.5mm 时，连续管的断裂处不在缺陷处，由于缺陷深度较小，而实验发现最大塑性应变在离固定端约管长的 1/3 处，所以断裂没有发生在缺陷处。其他缺陷深度较深，导致管材局部应变较大，所以其余连续管的断裂处都在缺陷处。在保持缺陷锥度不变的情况下，随着缺陷深度的增大，缺陷处局部塑性应变更大。

(a) a=0.5mm

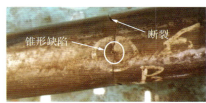

(b) a=1mm

(c) a=1.5mm

(d) a=2mm

(e) a=2.5mm

图 8.21　γ=60°时连续管实验失效试样

图 8.22 所示为γ=120°时连续管断裂图，当缺陷深度分别为 0.5mm、1mm、1.5mm、2mm 时，缺陷处由于应力集中发生裂纹萌生、扩展，直至连续管断裂。但缺陷深度为 2.5mm 时，断裂位置不在制造缺陷位置，通过分析发现该试样在焊缝处断裂，主要原因可能为焊接工艺不当，焊缝处出现局部应力集中。

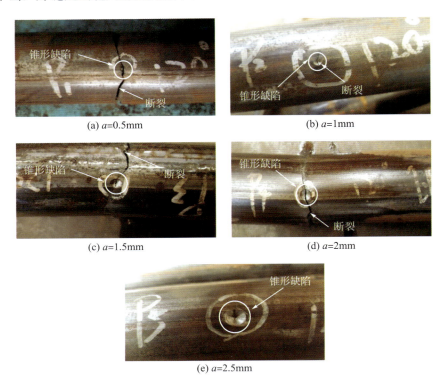

(a) a=0.5mm   (b) a=1mm

(c) a=1.5mm   (d) a=2mm

(e) a=2.5mm

图 8.22 γ=120°时连续管实验失效试样

随着缺陷深度与连续管壁厚比值的增大，连续管疲劳寿命降低。当锥度为 60°时，在缺陷深度与壁厚比为 45.4%时出现一个奇异点，寿命出现大幅度的降低，从 34.1%到 45.4%，寿命从 204 次下降到 119 次，下降幅度约为 41.7%；当锥度为 120°时，寿命从 190 次下降到 48 次，下降幅度约为 74.7%；然后寿命开始慢慢上升。整体来看，缺陷深度越大，连续管的疲劳寿命越小，但是在实验中锥形深度为 2.5mm 时疲劳寿命反而增大，主要原因为连续管断裂没有发生在缺陷处，故分析实验试样存在先天缺陷，造成结果不准确。

8.3 含缺陷连续管疲劳寿命理论模型建立

8.3.1 含槽形缺陷连续管疲劳寿命理论模型

根据一些文献和前文中实验结果的分析，发现缺陷深度是不同形状缺陷影响连续管疲劳寿命最显著的因素。首先考虑缺陷深度对连续管疲劳寿命的影响，建立理论计算模型。

图 8.23(a)所示为一小段含槽形缺陷连续管的变形示意图，图 8.23(b)为其截面示意图。M 为连续管受到的弯矩，p_1 为连续管受到的外压，p_2 为连续管受到的内压，r_1 为连续管内半径，r_2 为连续管外半径，c_i 和 c_o 为连续管内缺陷和外缺陷的深度，θ 为槽形缺陷在连续管横截面所对应的圆心角。

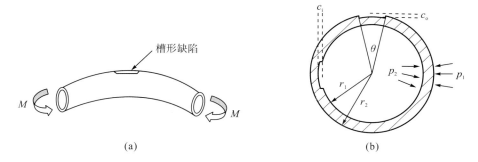

图 8.23 连续管变形示意图

当连续管内外表面有槽形缺陷时，在建立连续管疲劳寿命模型时需考虑槽形缺陷对疲劳寿命的影响。通过厚壁圆筒理论得到在内压作用下连续管的径向应力 σ_r、环向应力 σ_t 和轴向应力 σ_z：

$$\begin{cases} \sigma_r = \dfrac{p_2 \cdot (r_1+c_i)^2}{(r_2-c_o)^2-(r_1+c_i)^2}\left(1-\dfrac{(r_2-c_o)^2}{(r_1+c_i)^2}\right) \\ \sigma_t = \dfrac{p_2 \cdot (r_1+c_i)^2}{(r_2-c_o)^2-(r_1+c_o)^2}\left(1+\dfrac{(r_2-c_o)^2}{(r_1+c_i)^2}\right) \\ \sigma_z = \dfrac{p_2 \cdot (r_1+c_i)^2}{(r_2-c_o)^2-(r_1+c_i)^2} \end{cases} \tag{8.1}$$

式中，r_1 为连续管内半径，mm；r_2 为连续管外半径，mm；p_1 为外压，MPa；p_2 为内压，MPa。

根据应力分析和 Mises 准则，首先产生屈服的临界点总是连续管的内表面，此时

$$\begin{cases} \sigma_r = -p_2(r_1+c_i) \\ \sigma_t = p_2\dfrac{(r_1+c_i)^2+(r_2-c_o)^2}{(r_2-c_o)^2-(r_1+c_i)^2} \\ \sigma_z = \dfrac{p_2 \cdot (r_1+c_i)^2}{(r_2-c_o)^2-(r_1+c_i)^2} \end{cases} \tag{8.2}$$

根据 Ramberg-Osgood 弹塑性应力-应变关系得到弯曲作用产生的总应变 ε 为弹性应变 ε_e 和塑性应变 ε_p 之和；由应力与塑性应变的 Holomon 关系可得弯曲作用产生的轴向应力

σ_p 以及内压弯曲耦合载荷下的环向应变、轴向应变和径向应变；根据 Brown-Miller 疲劳寿命理论模型，应变-寿命公式为

$$\frac{\Delta\gamma_{\max}}{2}+\frac{\Delta\varepsilon_n}{2}=1.65\frac{\sigma_f'}{E}(2N_f)^b+1.75\varepsilon_f'(2N_f)^c \tag{8.3}$$

式中，利用本章得出的数学模型对四种不同缺陷深度的连续管疲劳寿命进行计算。在理论计算过程中，采用 CT110 连续管的屈服强度最小值为 758MPa。在建立模型时，含槽形缺陷时连续管壁厚减薄，断裂韧性降低，所以凹槽处是整个连续管最为危险部位，此处连续管疲劳寿命最低。一方面在理论计算时，基于保守算法只计算了连续管凹槽处的疲劳寿命，另一方面在计算时选用最低屈服强度（工程实践中的连续管屈服强度要高于最小值），所以连续管凹槽处疲劳寿命预测值与实验值相比偏小。为使得理论模型计算结果更为准确，根据实验值与理论计算结果对比回归得出了修正系数 φ，见式 (8.4)。最后得出较为准确的连续管理论模型，修正前后与实验值的对比情况如表 8.15 所示。

$$\varphi=\left(\frac{22.54c^4-287.7c^3+1312c^2-2577c+1980}{N_f}\right)^c \tag{8.4}$$

式中，c 为凹槽缺陷的深度；N_f 为连续管的疲劳弯曲次数。

对最大剪应变及其平面的正应变进行修正，分别得到式 (8.5) 和式 (8.6)。

$$\Delta\gamma_{\max}=\varphi\left(\varepsilon_z-\varepsilon_t\right) \tag{8.5}$$

$$\Delta\varepsilon_n=\varphi\left(\varepsilon_t+\varepsilon_z\right)/2 \tag{8.6}$$

修正后的疲劳寿命模型如式 (8.7) 所示。

$$\varphi\left(\frac{\Delta\gamma_{\max}}{2}+\frac{\Delta\varepsilon_n}{2}\right)=1.65\frac{\sigma_f'}{E}(2N_f)^b+1.75\varepsilon_f'(2N_f)^c \tag{8.7}$$

表 8.15　理论值与实验值的对比

序号	内压/MPa	缺陷深度/mm	实验平均寿命值/次	修正后寿命值/次	修正前寿命值/次
1	35	0.5	131	147	20
2	35	1	111	95	15
3	35	2	15	45	12
4	35	3	10	18	2

8.3.2　含球形缺陷连续管疲劳寿命理论模型

当连续管在材料的弹性应力作用下工作时，缺口的严重程度是用弹性应力集中系数 K_t 来评估的。在弹性状态下，应变集中系数也等于应力集中系数，然而，连续管管体通常在弹性计算应力超过材料屈服强度的局部高应力集中区域的条件下工作。在这类情况下，弹性应力集中因子不能准确反映缺陷根部的应力和应变集中程度。当发生屈服时，缺陷根部的局部应力值小于其弹性计算值，同样，缺陷根部的应变也大于弹性计算值[5,6]。图 8.24 为发生屈服现象时的应力应变集中系数。

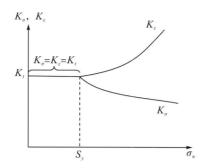

图 8.24　屈服产生时的应力应变集中系数

$$K_\varepsilon = \frac{\varepsilon_{\text{tr}}}{\varepsilon_{\text{nom}}} \tag{8.8}$$

式中，ε_{tr} 为连续管缺陷根部的应变；ε_{nom} 为名义应变值，即没有缺陷处的应变值；K_ε 为应变集中因子。

连续管在内压和弯曲耦合作用下，轴向和环向的应变是其失效的主要原因，因此采用有限元分析得到的轴向应变集中系数和环向应变集中系数对含缺陷连续管的疲劳失效机理和疲劳寿命进行评估极为重要。

根据连续管在起下作业过程中的弯-直交替变形疲劳失效机理建立模型，方法与 8.1 节中的相同。连续管的外直径为 50.8mm，壁厚为 4.3942mm，其材料属性和参数如表 8.1 所示。

对不同深度的球形体积缺陷连续管进行分析，加载条件为内压 35MPa，弯曲半径为 1219mm，得到缺陷如表 8.16 所示的含球形缺陷连续管各向应变集中系数。从表中可以看出，缺陷深度从 0mm 至 1mm，轴向应变集中系数增幅达 620.3%，缺陷深度从 1mm 至 2mm，轴向应变集中系数增幅达 208.3%；缺陷深度从 0mm 至 1mm，环向应变集中系数增幅达 360.4%，缺陷深度从 1mm 至 2mm，环向应变集中系数增幅达 505.6%。图 8.25 为连续管的应变图，从图中可以看出，含缺陷连续管在作业时，径向应变最小的位置是缺陷根部，最大的位置不在缺陷范围内，故在进行寿命预测和分析时不考虑其应力和应变集中带来的影响。

表 8.16　含球形缺陷连续管各向应变集中系数

缺陷深度 h/mm	轴向应变 ε_{trz}	轴向应变集中系数 $K_{\varepsilon_{\text{trz}}} = \varepsilon_{\text{trz}} / \varepsilon_{\text{nom}}$	环向应变 ε_{trt}	环向应变集中系数 $K_{\varepsilon_{\text{trt}}} = \varepsilon_{\text{trt}} / \varepsilon_{\text{nom}}$	径向应变 ε_{trr}	径向应变集中系数 $K_{\varepsilon_{\text{trr}}} = \varepsilon_{\text{trr}} / \varepsilon_{\text{nom}}$
0	0.02038	1	0.0069	1	0.0170	1
0.5	0.062	3.042	0.013	1.884	0.0176	1.04
1	0.1468	7.203	0.03177	4.604	0.0178	1.05
1.5	0.2971	14.578	0.1038	15.043	0.0178	1.05
2	0.4526	22.208	0.1924	27.884	0.0179	1.05

　　不同的作业工况和作业类型导致管体产生的损伤形式也不一样，所以损伤处的形状也不一样。因此，在对含缺陷连续管疲劳寿命进行估计时需要重视缺陷的严重程度带来的影响。图 8.26 为缺陷示意图。

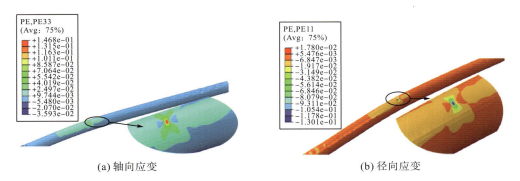

(a) 轴向应变　　　　　　　　　　　　　　　　　(b) 径向应变

图 8.25　缺陷深度为 1mm 时的应变图

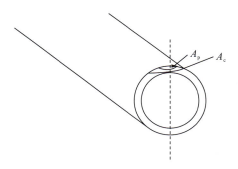

图 8.26　连续管缺陷示意图

　　在油气开采现场，连续管出现的缺陷主要有表面刮痕缺陷和压痕缺陷两种。当球形缺陷为表面损伤缺陷时，缺陷的严重系数随着缺陷深度的增加线性增加，如式 (8.9) 所示。表 8.17 和图 8.27 为缺陷严重系数与缺陷深度的关系。

$$S=\left(\frac{h}{t}\cdot\frac{w}{l}\cdot\sqrt{\frac{A_{\mathrm{p}}}{A_{\mathrm{c}}}}\right)^{\frac{1}{3}} \tag{8.9}$$

式中，S 为缺陷严重系数；h 为缺陷深度，mm，w 为缺陷宽度，mm；l 为缺陷长度，mm；A_{p} 为缺陷在连续管截面上的投影面积，mm^2；A_{c} 为含缺陷区域的投影面积，mm^2。

表 8.17　不同深度时的缺陷严重系数

缺陷深度 h/mm	0.5	1	1.5	2
K_{ε_z}	3.042	7.203	14.578	22.208
K_{ε_t}	1.884	4.604	15.043	27.884
S	0.413	0.512	0.605	0.710

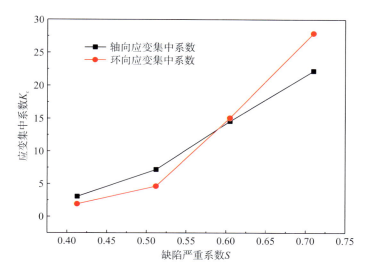

图 8.27　不同深度时的缺陷严重系数

轴向应变集中系数与缺陷严重系数的拟合关系：

$$K_{\varepsilon_z} = 0.198\mathrm{e}^{1.819S} \tag{8.10}$$

环向应变集中系数与缺陷严重系数的拟合关系：

$$K_{\varepsilon_t} = 0.04\mathrm{e}^{9.389S} \tag{8.11}$$

得到含球形表面刮痕缺陷的连续管疲劳寿命计算公式为

$$\frac{1}{4}\left(3K_{\varepsilon_z} \cdot \varepsilon_z - K_{\varepsilon_t} \cdot \varepsilon_t\right) = 1.65\frac{\sigma_{\mathrm{f}}'}{E}(2N_1)^b + 1.75\varepsilon_{\mathrm{f}}'(2N_1)^c \tag{8.12}$$

式中，N_1 为含球形表面刮痕缺陷连续管疲劳寿命，次。

当球形缺陷为压痕缺陷时，连续管的服役寿命属于低周疲劳寿命，塑性应变幅是影响寿命的主要因素，弹性应变幅的影响可以忽略。

$$\varepsilon_{q_1} = \frac{\sqrt{2}}{3}\sqrt{\left(\varepsilon_{t_1} - \varepsilon_{z_1}\right)^2 + \left(\varepsilon_{z_1} - \varepsilon_{r_1}\right)^2 + \left(\varepsilon_{r_1} - \varepsilon_{t_1}\right)^2} \tag{8.13}$$

$$\varepsilon_{q_2} = 1.65\frac{\sigma_{\mathrm{f}}'}{E}(2N_2)^b + 1.75\varepsilon_{\mathrm{f}}'(2N_2)^c \tag{8.14}$$

式中，N_2 为含球形压痕缺陷连续管的疲劳寿命，次。

由式 (8.14) 得到实验中疲劳循环次数、球形压痕缺陷半径和缺陷深度所对应的等效塑性应变，对数据进行拟合得到球形压痕的形状参数关系：

$$f(r', h') = 0.06003 + 0.004232\sin(0.5914\pi r'h') - 0.04458\exp\left[-(0.188h')^2\right] \tag{8.15}$$

式中，r' 为球形压痕缺陷半径，mm；h' 为缺陷深度，mm。

$$f(r', h') = 1.65\frac{\sigma_{\mathrm{f}}'}{E}(2N_2)^b + 1.75\varepsilon_{\mathrm{f}}'(2N_2)^c \tag{8.16}$$

　　为了对上述的理论计算模型进行验证，将球形表面刮痕缺陷和压痕缺陷的理论计算值和有限元计算值或实验值进行对比分析。根据文献[4]中的结果数据，使用上述模型对钢级为 CT110、外径为 60.325mm、壁厚为 3.9624mm 的含球形缺陷连续管进行计算，得到其疲劳失效循环次数，疲劳寿命对比分析结果如表 8.18 所示。

表 8.18　球形表面刮痕缺陷连续管疲劳寿命对比分析

球形表面刮痕缺陷深度/mm	疲劳失效循环次数		误差/%
	有限元计算值	理论计算值	
0.43688	34	29	14.7
0.82042	29	22	24.1
1.1938	25	19	24.0

　　对球形压痕缺陷的连续管疲劳寿命进行对比分析，分析结果如表 8.19 所示。

表 8.19　球形压痕缺陷连续管疲劳寿命对比分析

	球形压痕缺陷深度/mm	疲劳失效循环次数		误差/%
		实验值	理论计算值	
钢球直径 10mm	0.5	448	407	9.2
	1	203	181	10.8
	1.5	134	113	15.7
	2	112	142	−26.8
	2.5	109	140	−28.4
钢球直径 20mm	0.5	358	258	27.9
	1	271	221	18.5
	1.5	167	137	18.0
	2	138	157	−13.8
	2.5	78	86	−10.3

8.3.3　含锥形缺陷连续管疲劳寿命理论模型

　　根据实验结果和数值计算结果可得，缺陷轴向位置和缺陷环向分布属于位置参数，在疲劳寿命评估中给出了需要重点评估缺陷所在位置。缺陷深度和缺陷锥度属于表征缺陷属性的参数，而且容易测得。基于此，以锥形缺陷深度和锥度为主控因素建立含锥形缺陷的连续管疲劳寿命理论模型。由于该模型主要是为了满足工程中疲劳寿命评估的需要，所以通过拟合方法进行建模。建立理论模型所需的部分数据如表 8.20 所示。

表 8.20　建立理论模型所需的部分数据

序号	内压/MPa	缺陷深度 a/mm	缺陷锥度 $\gamma/(°)$	最大轴向应变	最大等效塑性应变分量	循环次数
1	35	0.5	60	0.007623	0.0077	350
2	35	1	60	0.007705	0.007805	312
3	35	1.5	60	0.00935	0.00979	254
4	35	2	60	0.01094	0.01182	233
5	35	2.5	60	0.01437	0.01608	124
6	35	3	60	0.01537	0.01768	100
7	35	0.5	90	0.007693	0.007586	305
8	35	1	90	0.008065	0.008421	291
9	35	1.5	90	0.008929	0.009379	249
10	35	2	90	0.01202	0.01274	161
11	35	2.5	90	0.01553	0.01791	101
12	35	3	90	0.01795	0.02089	72
13	35	0.5	120	0.007823	0.007839	312
14	35	1	120	0.008988	0.009459	277
15	35	1.5	120	0.01037	0.01105	234
16	35	2	120	0.01354	0.01474	129
17	35	2.5	120	0.01636	0.01878	84
18	35	3	120	0.01912	0.02287	59
19	35	0.5	150	0.007807	0.007841	290
20	35	1	150	0.009096	0.009566	256
21	35	1.5	150	0.0104	0.01105	214
22	35	2	150	0.01356	0.01462	121
23	35	2.5	150	0.01436	0.01573	106
24	35	3	150	0.0181	0.02033	66
…	…	…	…	…	…	…

　　由有限元计算结果可知，当连续管外表面有锥形缺陷时，以缺陷深度和锥度为两个输入变量，最大轴向应变和最大等效塑性应变分量是主要输出变量。以表 8.20 的结果为基础，使用 Origin 软件，采用非线性曲面拟合，选取 Voigt2D 算法进行计算分析，利用数值拟合的方法建立缺陷深度、锥度和最大轴向应变之间的关系方程，见式(8.17)。

$$\varepsilon_z = e + b\left[\frac{c}{\left(1+\left(\frac{\gamma-d}{h}\right)^2\right)\left(1+\left(\frac{a-g}{f}\right)^2\right)} + (1-c)\exp\left(-\frac{1}{2}\left(\frac{\gamma-d}{h}\right)^2 - \frac{1}{2}\left(\frac{a-g}{f}\right)^2\right)\right] \quad (8.17)$$

式中，ε_z 为最大轴向应变；γ 为缺陷锥度，(°)；a 为缺陷深度，mm；$e=0.00666$，$b=0.01282$，$c=0.43446$，$d=121.2495$，$f=1.1180$，$g=3.24999$，$h=83.6128$。

　　以同样的方法建立缺陷深度、锥度和最大等效塑性应变分量之间的关系方程，见式(8.18)。

$$\varepsilon_{\mathrm{p}} = A + B\exp\left[-\exp\left(\frac{C-\gamma}{D}\right)\right] + E\exp\left[-\exp\left(\frac{F-a}{G}\right)\right]$$
$$+ H\exp\left[-\exp\left(\frac{C-\gamma}{D}\right) - \exp\left(\frac{F-a}{G}\right)\right] \tag{8.18}$$

式中，ε_{p} 为最大等效塑性应变分量；γ 为缺陷锥度($°$)；a 为缺陷深度，mm；$A = -0.01491$，$B = 0.02273$，$C = 0.60183$，$D = 16.58809$，$E = -0.15708$，$F = 2.41922$，$G = 1.22105$，$H = 0.18253$。

以最大轴向应变和最大等效塑性应变分量为两个输入变量，连续管的疲劳寿命为输出变量。以表 8.20 的结果为基础，使用相同的方法建立最大轴向应变、最大等效塑性应变和疲劳寿命之间的关系方程，见公式(8.19)。图 8.28 所示为最大等效塑性应变分量、最大轴向应变与疲劳寿命的关系曲线图。

$$N_{\mathrm{f}} = a + b\varepsilon_{\mathrm{p}} + c\varepsilon_{z} + d\varepsilon_{\mathrm{p}}^{2} + e\varepsilon_{z}^{2} \tag{8.19}$$

式中，N_{f} 为连续管的疲劳寿命，次；ε_{p} 为最大等效塑性应变分量；ε_{z} 为最大轴向应变；$a = 790.24672$，$b = 50770.21007$，$c = -128241.39548$，$d = -1.0562\mathrm{E}6$，$e = 3.0429\mathrm{E}6$。

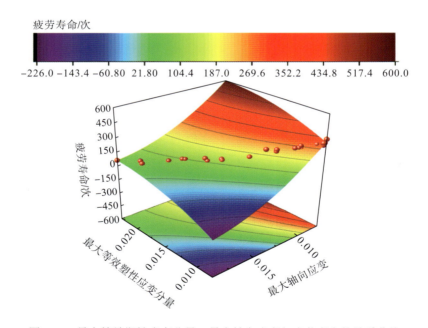

图 8.28 最大等效塑性应变分量、最大轴向应变与疲劳寿命的关系曲线

便于工程计算需要，联合使用式(8.17)~式(8.19)可以快速预测含锥形缺陷连续管疲劳寿命。为验证理论模型的可行性，将实验结果和理论结果进行对比，随机选取几组数据进行对比分析，误差都在 20%左右，工程中连续管剩余疲劳寿命为 30% 就报废或者降级使用，20%左右的误差在工程中是允许的，见表 8.21。

表 8.21　实验结果和理论结果对比

序号	缺陷深度 a/mm	缺陷锥度 γ/(°)	内压/MPa	理论值/次	实验值/次	误差/%
1	0.5	60	35	320	380	18.8
2	1	60	35	290	268	−7.6
3	1.5	60	35	250	204	−18.4
4	2.5	60	35	137	146	6.6
5	1	120	35	269	212	−21.2
6	1.5	120	35	211	190	−10.0

参 考 文 献

[1] Santosm A. Coiled Tubing Strain Analysis at Initial Cycles of a Cyclic Fatigue Test[D]. Tulsa: The University of Tulsa, 2016.

[2] Perozo N, Paz C A, Teodoriu C, et al. A novel testing facility for coiled tubing fatigue evaluation under deep drilling conditions[C]//SPE Western Regional Meeting. May 23-26, 2016. Anchorage, Alaska, USA, 2016.

[3] 周浩, 刘少胡, 管锋. 内压、弯扭耦合载荷下连续管疲劳寿命评估[J]. 高压物理学报, 2019, 33(4): 92-98.

[4] Ishak J. Numerical Evaluation of Cyclic Strains in Physically Small Defects in Coiled Tubing[D]. Tulsa: The University of Tulsa, 2016.

[5] 徐秉业, 刘信声. 应用弹塑性力学[M]. 北京: 清华大学出版社, 1995.

[6] Zeng Z, Fatemi A. Elasto-plastic stress and strain behaviour at notch roots under monotonic and cyclic loadings[J]. The Journal of Strain Analysis for Engineering Design, 2001, 36(3): 287-300.

第9章　基于极限承载的连续管安全评定

为使连续管更为安全有效地运用在石油天然气开采中，研究多组载荷对连续管的极限承载能力的影响可预防连续管提前发生失效，提高连续管的服役时间和现场使用率，避免造成重大的经济损失。本章首先基于经典力学，建立连续管在多组载荷下的数学模型，研究在拉伸载荷、弯矩、内压和挤压载荷下的极限承载能力，得出影响连续管极限承载能力的主控载荷。其次，在主控载荷的作用下，根据特雷斯卡(Tresca)屈服准则和 Mises 屈服准则，建立一种新的塑性模型来解释连续管的多轴棘轮效应以及应力-应变关系，在此基础上分析连续管直径变化规律。最后，利用数值模拟的方法得到连续管的临界 CTOD 值(裂纹尖端张开位移)，并依此判断连续管在不同载荷下的极限承载能力。

9.1　复合载荷作用下连续管极限承载能力

9.1.1　连续管极限承载模型建立

连续管在外部载荷——拉伸载荷、弯矩、内压以及挤压载荷下产生的应力用轴向应力 σ_a、环向应力 σ_h 和径向应力 σ_r 这三个主应力来表示，如图 9.1 所示。其中轴向应力与拉伸载荷、弯曲变形载荷、内压以及挤压载荷有关，但起主要作用的是施加在连续管上的拉伸载荷和弯矩；环向应力和径向应力与内压和挤压载荷有关，其中起主要作用的是环向应力。

根据材料力学[1]，连续管在轴向拉伸载荷和弯矩作用下，由轴向拉伸载荷 $F(\mathrm{N})$ 产生的轴向应力为

$$\sigma_{a1} = \frac{F}{A} \tag{9.1}$$

$$A = \frac{\pi D^2}{4} - \frac{\pi d^2}{4} = \pi\left(R^2 - r^2\right) \tag{9.2}$$

式中，A 为连续管的横截面面积，mm^2；D 为连续管的外径，mm；d 为连续管的内径，mm；R 为连续管的外半径，mm；r 为连续管的内半径，mm。

在弯矩作用下，连续管微段变形示意图如图 9.1 所示。

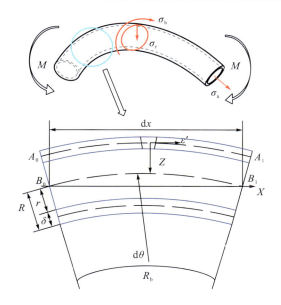

图 9.1　连续管微段变形示意图

由连续管微段变形示意图可得，连续管在壁厚中间处（即中性层处）的应变量为

$$\varepsilon' = \frac{\Delta(\mathrm{d}x)}{\mathrm{d}x} = \frac{\widehat{A_0 A_1} - \widehat{B_0 B_1}}{\widehat{B_0 B_1}} = \frac{(R_\mathrm{b} + Z)\mathrm{d}\theta - R_\mathrm{b}\mathrm{d}\theta}{R_\mathrm{b}\mathrm{d}\theta} = \frac{Z}{R_\mathrm{b}} = \frac{D - \delta}{2R_\mathrm{b}} \tag{9.3}$$

根据曲率公式 $\dfrac{1}{R} = \dfrac{M}{EI}$ 可得，连续管在弯矩作用下的弯曲半径为

$$R_\mathrm{b} = \frac{M}{EI} \tag{9.4}$$

由弯矩 $M(\mathrm{N\cdot m})$ 引起的最大轴向力，即弯曲应力为

$$\sigma_{\mathrm{a}2} = \sigma_\mathrm{b} = \frac{MD}{2I} \tag{9.5}$$

$$I = \frac{\pi D^4}{64}\left(1 - \alpha^4\right), \quad \alpha = \frac{d}{D} \tag{9.6}$$

式中，I 为连续管横截面极惯性矩，mm^4。

根据弹性力学[2]可知，当连续管受到内压和挤压载荷的作用时，其界面受力如图 9.2 所示。

设连续管的应力函数公式为

$$\varphi = A\ln r_\rho + B r_\rho{}^2 \ln r_\rho + C r_\rho{}^2 + D \tag{9.7}$$

$$\begin{cases} \sigma_\mathrm{r} = \dfrac{1}{r_\rho}\dfrac{\mathrm{d}\varphi}{\mathrm{d}r_\rho} = \dfrac{A}{r_\rho{}^2} + B(1 + 2\ln\rho) + 2C \\[3mm] \sigma_\mathrm{h} = \dfrac{\mathrm{d}^2\varphi}{\mathrm{d}r_\rho{}^2} = -\dfrac{A}{r_\rho{}^2} + B(3 + 2\ln\rho) + 2C \\[3mm] \tau_{\mathrm{rh}} = \tau_{\mathrm{hr}} = 0 \end{cases} \tag{9.8}$$

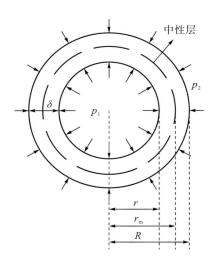

图 9.2   内压、挤压载荷下的连续管受力图

边界条件为

$$
\begin{cases}
\left(\sigma_{\mathrm{r}}\right)_{r_\rho=R}=-p_2, & \left(\sigma_{\mathrm{r}}\right)_{r_\rho=r}=-p_1 \\
\left(\tau_{\mathrm{rh}}\right)_{r_\rho=R}=0, & \left(\tau_{\mathrm{rh}}\right)_{r_\rho=r}=0
\end{cases}
\tag{9.9}
$$

由于连续管是一个多连体，为保证位移单值条件，必须使应力函数中的 $Br_\rho{}^2\ln r_\rho=0$，于是可得 $B=0$。

因此，由式 (9.8) 和式 (9.9) 可得，内压 $p_1(\mathrm{MPa})$、挤压载荷 $p_2(\mathrm{MPa})$ 引起的径向应力 σ_{r} 和环向应力 σ_{h} 为

$$
\sigma_{\mathrm{r}}=-\frac{\dfrac{R^2}{r_\rho{}^2}-1}{\dfrac{R^2}{r^2}-1}p_1-\frac{1-\dfrac{r^2}{r_\rho{}^2}}{1-\dfrac{r^2}{R^2}}p_2
\tag{9.10}
$$

$$
\sigma_{\mathrm{h}}=\frac{\dfrac{R^2}{r_\rho{}^2}+1}{\dfrac{R^2}{r^2}-1}p_1-\frac{1+\dfrac{r^2}{r_\rho{}^2}}{1-\dfrac{r^2}{R^2}}p_2
\tag{9.11}
$$

式中，r_ρ 为 R 与 r 之间连续管管壁任意处的半径，mm。

当 $r_\rho=r_{\mathrm{m}}=\dfrac{D-\delta}{2}=R-\dfrac{\delta}{2}$ 时，

$$
\sigma_{\mathrm{r}}=-\frac{\dfrac{R^2}{\left(R-\dfrac{\delta}{2}\right)^2}-1}{\dfrac{R^2}{r^2}-1}p_1-\frac{1-\dfrac{r^2}{\left(R-\dfrac{\delta}{2}\right)^2}}{1-\dfrac{r^2}{R^2}}p_2
\tag{9.12}
$$

$$\sigma_{\mathrm{h}} = \frac{\dfrac{R^2}{\left(R - \dfrac{\delta}{2}\right)^2} + 1}{\dfrac{R^2}{r^2} - 1} p_1 - \frac{1 + \dfrac{r^2}{\left(R - \dfrac{\delta}{2}\right)^2}}{1 - \dfrac{r^2}{R^2}} p_2 \tag{9.13}$$

式中，δ 为连续管壁厚，mm。

由式 (9.12) 和式 (9.13) 可知，在内压和挤压载荷作用下，连续管处于平面应变状态，即轴向应变 $\varepsilon = 0$。因此，通过广义胡克定律可得由内压和挤压载荷作用引起的轴向应力为

$$\sigma_{\mathrm{a}3} = \mu(\sigma_r + \sigma_h) \tag{9.14}$$

式中，μ 为连续管泊松比。

拉伸载荷和弯矩作用下产生总的轴向应力为

$$\sigma_{\mathrm{a}} = \sigma_{\mathrm{a}1} + \sigma_{\mathrm{a}2} + \sigma_{\mathrm{a}3} = \frac{F}{A} + \frac{M \cdot D}{2I} + \mu(\sigma_r + \sigma_h) \tag{9.15}$$

根据 Von Mises 准则可得，连续管等效应力可以改写为

$$2\sigma^2 = (\sigma_{\mathrm{a}} - \sigma_{\mathrm{h}})^2 + (\sigma_{\mathrm{h}} - \sigma_r)^2 + (\sigma_r - \sigma_{\mathrm{a}})^2 \tag{9.16}$$

当连续管达到屈服时，则有 $\sigma = \sigma_{\mathrm{s}}$，$\sigma_{\mathrm{s}}$ 为连续管的屈服应力。

9.1.2　计算结果讨论与分析

为验证理论计算结果的可行性，分别计算了不同拉伸载荷、弯矩、内压和挤压载荷下连续管的极限承载能力，并且与理论值进行对比。

连续管在恶劣工况 (高温、高压、高含硫以及酸性环境等) 下服役，同时还要承受实际操作中极大的拉伸载荷和弯矩。因此，对连续管耦合加载拉伸载荷、弯矩、内压和挤压载荷，其边界条件如图 9.3(a) 所示，有限元模型如图 9.3(b) 所示。

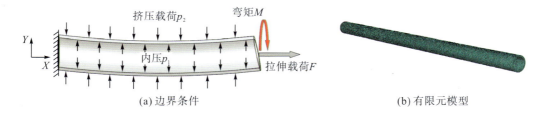

(a) 边界条件　　　　　　　　　　　　　　(b) 有限元模型

图 9.3　连续管边界条件和有限元模型

根据连续管的受力模型，在理论与有限元计算中，拉伸载荷、弯矩、内压和挤压载荷的耦合形式采用典型的波动变化载荷，如图 9.4 所示。图中载荷 1 表示恒定的载荷，载荷 2 表示变化的载荷，载荷 3 表示波动变化的载荷。

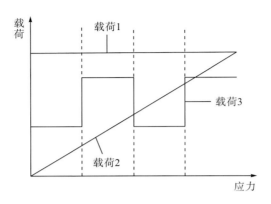

图 9.4　连续管载荷耦合示意图

1. 模型验证

为验证多组载荷下连续管数学模型的准确性，以 2.375″连续管为研究对象，利用上述公式，根据文献[3]中的一组实验数据进行准确性验证。在 ABAQUS 有限元软件中，建立连续管的三维有限元模型，其一端完全固定，长度为 1270mm，外径为 60.325mm，壁厚为 4.775mm。连续管材料为 QT-800。其材料性能参数如表 9.1 所示。本节采用四节点四面体单元对连续管结构进行网格划分。

表 9.1　连续管材料性能参数

型号	弹性模量 E/MPa	泊松比 μ	屈服应力 σ_s/MPa
2.375″	210000	0.3	552
1.25″	210000	0.3	552

表 9.2 给出了连续管在外部载荷下有限元值、理论值以及实验值的对比结果。表中误差 1 是有限元值与实验值之间的误差，误差 2 是理论值与实验值之间的误差。由计算结果可知，最大误差为 22.3%，这主要是因为实验时两种不同型号连续管的长度不一样，导致型号较小连续管比同一长度下达到屈服应力时的极限载荷要小，这样就使得在进行理论验证和有限元验证时误差较大；此外还可能与连续管壁厚的不均匀性有关。

表 9.2　有限元值、理论值与实验值对比

型号	长度/mm	拉伸载荷 F/kN	弯矩 M/(N·m)	有限元值 /MPa	理论值 /MPa	实验值 /MPa	误差 1/%	误差 2/%
2.375″	730	15.6	5700	514	530.96	552	6.9	3.8
1.25″	670	2.63	800	491.6	428.91	552	10.9	22.3

由此可以看出，目前对于连续管在多组载荷下的计算公式，不能准确地反映连续管的受力情况。所以在现有的经典力学基础上，提出了适用于连续管在多组载荷下的计算公式，

并且验证了该数学模型的可行性,这为今后对连续管在多组载荷下的理论研究和计算奠定了坚实的基础。

2. 拉伸载荷对连续管极限承载能力的影响

连续管在使用过程中,拉伸载荷对连续管的影响是不可避免的,拉伸载荷源于连续管从滚筒上进入油井中的全过程。因此,研究在不同拉伸载荷下,连续管的极限承载能力极其重要。如图 9.5 所示给出了逐渐增大至屈服应力的拉伸载荷对连续管极限承载能力的影响。由图 9.4 可得,在图 9.5 中载荷 1 表示恒定的弯矩,载荷 2 表示变化的拉伸载荷,载荷 3 表示波动变化的内压和挤压载荷。

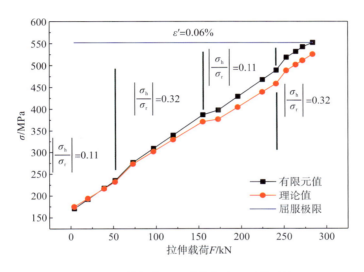

图 9.5　拉伸载荷下理论值与有限元值对比

由图 9.5 可知,连续管在拉伸载荷下,其理论值与有限元值变化趋势相近,呈递增趋势,且理论值均小于有限元值。当 $\left|\dfrac{\sigma_h}{\sigma_r}\right|$ 由 0.11 变为 0.32 时即内压增大,拉伸载荷由 52kN 增加至 73kN,其应力值增长幅度明显变大;当 $\left|\dfrac{\sigma_h}{\sigma_r}\right|$ 由 0.32 变为 0.11 时即内压减小,拉伸载荷由 155kN 增加至 173kN,理论应力值与有限元应力值均在增大,但增长幅度明显减小,其主要原因是拉伸载荷在增加。因此,由对比可以看出,在恒定的弯矩及变化的内压和挤压载荷下,连续管的变化趋势基本一致,并且理论值比有限元值小,误差均在 10% 以内。

3. 弯矩对连续管极限承载能力的影响

连续管在弯-直过程中发生塑性大变形,其变形量与弯矩大小和弯曲半径有关。弯曲半径的大小与连续管卷轴半径和导向器的半径有关。因此为研究连续管受弯矩影响时其极限承载能力的变化规律，图 9.6 给出了在不同的弯矩下，其应力值的变化情况。由图 9.4 可得，在图 9.6 中载荷 1 表示恒定的拉伸载荷，载荷 2 表示变化的弯矩，载荷 3 表示波动变化的内压和挤压载荷。

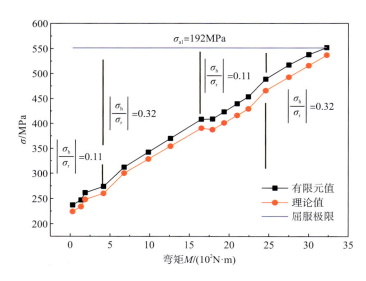

图 9.6　弯矩载荷下理论值与有限元值对比

由图 9.6 可知，随着弯矩的增加，连续管的应力值呈增长趋势，其理论值与有限元值增长趋势基本一致，且理论值小于有限元值。当 $\left|\dfrac{\sigma_h}{\sigma_r}\right|$ 增大时即内压增大，弯矩由 418N·m 增加至 679N·m，其应力值增加幅度明显变大；当 $\left|\dfrac{\sigma_h}{\sigma_r}\right|$ 减小即内压减小时，其应力值也随之减小，由于弯矩由 1650N·m 增加至 1790N·m，其减小幅度很小。同理，对比得出在恒定的拉伸载荷及波动变化的内压和挤压载荷下，连续管理论值与有限元值变化规律基本一致，由于受到变化的内压和挤压载荷的影响，增长幅度也随之变化。

4. 内压对连续管极限承载能力的影响

连续管在工作过程中，由于内部循环液的作用，产生较大的内压，造成连续管直径变化，影响连续管的使用寿命。因此，需要研究内压对连续管极限承载能力的影响。图 9.7 给出了在不同内压下连续油管应力值的变化。由图 9.4 可得，图 9.7 中载荷 1 表示恒定的拉伸载荷和挤压载荷，载荷 2 表示变化的内压，载荷 3 表示波动变化的弯矩。

由图 9.7 可知，连续管在内压作用下，其应力值随着内压值的增大，先减小，后增大至屈服应力。其原因主要是初始时连续油管所承受的内压较小，而拉伸载荷、弯矩和挤压载荷对连续管的影响较大。随着内压的增加，拉伸载荷、弯矩和挤压载荷对连续管的影响减小，对连续管极限承载能力产生影响较大的是内压。当内压小于 61MPa 时，理论值与有限元值差距较小，变化规律基本一致；当内压大于 61MPa 时，理论值与有限元值的差距增大，变化规律也基本一致。当中性层上的应变 ε' 由 0.06%变为 0.083%时即弯矩增大，内压由 27MPa 增加至 34MPa，其应力值随之增大，这是因为弯矩增大。受挤压载荷和拉伸载荷的影响，当弯矩恒定时，其应力值均呈下降趋势；当中性层上的应变 ε' 由 0.082%变为 0.06%时，有限元值增大，理论值减小，这主要是由于在理论计算中仅仅考虑载荷，没有考虑其他因素，条件单一，并且连续管在内压下是从内壁开始屈服，在进行理论计算时，取的是中性层作为理论计算，此时弯矩减小。因此，由对比可以看出，在多组载荷中，内压对连续油管的影响较大，当内压较高时，其影响最大，并且由中性层上应变 ε' 的变化也可以看出，弯矩的变化也对连续管的极限承载能力影响较大。

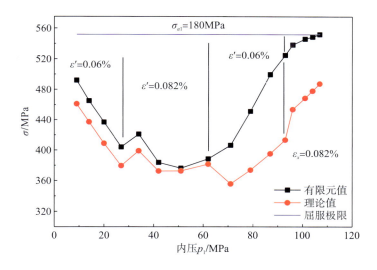

图 9.7　内压下理论值与有限元值对比

5. 挤压载荷对连续管极限承载能力的影响

连续管所受的挤压载荷一方面来源于连续管缠绕在滚筒上时，其自身的挤压作用，另一方面来源于连续管在工作过程中，受到注入头夹持块的夹持挤压作用。图 9.8 给出了在恒定的拉伸载荷、内压以及变化的弯矩下应力值的变化规律。由图 9.4 可得，图 9.8 中载荷 1 表示恒定的拉伸载荷和内压，载荷 2 表示变化的挤压载荷，载荷 3 表示波动变化的弯矩。

由图 9.8 可知，在屈服应力范围内，连续管在挤压载荷的作用下，其应力值呈增长趋势，且理论值与有限元值的增长趋势基本一致。当中性层上的应变 ε' 由 0.06%增加至 0.082%即弯矩增大时，挤压载荷由 24MPa 增加至 29MPa，其应力值增加幅度变大，主要原因是弯矩增大；当中性层上的应变 ε' 由 0.082%减小为 0.06%即弯矩减小时，挤压载荷由 44MPa 增加至 48MPa，其应力均先减小后增大至屈服应力。这里应力值减小的主要原因是弯矩减小，应力增大至屈服应力是由于弯矩恒定，应力值随着挤压载荷的增大而增大。

因此，通过对比可以看出，弯矩对连续管的极限承载能力影响较大，且理论值与有限元值差距较小。

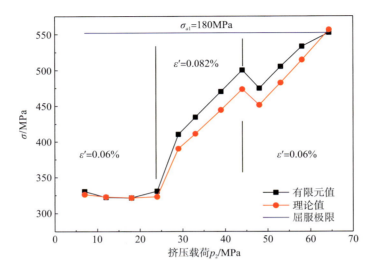

图 9.8　挤压载荷下理论值与有限元值对比

9.2　含初始裂纹缺陷连续管极限承载能力

9.2.1　CT110 连续管临界 CTOD 值

连续管材料韧性较好，在工作中超出弹性范围时，会产生大范围屈服，此时基于应力强度因子的理论已经不能适用，应该基于弹塑性断裂力学理论去进行分析。弹塑性断裂力学关于裂纹扩展的阐述没有忽略材料的塑性变形，并把 CTOD（裂纹尖端张开位移）或 J 积分作为判断构件产生弹塑性断裂的依据。

考虑裂纹扩展时钢材的塑性变形，得出临界 CTOD 是弹塑性断裂力学中重要的参数，裂纹尖端材料抵抗开裂的能力用这个参数来评判，临界 CTOD 值与材料抗开裂性能呈正相关。在工程上，为了对含有已知尺寸的裂纹结构件进行疲劳寿命分析，广泛采用临界 CTOD 值（δ_c）作为断裂判据。

目前，连续管发展趋势为高强度和大管径，因此选择 CT110 连续管作为研究对象，查手册可知当前该型号连续管的最大壁厚为 7.1mm。为了得到连续管材料的临界 CTOD 值，参考相关的标准[4]，在 ABAQUS 中建立三点弯曲模型，模型的长度为 130mm，宽度为 26mm，厚度为 7mm。在模型中部下端预制裂纹，对裂纹区域进行网格加密，模型两端下部设置两个刚性支撑体，对模型上端中部的刚体施加位移载荷，图 9.9 为三点弯曲有限元模型图。

图 9.9　三点弯曲有限元模型

在本章建立的模型中，CT110 连续管材料的 CTOD 值用裂纹尖端节点的位移的 2 倍来表示，裂纹尖端节点的 x 轴方向的位移乘以 2 即为按定义得出的 CTOD 值。在加载点分别施加不同大小位移载荷，位移载荷值为 0～2mm 时，CTOD 值随着位移载荷的增加而快速增加到 0.475mm；在 2～4mm 范围内，CTOD 值随着位移载荷的增加而缓慢增加到最大值（临界值），临界值为 0.732mm。图 9.10 是位移载荷为 4mm 时的应力云图，图 9.11是 CTOD 值与位移载荷的关系。

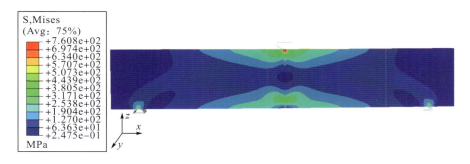

图 9.10　位移载荷为 4mm 时的应力云图

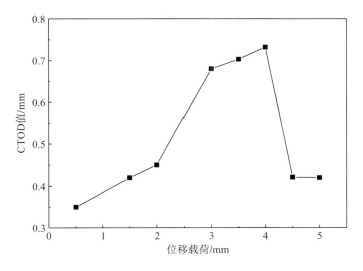

图 9.11　CTOD 值与位移载荷的关系

9.2.2 含初始裂纹连续管有限元模型建立

1. 有限元模型的建立

选取连续管钢级为 CT110，尺寸为 ϕ 50.8mm × 4.4mm。利用 ABAQUS 建立含初始裂纹的三维连续管有限元模型，模型一端固定，另一端轴向载荷为 F，p_2 为内压，管体中部为裂纹，所建立的裂纹为半椭圆形，$2c$ 为椭圆形长轴的长度，a 为裂纹的深度，如图 9.12 所示。裂纹所在界面如图 9.13 所示。连续管本体采用八结点六面体实体单元(C3D8R)进行网格划分，整体单元数为 105680，裂纹区域单元数为 13238。

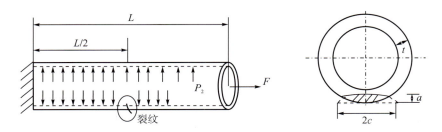

图 9.12   含裂纹连续管边界条件

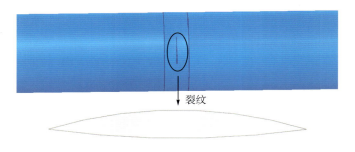

图 9.13   裂纹截面示意图

2. 有限元模型验证

为了验证本章节中含初始裂纹连续管模型的可靠性，使用已建立的模型对文献[5]中的结论进行验证。参照文献采用表面裂纹的尺寸为：$a/t = 0.5$，$2c/t = 4$，内压载荷 $P=0$，然后分别施加不同大小的拉伸载荷，再提取裂纹尖端处张开位移和管体整体的拉伸位移，最后与 CTOD 临界值进行对比分析。

图 9.14 所示为不同载荷下的最大 CTOD 值。从图中可以看出，随着拉伸载荷的增加，含裂纹连续管的最大 CTOD 值会先经过一个缓慢增加的阶段，然后再经历一个快速增加的阶段。实验中临界 CTOD 值对应的临界载荷 F_c 为 178.54kN，而由本节的有限元分析可得，在同样的载荷下 CTOD 最大值为 0.36mm，比实验中的值 0.352mm 高出 2.27%。超过

临界载荷之后，CTOD 最大值仍然随着载荷的增大而增大，此阶段的最大误差为 10%，发生在载荷为 180kN 时。

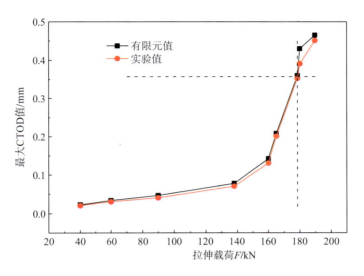

图 9.14　不同载荷下的最大 CTOD 值

图 9.15 为拉伸载荷是 40kN 时，裂纹处的应力变化历程。预制的裂纹和管体皆是轴对称，在整个加载过程中，裂纹处未发生明显屈服。高应力区域从裂纹短轴向两边延伸，最终在裂纹尖端出现明显的应力集中现象。当载荷达到临界载荷时，裂纹沿着连续管壁厚和环向扩展，图 9.16 为临界载荷下连续管的应力分布情况，最大应力为 635.7MPa，远远高于屈服极限，裂纹处发生明显的屈服，最大应力区域已延伸到连续管内壁。

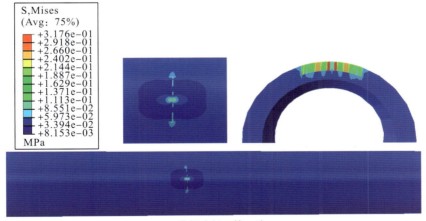

(a) 分析步长：第一步

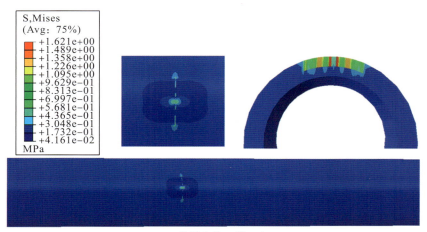

(b) 分析步长：第三步

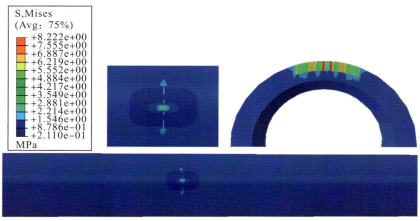

(c) 分析步长：第五步

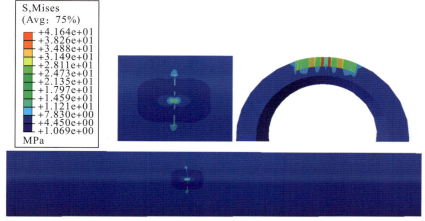

(d) 分析步长：第七步

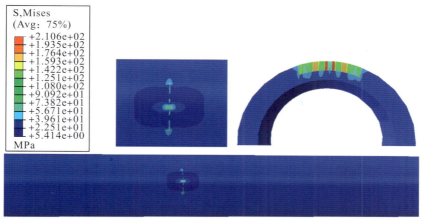

(e) 分析步长：第九步

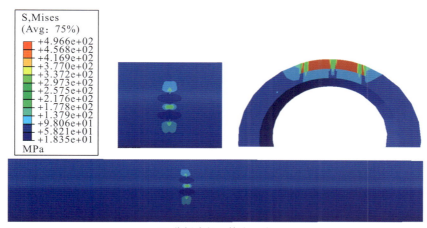

(f) 分析步长：第十一步

图 9.15   40kN 载荷下不同分析步长时的应力分布

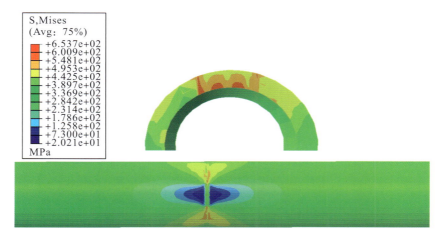

图 9.16   临界载荷下的应力分布

9.2.3　含初始裂纹缺陷连续管极限承载失效分析

1. 内压作用下含缺陷连续管极限承载失效分析

在不同内压载荷的作用下，裂纹角度不同，连续管裂纹处所产生的最大 CTOD 值会有很明显的变化。在内压分别为 100MPa、110MPa、120MPa、130MPa 和 140MPa 的作用下，对连续管的极限承载能力进行分析。由图 9.17 可得，内压越高，裂纹的最大 CTOD 值也会越大，当内压载荷为 130MPa 时，相对应裂纹角度的连续管最大 CTOD 值最大。从裂纹角度的影响上来看，CTOD 的最值随着角度的增大而减小，即裂纹角度越小，含裂纹连续管在一定内压载荷下的承载能力越低。裂纹角度从 0°至 90°，当内压载荷为 100MPa 时，最大值由 0.15mm 降低到 0.12mm，下降幅度达 20.0%；当内压载荷为 110MPa 时，最大值由 0.16mm 降低到 0.13mm，下降幅度达 18.8%；当内压载荷为 120MPa 时，最大值由 0.18mm 降低到 0.14mm，下降幅度达 22.2%；当内压载荷为 130MPa 时，最大值由 0.23mm 降低到 0.15mm，下降幅度达 34.8%。在上述载荷下，含裂纹连续管的最大 CTOD 值均小于临界值 0.732mm，未达到断裂失效的标准。

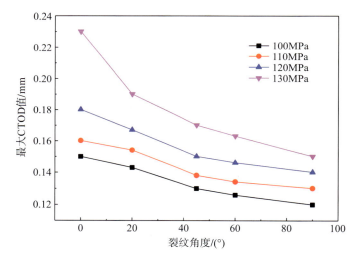

图 9.17　不同内压载荷下裂纹角度对最大 CTOD 值的影响

当内压载荷为 140MPa 时，最大 CTOD 值由 5.36mm 降低到 4.8mm，下降幅度达 10.5%，此时的最值已经远远超过临界值，即含裂纹连续管在此内压下已经断裂。由图 9.18 可以看出，130MPa 时的最大 CTOD 值已接近临界值。

2. 拉伸载荷作用下含缺陷连续管极限承载失效分析

连续管在井筒中工作时受张力和内部压力的影响，这种工况是作业过程中的典型工况。本节采用 ABAQUS 数值模拟了外表面有横向半椭圆裂纹的连续管在此种工况下的断裂特性，确定了含裂纹连续管的临界载荷。

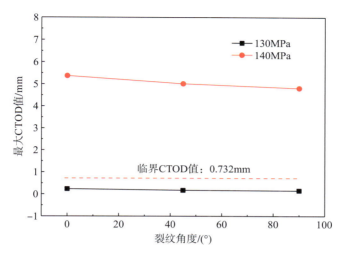

图 9.18　极限承载内压区间图

　　管体受载荷的示意图如图 9.12 所示，一端施加固定约束，另一端施加轴向拉伸载荷 F。p_2 为施加在连续管内表面的压力。模型的长度 L 为 800mm，外表面的横向半椭圆裂纹位于中间截面。半椭圆裂纹以相对长度 $2c/t$ 和相对深度 a/t 表示，其中 t 为壁厚。

　　连续管在开始下放时，管体的直段会受到拉伸载荷，作业中产生裂纹后，连续管的承载能力会明显下降。为了分析含裂纹连续管的极限承载能力，确保作业的安全性，故对含不同深度初始裂纹的连续管进行极限承载分析。设置的裂纹如图 9.13 所示为椭圆形，$2c/t=2$，$a/t=0.2$、0.4 和 0.6。图 9.19 为无内压载荷时的分析结果图，分析可得：随着拉伸载荷的不断增大，裂纹尖端的最大 CTOD 值会先线性增加，然后在裂纹尖端出现明显屈服后，最大值会出现增速加快。当 $a/t=0.2$ 时，拉伸载荷 460kN 所对应的最大 CTOD 值为 0.68mm，470kN 所对应的最大 CTOD 值为 0.736mm，能确定出无内压时的临界拉伸载荷小于 470kN；当 $a/t=0.4$ 时，460kN 所对应的最大 CTOD 值为 0.741mm，已经大于 CTOD 临界值，临界拉伸载荷小于 460kN；同理，当 $a/t=0.6$ 时，临界拉伸载荷小于 450kN，随着裂纹深度的增加，临界拉伸载荷减小。

　　连续管下放完成并开始作业后，管体的直段不仅会受到拉伸载荷，而且会受到高压液体的作用。裂纹的尺寸和管体模型保持不变，研究在 25MPa 内压作用下，含裂纹连续管的极限承载能力。图 9.20 为内压 25MPa 时，裂纹尖端最大 CTOD 值与拉伸载荷的关系，由图可知，加载内压后，最大 CTOD 值随拉伸载荷的变化关系与无内压时一致，同时也发现，裂纹的深度和尺寸一致且载荷相同时，内压载荷下的最大 CTOD 值皆大于无内压载荷时的最大 CTOD 值。通过与图 9.19 无内压载荷的情况进行对比分析，得到：当 $a/t=0.2$ 时，拉伸载荷为 450kN 时所对应的最大 CTOD 值为 0.739mm，440kN 所对应的最大 CTOD

值为 0.686mm，能确定此裂纹尺寸的临界拉伸载荷大于 440kN 而小于 450kN；当 a/t=0.4 时，430kN 所对应的最大 CTOD 值 0.695mm，小于 CTOD 临界值，440kN 所对应的最大 CTOD 值为 0.743mm，已经大于临界值，故此时临界拉伸载荷大于 430kN 而小于 440kN；同理，当 a/t=0.6 时，临界拉伸载荷等于 430kN。因此，在相同工况下，内压加快了裂纹的萌生和扩展速度，使得管体裂纹处提前达到临界值。

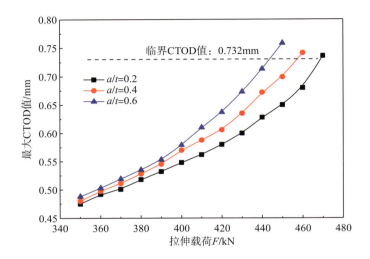

图 9.19   无内压载荷时裂纹尖端最大 CTOD 值

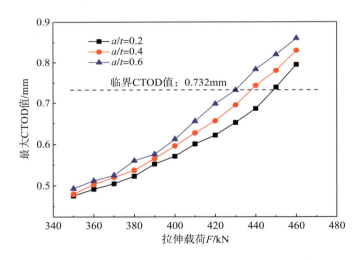

图 9.20   内压为 25MPa 时裂纹尖端最大 CTOD 值

3. 弯矩作用下含缺陷连续管极限承载失效分析

当连续管下放时，管体会从滚筒上起出，作业结束后，又会被拉上来并绕回滚筒。因此，管体主要会受到弯矩的作用，当通入高压液体后，管体受到的主要载荷变为内压和弯矩。

　　设置裂纹的 a/t=0.2、0.3 和 0.4，施加的内压大小与实际工作内压相同，设置为 20MPa，经过计算当弯矩大小为 4600N·m 时，所得到的不同裂纹深度的最大 CTOD 值已经达到 0.6mm。图 9.21 为含裂纹连续管最大 CTOD 值与弯矩的关系图，最大 CTOD 值随着弯矩的增大而增大，相同载荷大小时，最大 CTOD 值随着裂纹深度的增加而增加。弯矩为 4700N·m，a/t=0.4 时，达到临界值。当达到临界值以后，裂纹最大 CTOD 值与弯矩仍然正相关，说明裂纹仍然未到断裂的阶段。弯矩从 4600N·m 增加到 4700N·m，a/t=0.2、0.3 和 0.4 时的最大 CTOD 值增幅分别为 7%、4.6%和 4.5%；弯矩从 4700N·m 增加到 4800N·m，a/t=0.2、0.3 和 0.4 时的最大 CTOD 值增幅分别为 8.1%、9.7%和 8.9%；弯矩从 4800N·m 增加到 4900N·m，a/t=0.2、0.3 和 0.4 时的最大 CTOD 值增幅分别为 7.5%、6.1%和 3.6%。

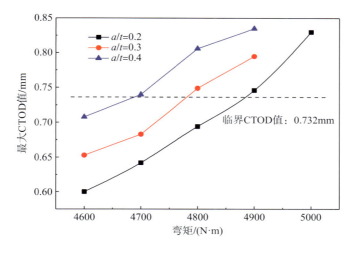

图 9.21　弯矩下连续管的最大 CTOD 值

　　为了更加直观地研究弯矩下连续管初始裂纹的扩展规律，对计算模型的含裂纹处截面进行分析。图 9.22 是裂纹深度为 0.88mm 和 1.76mm，弯矩分别为 4700N·m 和 4800N·m 时，连续管含裂纹截面处进入塑性变形后的应力应变变化历程。由图可知：当应力值达到 CT110 连续管的屈服极限 758MPa 后，管体开始发生明显的塑性变形。在变形的初始阶段，随着应变的增加，应力值会有比较大的波动，裂纹尖端在波动之前的阶段产生应力应变集中，应变能也会增加，成为后面的裂纹扩展阶段的准备阶段。随后就是应力随应变的快速增加而缓慢增加，在这个过程中，裂纹开始扩展延伸，之后应力随应变的增加而快速增加，并到达临界 CTOD 值，学术界把这个临界点作为安全标准值。之后裂纹会进入不稳定扩展阶段，应力保持不变，应变快速增加，尽管在这个阶段，连续管并未完全断裂，但是也很难进行规律性研究，并且此阶段会快速结束，所以通常情况下这个阶段不是研究的主要对象。

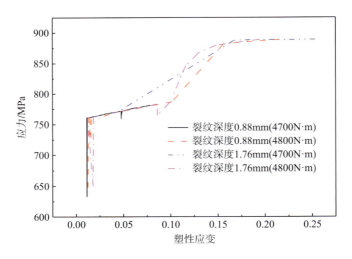

图 9.22   弯矩下含裂纹截面的应力应变

4. 复合载荷作用下含缺陷连续管极限承载失效分析

以上对内压、拉伸载荷和弯矩单一载荷下含初始裂纹连续管的承载能力进行了研究，得出了相应载荷条件下连续管的临界值。下面对复合载荷下含裂纹连续管的承载能力进行分析。

本节研究中的复合载荷为内压、弯矩和拉伸载荷，其中内压为 20MPa。椭圆形裂纹长度 2c 分别设置为 1mm、7mm 和 13mm，a/t 分别为 0.1、0.2、0.3、0.4 和 0.5。通过提取最大 CTOD 值可以得到如图 9.23 所示的复合载荷下裂纹深度和长度对连续管临界值的影响分析。

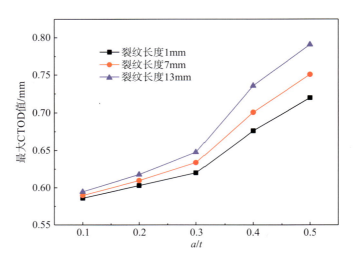

图 9.23   复合载荷下裂纹深度和长度对连续管临界值的影响

从整体趋势来看，随着裂纹深度的增加，含裂纹连续管的最大 CTOD 值会增大，$a/t <$ 0.3 时的增速明显低于 $a/t > 0.3$ 时的，即之后的阶段裂纹的扩展速度加快。a/t 一定时，最大 CTOD 值也会随着裂纹长度的增加而增大，而且裂纹深度越深，裂纹长度对最大 CTOD 值的影响越大。$a/t = 0.3$ 时，裂纹长度 1mm、7mm 和 13mm 所对应的最大 CTOD 值分别为 0.62mm、0.634mm 和 0.648mm，均没有达到临界值 0.732mm。

9.3　含缺陷连续管极限承载研究及安全分析

9.3.1　有限元模型的建立

1. 本构模型与失效准则

本节以 CT90 连续管为研究对象，弹性模量为 212GPa，泊松比为 0.3。经过拉伸试验可以得出连续管的工程应力-应变曲线，转化后的真实应力-应变曲线如图 9.24 所示。由图 9.24 可知，应力小于 670MPa，材料为弹性阶段，应力为 670～813.9MPa 是塑性阶段。由于连续管材料有较好的韧性，因此本书采用塑性失效准则[6]，即连续管缺陷处等效应力达到抗拉强度时，判定连续管失效。

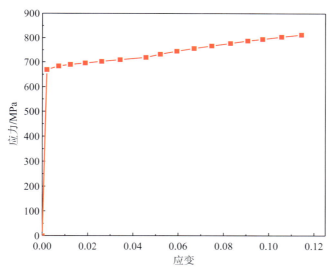

图 9.24　CT90 真实应力-应变曲线

2. 有限元模型的建立

由于制作缺陷、机械损伤，连续管管体局部体积损失，出现各种复杂形状的缺陷[7]。为便于后续研究，将缺陷形状简化为锥形、球形和槽形，缺陷尺寸模型如图 9.25 所示。

图 9.25 中，L 为缺陷长度，mm；B 为缺陷宽度，mm；A_0 为缺陷截面积，mm²；d 为缺陷深度，mm。选取外径为 38.1mm，壁厚为 3.18mm 的连续管，由于管道的对称性，为提高计算速度，模型只考虑了 1/4 的缺陷连续管[8]。根据圣维南原理[9]，为了消除边界效应，取管长度为 120mm。

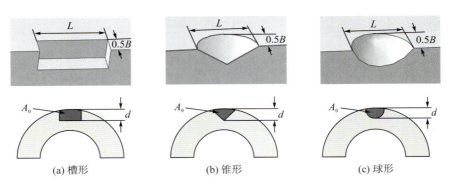

(a) 槽形   (b) 锥形   (c) 球形

图 9.25 缺陷尺寸模型

采用 C3D8R 线性六面体单元对缺陷连续管进行网格划分，对于各个形状缺陷区域保留其形状特点，对缺陷及其附近区域进行网格加密划分，其他区域网格进行过渡处理，如图 9.26 所示。由图 9.26 可知，对模型两端面(M 面、N 面)作轴向对称约束，缺陷处截面(P 面)作纵向对称约束，内压、外压及拉伸载荷均匀施加在内、外壁面及轴向端面。为验证网格密度对有限元结果的影响，在壁厚方向分别划分 12，16，20，24，28，32 层网格，但轴向和环向网格数量保持不变，网格层数对有限元计算结果的影响如图 9.27 所示。由图 9.27 中可知网格层数越多计算结果越趋于平稳，但计算难度越大，因此折中选择 24 层网格模型进行计算。

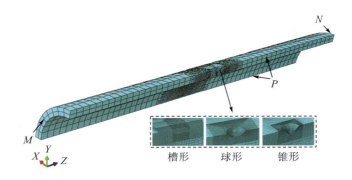

槽形   球形   锥形

图 9.26 含缺陷连续管有限元模型

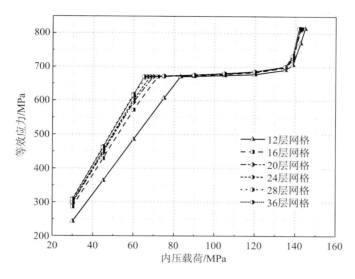

图 9.27　网格层数对有限元结果的影响

3. 有限元模型验证

为验证模型的准确性，以文献中的爆破压力试验结果进行验证。选取文献[10]中 X52 和 X60 两种钢级管道的 4 组单缺陷试验数据，采用本书建模方法进行仿真计算。对比试验结果与仿真计算结果可知，有限元模型等效应力达到管道抗拉强度的位置正好与试验爆破失效位置吻合。有限元计算结果与试验结果对比如表 9.3 所示，4 组结果对比误差最大仅为 3.1%，表明本书建立的有限元模型结果是可靠的，也证明基于塑性失效准则判定连续管失效的方法是可靠的。

表 9.3　有限元结果与试验结果对比

钢级	壁厚 /mm	缺陷长度 /mm	缺陷宽度 /mm	缺陷深度 /mm	试验极限内压/MPa	仿真极限内压 /MPa	误差/%
X52	9.70	35.50	33.90	4.85	19.55	19.51	0.2
X60	8.88	35.00	35.00	4.44	19.54	19.36	0.9
X60	8.88	34.10	34.10	4.44	19.97	19.35	3.1
X60	10.60	37.10	37.10	5.30	24.67	24.70	0.1

9.3.2　缺陷参数对连续管极限承载的影响

1. 缺陷形状参数对极限承载的影响

为研究不同形状缺陷对连续管极限承载的影响规律，保持缺陷长度 L、宽度 B 不变，模拟分析当缺陷深度系数 C（$C = d/t$，t 表示管壁厚，mm）为 0.1～0.5 时，连续管的极限承载能力，缺陷形状对极限承载的影响结果如图 9.28 所示。图 9.28(a)～图 9.28(c) 分别为缺陷形状对连续管极限内压、极限外压以及极限抗拉载荷的影响。当 $C \leqslant 0.4$ 时，锥形缺陷对极限内压和极限外压影响更大，槽形缺陷对极限抗拉载荷影响更大。当连续管在受内压或外压载荷时，锥形缺陷尖端更易出现应力集中。而受拉伸载荷时，含槽形缺陷连续管同等条件下轴向截面积更小所受轴向应力更大，导致其更易出现失效。故在同等深度的缺陷中，出现锥形或槽形缺陷时，连续管承载风险更大。

由上述结果可知，锥形缺陷对连续管极限内压、极限外压、极限抗拉载荷影响更为明显。根据安全裕度最大化准则，锥形缺陷与实际缺陷更接近，故后续以含锥形缺陷连续管为对象开展研究。

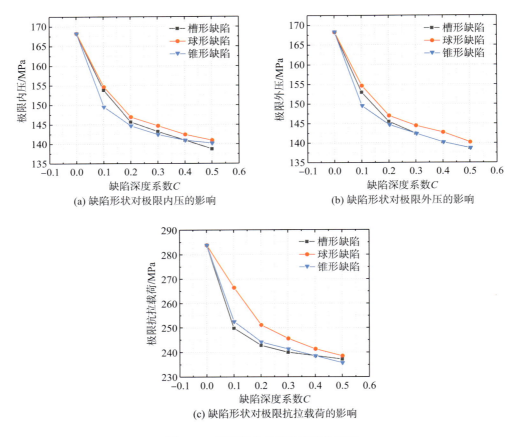

(a) 缺陷形状对极限内压的影响　　　　　　(b) 缺陷形状对极限外压的影响

(c) 缺陷形状对极限抗拉载荷的影响

图 9.28　缺陷形状对极限承载的影响

2. 缺陷尺寸参数对极限承载的影响

1) 缺陷深度对极限承载的影响

保持缺陷长度 L 为 4mm，宽度 B 为 4mm，改变缺陷深度系数 C，分别计算缺陷深度对连续管极限内压、极限外压、极限抗拉载荷的影响，结果如图 9.29 所示。

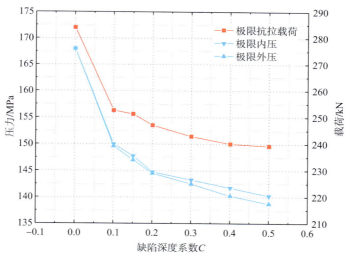

图 9.29　缺陷深度对极限承载的影响

由图 9.29 可知，随着缺陷深度增加、连续管的三大极限承载能力逐渐下降。当 C 由 0 增加到 0.2 时，连续管极限承载能力下降较为明显，说明缺陷深度较小时连续管极限承载能力受缺陷深度影响更大。故在连续管表面出现缺陷时应及时处理，避免缺陷深度变大。并且在相同缺陷深度下，连续管抗外压能力比抗内压能力弱，作业时应避免环空压力过大。

2) 缺陷长度对极限承载的影响

当 $C = 0.4$，改变缺陷长度 L 进行计算，计算结果如图 9.30 所示。由图 9.30 可知，当 L 增加时，连续管极限承载能力逐渐下降。当 L 由 0mm 增加到 1mm 时，连续管极限承载能力下降较明显。当 L 大于 1mm 时，连续管极限承载能力下降趋势逐渐平缓，说明缺陷长度对连续管极限承载能力影响有限。

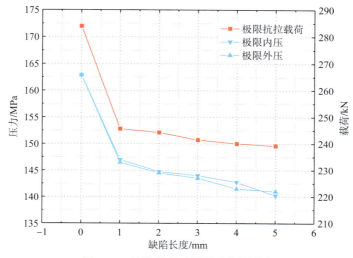

图 9.30　缺陷长度对极限承载的影响

3）缺陷宽度对极限承载的影响

当 $C = 0.5$，改变缺陷宽度 B 进行计算，计算结果如图9.31所示。由图9.31可知，当 B 增加时，连续管极限承载能力逐渐下降，并且呈现先快速下降后趋于平稳的趋势。当缺陷宽度 B 由0mm增加到1mm时，连续管极限承载能力下降较明显。当 B 大于1mm时，连续管极限承载能力下降趋势逐渐平缓，说明缺陷宽度对连续管极限承载能力影响有限。同时当缺陷宽度 B 大于2mm时，连续管抗外压能力弱于抗内压能力。

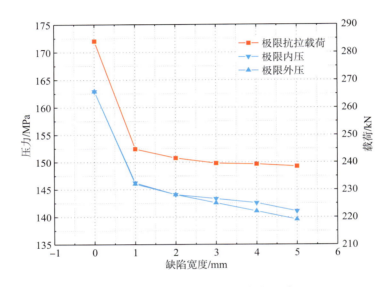

图9.31　缺陷宽度对极限承载的影响

4）缺陷截面积对极限承载的影响

当 $C = 0.4$ 时，改变缺陷的长、宽，即改变缺陷的截面积进行计算。设缺陷横截面积 A_0 与完整管横截面积 A 之比为缺陷截面积系数 S，缺陷截面积系数对极限承载的影响如图9.32所示。由图9.32可知，随着 S 增大，连续管极限承载能力逐渐下降。缺陷横截面积增大导致轴向截面积变小，相同条件下连续管所受轴向应力更大，更容易达到极限载荷。

5）敏感参数对比分析

影响连续管极限载荷的缺陷参数较多，本书采用灰色关联法[11]对多个敏感参数进行分析，根据灰色关联度系数大小判别各敏感参数与极限承载关联的强弱。灰色关联度系数计算如式（9.17）所示：

$$\xi_m = \frac{\min\limits_{m}\min\limits_{t}\left|y(t) - x_m(t)\right| + \rho\max\limits_{m}\max\limits_{t}\left|y(t) - x_m(t)\right|}{\left|y(t) - x_m(t)\right| + \rho\max\limits_{m}\max\limits_{t}\left|y(t) - x_m(t)\right|} \tag{9.17}$$

式中，ξ_m 为灰色关联系数；$x_m(t)$ 为第 m 个参数中第 t 个归一化的数值；$y(t)$ 为归一化后的目标值；ρ 为分辨系数，取0.5。

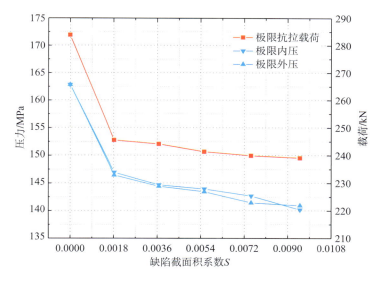

图 9.32　缺陷截面积系数对极限承载的影响

　　为整体性比较各个敏感参数与连续管极限承载的关联度,需要将各个时刻的关联系数取平均值,整合为 1 个值即关联度,其计算方法如式(9.18)所示:

$$r_m = \frac{1}{n}\sum_{m=1}^{n}\xi_m(t), t = 1,2,\cdots,n \tag{9.18}$$

　　将缺陷深度、长度、宽度和截面积进行归一化处理后,与连续管极限内压、极限外压、极限抗拉载荷作灰色关联度分析,分析结果如图 9.33 所示。由图 9.33 可知,对于含缺陷连续管三大极限承载能力,4 个缺陷敏感参数中缺陷深度和缺陷处截面积影响最大,缺陷长度和宽度影响次之。

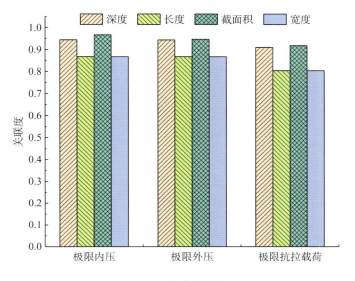

图 9.33　灰色关联度

9.3.3　含缺陷连续管极限承载理论模型建立

1. 完整管极限承载理论模型

连续管作业过程中承受内压、弯矩、拉伸和挤压载荷[12,13]，多个载荷联合作用下产生轴向应力 σ_a、环向应力 σ_h 和径向应力 σ_r，其受力模型如图 9.34 所示。

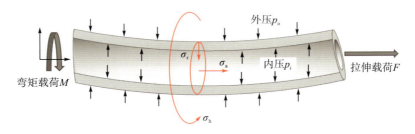

图 9.34　连续管受力示意图

根据 Von Mises 等效应力理论，完整管受到的极限应力 σ_y 表达式如式(9.19)所示：

$$\sigma_y = \sqrt{\frac{(\sigma_r - \sigma_h)^2 + (\sigma_h - \sigma_a)^2 + (\sigma_a - \sigma_r)^2}{2}} \tag{9.19}$$

式中，σ_r 为径向应力，MPa；σ_h 为环向应力，MPa；σ_a 为轴向应力，MPa；σ_r 与 σ_h 可由 Lame 公式[14]得出，如式(9.20)～式(9.21)所示：

$$\sigma_r = \frac{r_i^2 p_i - r_o^2 p_o}{\left(r_o^2 - r_i^2\right)} - \frac{(p_i - p_o)r_i^2 r_o^2}{r^2\left(r_o^2 - r_i^2\right)} \tag{9.20}$$

$$\sigma_h = \frac{r_i^2 p_i - r_o^2 p_o}{\left(r_o^2 - r_i^2\right)} - \frac{(p_o - p_i)r_i^2 r_o^2}{r^2\left(r_o^2 - r_i^2\right)} \tag{9.21}$$

式中，r_i 为连续管内半径，mm；r_o 为连续管外半径，mm；r 为 r_i 与 r_o 之间连续管管壁处的半径，mm；p_i 为连续管内压，MPa；p_o 为连续管外压，MPa。

轴向应力计算较为复杂，其由弯矩载荷、拉伸载荷以及内、外压协同作用引起，计算方法如式(9.22)所示：

$$\sigma_a = \frac{F + \pi r_i^2 p_i - \pi r_o^2 p_o}{A_{ct}} + \frac{M \times r_o}{I} \tag{9.22}$$

式中，A_{ct} 为连续管的横截面积，mm²；M 为弯矩载荷，N·m；F 为拉伸载荷，N；I 为连续管的极惯性矩，mm⁴；$\dfrac{M \times r_o}{I}$ 为弯矩产生的弯曲应力，MPa。

2. 含缺陷管极限承载理论模型

根据敏感参数对比分析可知，缺陷深度、缺陷截面积对连续管极限承载能力影响最大，因此以缺陷深度和截面积为主控因素建立含缺陷连续管极限承载理论模型。基于上述完整管连续管极限承载模型,采用缺陷深度系数 C 与截面积系数 S 对其进行修正,从而建立含缺陷连续管极限承载理论模型。

如图 9.35 所示,含缺陷连续管在三大极限载荷作用下最大等效应力都出现在缺陷根部。因此将式(9.20)与式(9.21)中 r 修正为缺陷处最小半径 r',且式(9.22)中的横截面积 A_{ct} 修正为缺陷处截面积 A'_{ct}。此时连续管极限应力 σ_s 计算方法为

$$\sigma_s = \sigma_y \beta_k(C, S); \quad k = 1, 2, 3 \tag{9.23}$$

式中,C 为缺陷深度系数;S 为缺陷截面积系数;$\beta_k(C,S)$ 为三大极限承载修正系数。当连续管极限应力达到其抗拉强度时,视为应力达到极限,此时连续管所受载荷为极限载荷。

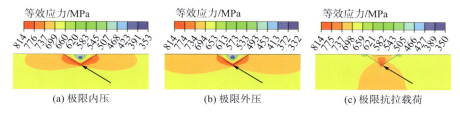

| (a) 极限内压 | (b) 极限外压 | (c) 极限抗拉载荷 |

图 9.35　缺陷管最大等效应力位置

本书采用拟合方法对修正系数进行拟合,所需的部分数据如表 9.4 所示。以表 9.4 数据为基础,使用 Origin 软件,选取二维切比雪夫(Chebyshev-2D)方法进行非线性曲面拟合,建立缺陷深度、缺陷截面积与三大极限承载能力的理论模型。

表 9.4　修正系数所需的部分数据

序号	深度系数 C	截面积系数 S	极限内压/MPa	极限外压/MPa	极限抗拉载荷/N
1	0.1	0.00093665	150	153	255365.55
2	0.15	0.00139242	148.5	148.5	251179.23
3	0.2	0.001859657	146.25	147.05	249086.07
4	0.3	0.002759731	145.5	146.2	245597.47
5	0.4	0.003671271	144.75	144.5	244202.03
6	0.5	0.004582812	144	144	241411.15
7	0.1	0.002024711	149.6	149.6	252574.67
8	0.15	0.002764263	147.75	147	251179.23
9	0.2	0.003870724	144.75	144.75	246992.91
10	0.3	0.005670873	143.25	142.5	242806.59
11	0.4	0.007493954	141.75	140.25	240015.71
12	0.5	0.009317035	140.25	138.5	237224.83
...	...	...	...	...	...

以极限内压理论模型为例,其拟合的修正系数 β_1 公式如式(9.24)所示:

$$\beta_1 = a + b\cos(\mathrm{acos}\,C) + c\cos(\mathrm{acos}\,S) + d\cos(2\mathrm{acos}\,C) \\ + e\cos(\mathrm{acos}\,C)\cos(\mathrm{acos}\,S) + f\cos(2\mathrm{acos}\,S) \tag{9.24}$$

式中，a，b，d，e 和 f 为参数，$a = -9727.59498$，$b = -0.01751$，$c = 11.52313$，$d = -2.24298$，$e = 530.05065$，$f = -9726.68963$。截面积系数、深度系数与修正系数 β_1 的关系曲面图如图 9.36 所示。由图 9.36 可知，实际的数据点均在拟合的二维曲面上，且拟合优度 R^2 达到 0.99997，证明拟合模型的精度较高。

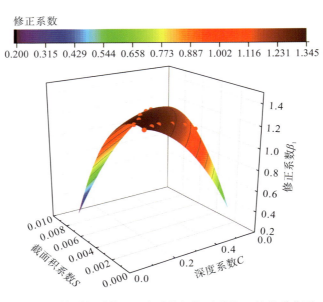

图 9.36 截面积系数、深度系数与修正系数 β_1 的关系曲面

以同样的方法建立极限外压、极限抗拉载荷的理论模型，拟合的修正系数 β_2、β_3 如式 (9.25) 和式 (9.26) 所示：

$$\begin{aligned}\beta_2 = &-21311.48097 - 0.02446\cos\left(\mathrm{acos}\,C\right) + 25.20303\times \\ &\cos\left(\mathrm{acos}\,S\right) - 4.38839\cos\left(2\mathrm{acos}\,C\right) + 1149.70178\times \\ &\cos\left(\mathrm{acos}\,C\right)\cos\left(\mathrm{acos}\,S\right) - 21308.40375\cos\left(2\mathrm{acos}\,S\right)\end{aligned} \tag{9.25}$$

$$\begin{aligned}\beta_3 = &-14972.49825 - 1.10229\cos\left(\mathrm{acos}\,C\right) + 13.0196\times \\ &\cos\left(\mathrm{acos}\,S\right) - 2.54182\cos\left(2\mathrm{acos}\,C\right) + 810.34564\times \\ &\cos\left(\mathrm{acos}\,C\right)\cos\left(\mathrm{acos}\,S\right) - 14971.05162\cos\left(2\mathrm{acos}\,S\right)\end{aligned} \tag{9.26}$$

结合式 (9.19) ~ 式 (9.22) 即可得含缺陷连续管极限承载理论模型，模型如式 (9.27) 所示：

$$\sigma_{\mathrm{b}} = \frac{\sqrt{2}\beta_k(C,S)}{2}\alpha\left(p_{\mathrm{i}}, p_{\mathrm{o}}, F_{\mathrm{a}}\right); \quad k = 1,2,3 \tag{9.27}$$

式中，σ_{b} 为连续管抗拉强度，MPa；$\alpha\left(p_{\mathrm{i}}, p_{\mathrm{o}}, F_{\mathrm{a}}\right)$ 表示含内压、外压以及拉伸载荷的函数，MPa。当 $k = 1,2,3$ 时分别对应连续管极限内压、极限外压和极限抗拉载荷三大极限承载能力。

3. 模型对比验证

为验证理论模型可靠性,采用油管中经典理论模型 ASME B31G—1991[14]、DNV RP—F101[15]、RSTRENG 有效面积法[16]、PCORRC[17]和本书模型进行对比,分别计算文献[10]中 4 组缺陷管道爆破试验的失效内压,结果如图 9.37 所示。由图 9.37 可知,RSTRENG 有效面积法模型计算误差最大,本书所建立模型计算误差最小,最大误差仅为 4.56%,因此建立的含缺陷连续管极限承载理论模型的计算准确度较高。

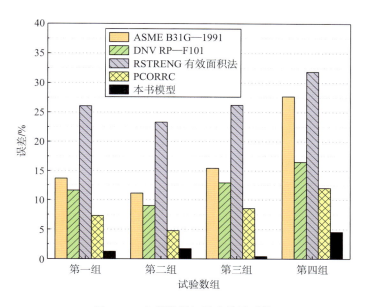

图 9.37　本书模型与经典模型对比

9.4　连续管极限承载实验研究

对不同钢级和规格的低碳微合金钢连续管进行实物静水压爆破试验和外压挤毁试验,其承压能力如表 9.5 所示。连续管外压挤毁失效和内压爆破失效后的试样如图 9.38 和图 9.39 所示。

表 9.5　连续管抗内压和抗外压试验结果

钢级	规格 直径×壁厚/(mm×mm)	检测项目	实测失效载荷值/MPa	按标准计算值/MPa
CT90	ϕ38.1×3.18	水压爆破试验	79.5	68.9
		外压挤毁试验	122.0	89.2
CT110	ϕ50.8×4.44	水压爆破试验	170.6	138.6
		外压挤毁试验	146.9	115.0

续表

试样		检测项目	实测失效载荷值/MPa	按标准计算值/MPa
钢级	规格 直径×壁厚/(mm×mm)			
CT130	φ50.8×4.44	水压爆破试验	212.1	162.7
		外压挤毁试验	185.3	143.0
CT150	φ50.8×4.0	水压爆破试验	196.2	168.2
		外压挤毁试验	161.4	138.1

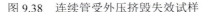

图 9.38　连续管受外压挤毁失效试样　　　　　图 9.39　连续管受内压爆破失效试样

参 考 文 献

[1] 胡益平. 材料力学[M]. 成都: 四川大学出版社, 2011.

[2] 徐芝纶. 弹性力学: 上册[M]. 4 版. 北京: 高等教育出版社, 2006.

[3] 何春生. 连续油管低周疲劳寿命预测及屈曲分析方法研究[D]. 大庆: 东北石油大学, 2014.

[4] 国家质量监督检验检疫总局, 中国国家标准化管理委员会. GB/T 21143—2014, 金属材料准静态断裂韧度统一试验方法[S]. 北京: 中国标准出版社, 2015.

[5] Zhao G, Li J, Zhang Y X, et al. An inverse analysis-based optimal selection of cohesive zone model for metallic materials[J]. International Journal of Applied Mechanics, 2018, 10(02): 1850015.

[6] 马廷霞, 潘玉林, 黄文, 等. 含等壁厚体积型缺陷油气管道的剩余强度评价[J]. 材料保护, 2020, 53(5): 34-41.

[7] 周浩. 含缺陷连续管疲劳失效机理研究[D]. 荆州: 长江大学, 2020.

[8] Bhardwaj U, Teixeira A P, Guedes S C. Failure assessment of corroded ultra-high strength pipelines under combined axial tensile loads and internal pressure[J]. Ocean Engineering, 2022, 257: 111438.

[9] 帅健, 张春娥, 陈福来. 非线性有限元法用于腐蚀管道失效压力预测[J]. 石油学报, 2008(6): 933-937.

[10] Al-Owaisi S, Becker A A, Sun W, et al. An experimental investigation of the effect of defect shape and orientation on the burst pressure of pressurised pipes[J]. Engineering Failure Analysis, 2018, 93: 200-213.

[11] 吴远灯, 刘少胡, 马卫国. 基于 GRA-PSO-BP 的连续管疲劳寿命预测研究[J]. 中国安全生产科学技术, 2023, 19(6): 135-142.

[12] Liu S H, Xiao H, Guan F, et al. Coiled tubing failure analysis and ultimate bearing capacity under multi-group load[J]. Engineering Failure Analysis, 2017, 79: 803-811.

[13] Liu S H, Guan F, Wu X J, et al. Theoretical and experimental research of bearing capacity and fatigue life for coiled tubing under internal pressure[J]. Engineering Failure Analysis, 2019, 104: 1133-1142.

[14] ASME B31 Committee. ASME B31G-1991 Manual for determining the remaining strength of corroded pipelines[S]. New York: American Society of Mechanical Engineers, 1991.

[15] DNV RP-F10l. Recommended practice for corroded pipelines[S]. Oslo: Det Norske Veritas, 2010.

[16] 肖国清, 冯明洋, 张华兵, 等. 含腐蚀缺陷的 X80 高钢级管道失效评估研究[J]. 中国安全生产科学技术, 2015, 11(6): 126-131.

[17] Haotian L, Kun H, Qin Z, et al. Residual strength assessment and residual life prediction of corroded pipelines: a decade review[J]. Energies, 2022, 15(3): 726.

第 10 章 基于数据驱动的连续管安全评定

随着页岩气、煤层气等非常规油气大规模的开采，连续管得到了更为广泛的应用，但连续管出现失效问题越来越严重。连续管完成一趟作业至少发生 6 次弯曲-拉直塑性大变形，屈服强度下降 5%～10%，这不可避免地使连续管产生"低周疲劳损伤"[1,2]。现场调研发现，连续管正常下井作业 30～40 次，而有的仅 10 次左右就失效了，直接影响连续管作业效率和作业成本。

本章引用卡普兰-梅尔(Kaplan-Meier)单因素分析方法和考克斯(Cox)比例风险模型研究连续管累积生存率和服役风险，并提出管理策略；利用粒子群优化的 BP 神经网络(PSO-BP)算法预测连续管的疲劳寿命；采用灰色关联法(GRA)分析连续管直径、壁厚、弯曲半径和内压等 4 种参数对连续管疲劳寿命的影响程度，并将 PSO-BP 算法预测结果与多种机器学习模型的预测结果进行对比。研究结果可为连续管的疲劳安全评定提供借鉴，对保障连续管安全作业具有深远意义。

10.1 基于 Cox 的连续管安全评定

10.1.1 连续管生存分析模型构建

连续管疲劳失效的发生，与管材本身属性、作业环境、制造因素等有关。为了更好地探索影响连续管疲劳寿命的因素，首先采用 Kaplan-Meier 单因素分析方法对连续管服役疲劳的生存时间进行描述，其次借助 Cox 比例风险模型对连续管服役的有效时间进行多因素分析。

1. Kaplan-Meier 单因素分析法

1958 年英国科学家 Kaplan 和 Meier 提出一种非参数的生存分析方法，即 Kaplan-Meier 方法(简称 K-M 方法)[3]。利用该方法将连续管服役寿命按照从小到大顺序排列，并计算连续管每个失效点上对应的失效数、失效概率以及有效率。并通过对数秩(Log-rank)检验分析单因素下连续管服役时的生存曲线分布情况。其计算模型为

$$\hat{S}(t_j) = \prod_{i=1}^{j} \hat{P}r(T > t_i | \ T \geq t_i) \tag{10.1}$$

式中，$\hat{S}(t_j)$ 为连续管疲劳寿命为 t_j 时的生存函数；t_j 为连续管服役寿命按照从小到大顺序排列后的第 j 个值；$\hat{P}r(T > t_i | \ T \geq t_i)$ 为连续管服役寿命达到 t_j 且大于 t_i 的概率。

以连续管服役寿命 t 为横坐标，生存函数 $\hat{S}(t_j)$ 为纵坐标，可以得到连续管 K-M 生存

曲线。对数秩(log-rank)检验单因素下连续管服役时的生存曲线分布情况,其零假设为 K-M 生存曲线之间不存在显著性差异,log-rank 检验的计算模型为

$$x^2 = \sum_i \frac{(O_i - E_i)^2}{E_i} \tag{10.2}$$

式中,O_i 为第 i 组数据的观察值;E_i 为第 i 组数据的期望值。

2. Cox 比例风险模型

1972 年英国统计学家 David Roxbee Cox 提出了 Cox 比例风险模型,该模型是生存分析方法中的一种半参数回归模型。该模型被广泛应用在医学、生物学、社会学以及经济学等领域,近几年在驾驶人员反应延迟时间生存分析与交通设施需求评估[4,5]、电缆寿命风险评估[6]以及油气输送管道腐蚀环境下生存分析[7]等工程学领域进行了探索性应用,并获得了有价值的结论。因此,在上述研究的启发下,创新性地使用该模型对连续管疲劳寿命进行风险评价。本小节采用 Cox 比例风险模型来研究连续管有效生存时间的影响因素,假定连续管在作业过程中面临的生存风险都可能导致"失效"事件,模型的基本表达式为

$$\lambda(t, X) = \lambda_0(t) \exp(\beta_1 X_1 + \beta_2 X_2 + \cdots + \beta_n X_n) \tag{10.3}$$

式中,$\lambda(t, X)$ 为风险概率函数,即连续管的影响因素 X 在时刻 t 发生失效的概率;X 为影响连续管疲劳失效的各种风险因素,即 $X = (X_1, X_2, \cdots, X_n)$ 是 X_i 的协变量集合;$\lambda_0(t)$ 为基准风险函数,是指当 X 的取值均为 0 时,连续管在 t 时刻的基准风险函数;$\beta_1, \beta_2, \cdots, \beta_n$ 为函数的偏回归系数。

将式(10.3)两边取对数,可得

$$\ln \lambda(t, X) = \ln \lambda_0(t) + \beta_1 X_1 + \beta_2 X_2 + \cdots + \beta_n X_n \tag{10.4}$$

式(10.4)模型的线性形式为

$$\ln \left[\frac{\lambda(t)}{\lambda_0(t)} \right] = \beta_1 X_1 + \beta_2 X_2 + \cdots + \beta_n X_n = \sum_{i=1}^{n} \beta_i X_i \tag{10.5}$$

式(10.5)两边取指数,可以得到实际风险函数和基准风险函数之间的比率,称为相对危险(H_R),其形式为

$$H_R = \frac{\lambda(t)}{\lambda_0(t)} = \exp \left(\sum_{i=1}^{n} \beta_i x_i \right) \tag{10.6}$$

由式(10.6)可得,相对危险(H_R)与基准风险函数 $h_0(t)$、时间 t 无关,这是使用 Cox 比例风险模型必须满足的前提,即满足比例风险(PH)假设。

10.1.2　连续管生存分析时数据处理

1. 数据说明与描述性统计

1)数据说明

进行生存分析的样本包括 6 个因素,分别为连续管直径(OD)、壁厚(WT)、弯曲半径

（BR）、内压（Pr）、腐蚀环境（CR）和焊接方式（WD），如表 10.1 所示。根据样本量和对疲劳寿命的影响程度，连续管直径有 6 种，壁厚共有 11 种，弯曲半径有 7 种，内压为连续变量，腐蚀环境为无腐蚀、弱酸性环境和 H_2S 环境，焊接方式主要有无焊缝、斜接焊缝和直焊缝。本试验共计 500 组试样[7-9]，如表 10.2 所示。

为使分析更简单和明了，依据删除概率小于 0.05 的小概率数据原则[10]，连续管弯直疲劳次数超过 500 次的样本认为是长寿命管且为小概率事件，故剔除后最终参与模型分析的样本为 399 组。

由于直径、壁厚分变量较多，为便于快速计算和分析，对这两个因素进行分类，如表 10.1 所示，根据样本量的分布特征，将直径小于 50.80mm 的归为第 1 组哑变量，将直径为 50.80mm 的归为第 2 组哑变量，其余为第 3 组哑变量。将壁厚为 2.413～3.175mm 的归为第 1 组哑变量，将壁厚为 3.404～3.962mm 的归为第 2 组哑变量，其余为第 3 组哑变量。

表 10.1 Cox 比例风险模型中的变量定义及其说明

变量类	变量	定义	度量方法
协变量	OD	直径 X_1	分类变量：直径小于 50.80mm 时，X_1=1；直径等于 50.80mm 时，X_1=2；直径大于 50.80mm 时，X_1=3
	WT	壁厚 X_2	分类变量：2.413～3.175mm 时，X_2=1；3.404～3.962mm 时，X_2=2；4.445～5.182mm 时，X_2=3
	BR	弯曲半径 X_3	分类变量：533.4mm 时，X_3=1；1066.8mm 时，X_3=2；1219.2mm 时，X_3=3；1524.0mm 时，X_3=4；1828.8mm 时，X_3=5；2438.4mm 时，X_3=6；2590.8mm 时，X_3=7
	Pr	内压 X_4	连续变量：取对数
	CR	腐蚀环境 X_5	分类变量：无腐蚀时，X_5=1；弱酸性环境时，X_5=2；H_2S 环境时，X_5=3
	WD	焊接方式 X_6	分类变量：无焊缝，X_6=1；斜接焊缝，X_6=2；直焊缝，X_6=3
被解释变量	SW	疲劳周期数	正常为 0，失效为 1

表 10.2 连续管服役寿命影响因素描述性统计表

因素	失效次数	样本数	均值	标准差	最小值	最大值
OD	1	181				
	2	108	2.18	0.836	1	3
	3	110				
WT	1	59				
	2	145	2.34	0.722	1	3
	3	195				

因素	失效次数	样本数	均值	标准差	最小值	最大值
BR	1	118	2.69	14.260	1	7
	2	81				
	3	75				
	4	56				
	5	58				
	6	3				
	7	8				
Pr		399	3.514	0.450	2.34	4.14
CR	1	135	1.99	0.816	1	3
	2	134				
	3	130				
WD	1	114	2.11	0.820	1	3
	2	126				
	3	159				
样本量		399				

2）描述性统计

运用 SPSS23.0 软件对样本数据进行描述性统计，影响连续管各因素的最大值、最小值、均值和标准差结果见表 10.2。

样本的基本特征分析如下：

（1）整个连续管样本中疲劳弯直次数平均为 60.67 次，有效次数最小值为 1.10 次，最大值为 443.50 次，通过数据分析可知大部分连续管有效次数均小于 200 次，即"失效"事件主要集中在连续管有效弯直次数在 200 次以内，这与现场统计的结果是一致的[11]。

（2）壁厚为 4.445～5.182mm 样本数占总数的 48.9%，壁厚为 2.413～3.175mm 样本数仅占总数的 14.8%。

（3）弯曲半径小于等于 1828.8mm 的样本数占总数的 99.98%，弯曲半径为 2438.4mm 和 2590.8mm 样本数仅占 0.02%。

（4）内压对数的平均数为 3.514，最小值为 2.34，最大值为 4.14。

（5）腐蚀和焊接哑变量的样本数分布较均匀。

2. 共线性检验和 PH 假定检验

为了提高计量回归分析准确性，采用 Cox 比例风险模型分析多个因素与连续管疲劳风险函数 $\lambda(t)$ 之间的定量关系前，需要检验指标之间是否存在多重共线及是否满足 PH 假定问题[12]。

1）共线性检验

采用容忍度 TOL_i 和方差膨胀因子 VIF_i 来评判连续管影响因素的各个指标是否存在

多重共线性。本章以内压为因变量，其余指数为自变量。其公式如式(10.7)所示。

$$\text{VIF}_i = \frac{1}{1-R_i^2} = \frac{1}{\text{TOL}_i} \tag{10.7}$$

式中，R_i^2 为拟合优度的算术平方根，即可决系数。

判断方法为：当某指标的方差膨胀因子 $\text{VIF}_i > 10$ 或者容忍度 $\text{TOL}_i < 10$ 时，表明指标间有较强的共线性关系，该指标应删除。

从表 10.3 可知，各自变量方差膨胀因子 VIF_i 均小于 10，容忍度 TOL_i 小于 10 大于 0.1，没有需要删除的指标，变量间共线性风险小，这为接下来的计量回归分析提供了一个依据。

表 10.3　共线性检验结果

变量	共线性统计	
	容忍度	方差膨胀因子
OD	0.796	1.256
WT	0.809	1.235
BR	0.963	1.039
CR	0.998	1.002
WD	0.994	1.007

2) PH 假设检验

本节采用 PH 假设检验方法中的时协变量检验法[13]，在 Cox 比例风险模型中添加协变量与时间的交互作用项，即 $X \times g(t)$。在式(10.3)的基础上，增加包含时间交互项扩展的 Cox 模型，公式为

$$\lambda(t, X) = \lambda_0(t) \exp\left[\sum_{i=1}^{n} \beta_i X_i + \delta_i X_i \times g_i(t) \right] \tag{10.8}$$

式中，$g_i(t)$ 为连续管影响因素的时间校正函数。

时协变量检验法的主要思路是：对 $\delta X \times g(t)$ 进行显著性检验，如果所有乘积项系数等于 0，即零假设：$\delta_1 = \delta_2 = \cdots = \delta_n = 0$，则满足 PH 假设；若拒绝零假设，则 PH 假设不成立。结果如表 10.4 所示，假设检验结果表明，连续管影响因素的 6 个变量显著性检验 $P \geqslant 0.05$，所有变量不随时间变化而变化，满足 PH 假设，因此可以利用 Cox 比例风险模型进行分析。

表 10.4　连续管变量 PH 假设检验结果

模型序号	因素	方差	显著性
1	OD	3.148	0.076
2	WT	1.523	0.217
3	BR	1.386	0.239
4	Pr	0.408	0.538
5	CR	3.824	0.051
6	WD	1.125	0.289

10.1.3 连续管服役风险评价

1. 敏感参数对连续管服役风险影响评价

1) 敏感参数综合分析

从图 10.1 可见，连续管弯直次数在 60 次以内，连续管累积生存率下降较快，服役寿命在 60 次以后，连续管累积生存率降低速度较缓慢，但生存率低于 0.4。腐蚀和焊接因素逐一加入后，发现连续管的生存率急剧降低，风险概率迅速增大。如表 10.5 所示，Log-rank 检验结果显示，连续管直径（OD）、壁厚（WT）、腐蚀环境（CR）、焊接方式（WD）在统计学上存在显著性差异（<0.10），弯曲半径由于样本分布问题，所以差异性不显著。因此，下文将对直径、壁厚、腐蚀环境和焊接方式四个因素进行 K-M 单因素分析。

表 10.5 连续管服役疲劳因素的分类变量 Log-rank 检验结果

因素	方差	显著性差异
OD	4.813	0.09*
BR	3.959	0.138
WT	11.134	0.084*
CR	29.486	<0.001***
WD	159.096	<0.001***

2) 不同直径下 K-M 的生存分析

文献[14]对连续管在现场的失效情况进行统计，1995～2000 年连续管疲劳失效占比为 34%，2001～2005 年连续管疲劳失效占比为 25%，由此可见连续管疲劳失效非常严重。如图 10.1(a)所示为常规因素"连续管直径、壁厚、内压和弯曲半径"下，不同直径连续管生存分析，直径小于 50.8mm 时连续管累积生存率明显比直径大于等于 50.8mm 时连续管累积生存率高，$X_2=2$ 和 $X_2=3$ 的累积生存率基本相同。在疲劳寿命 200 次时，$X_1=1$、$X_1=2$ 和 $X_1=3$ 累积生存率分别为 0.4、0.25 和 0.29。如图 10.1(b)所示，在常规环境中考虑腐蚀

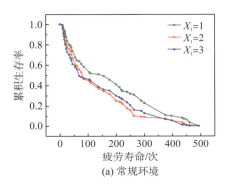

(a) 常规环境

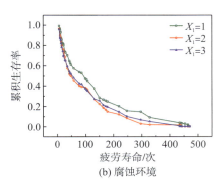

(b) 腐蚀环境

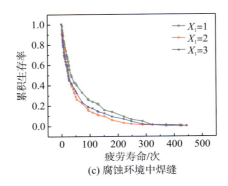

(c) 腐蚀环境中焊缝

图 10.1　不同直径下 K-M 的生存曲线

因素后，在疲劳寿命 200 次时，$X_1=1$、$X_1=2$ 和 $X_1=3$ 累积生存率分别为 0.23、0.13 和 0.17，分别下降了 42.5%、48.0%和 41.4%。如图 10.1(c)所示，在腐蚀环境下焊缝处的累积生存率下降更为迅速，在疲劳寿命 200 次时，$X_1=1$、$X_1=2$ 和 $X_1=3$ 累积生存率分别为 0.12、0.03 和 0.08，比图 10.1(b)环境分别下降了 47.8%、76.9%和 52.9%。综上可知，小管径连续管使用风险相对较低，在速度管柱、气举作业中推荐使用小管径连续管，大管径连续管在钻塞、钻井作业中使用是可行的，但是在含有 CO_2 的弱酸性环境下使用需要定期检测。

　　3) 不同壁厚下 K-M 的生存分析

　　由图 10.2(a)可知，$X_2=1$ 的累积生存率大于 $X_2=2$ 和 $X_2=3$ 时的累积生存率，$X_2=2$ 和 $X_2=3$ 的累积生存率基本相同。在疲劳寿命 200 次时，$X_2=1$、$X_2=2$ 和 $X_2=3$ 的累积生存率分别为 0.389、0.30 和 0.29。如图 10.2(b)所示，在疲劳寿命 200 次时，$X_2=1$、$X_2=2$ 和 $X_2=3$ 的累积生存率分别为 0.25、0.175 和 0.155，分别下降了 35.7%、41.7%和 46.6%。如图 10.2(c)所示，在疲劳寿命 200 次时，$X_2=1$、$X_2=2$ 和 $X_2=3$ 的累积生存率分别为 0.135、0.08 和 0.06，比图 10.2(b)环境分别下降了 46.0%、54.3%和 61.3%。与图 10.1 分析结果类似，在腐蚀环境中连续管累积生存率下降非常快，尤其是焊缝处的累积生存率下降更快。为了提高服役寿命，建议在气举、速度管柱作业中使用壁厚较薄的连续管，但是为了确保作业安全，在钻井、钻塞、压裂等高载荷作业中使用厚壁连续管。不推荐在 H_2S 等强腐蚀环境中使用连续管作业。

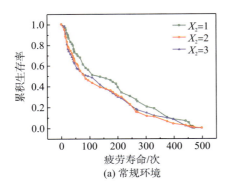

(a) 常规环境

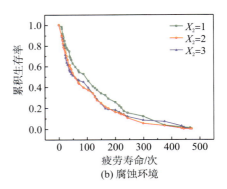

(b) 腐蚀环境

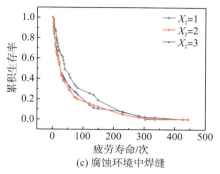

(c) 腐蚀环境中焊缝

图 10.2　不同壁厚下 K-M 的生存曲线

4) 腐蚀和焊缝 K-M 的生存分析

现场统计结果显示，1995～2000 年连续管腐蚀失效和焊接失效占比分别为 28%和 14%，2001～2005 年连续管腐蚀失效和焊接失效占比分别为 25%和 6%[15]，由此看出非常有必要分析腐蚀环境下焊缝的生存率。如图 10.3(a) 和图 10.3(b) 所示，$X_5=1$ 的累积生存率高于 $X_5=2$、$X_5=3$ 的累积生存率。腐蚀环境下，连续管本体在疲劳寿命 200 次时，$X_5=1$、$X_5=2$ 和 $X_5=3$ 的累积生存率分别为 0.348、0.145、0.036。如图 10.3(b) 所示，腐蚀环境中焊缝累积生存率急速下降，在疲劳寿命为 200 次时，累积生存率为 0，连续管失效。从图 10.3(c) 可以看出，焊接方式对连续管疲劳寿命影响很大，直焊缝累积生存率最低，当疲劳寿命为 93 次时，$X_6=3$ 的累积生存率已趋于 0。因此，连续管尽量选取斜接焊缝进行焊接，在气举、速度管柱等起下不频繁的作业中可以使用直焊缝。

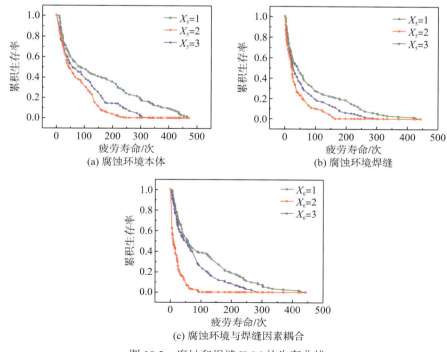

(a) 腐蚀环境本体　　　　　　　　　　(b) 腐蚀环境焊缝

(c) 腐蚀环境与焊缝因素耦合

图 10.3　腐蚀和焊缝 K-M 的生存曲线

2. 耦合因素对连续管服役风险影响评价

1) 三种模型 Cox 比例风险回归分析

在 Cox 比例风险回归结果中，同时报告了风险率 HR 和回归系数 β。风险率表示其他协变量不变的情况下，该协变量每变动一个单位，因变量发生概率的变化量。而回归系数则是对应风险率的自然对数，反映了协变量的影响程度。模型 I 只考虑了常规影响因素，模型 II 在常规影响因素基础上增加了腐蚀因素，模型III在模型 II 基础上增加了焊接因素。如表 10.6 所示，在三种模型中，壁厚的回归系数均为负数，连续管服役中属于保护因素，其余指标为危险因素。其中，对连续管服役寿命的影响效应从大到小依次为焊接方式、腐蚀环境、直径、内压、壁厚、弯曲半径。在模型 I 中直径＞50.80mm 风险率是直径＜50.80mm 风险率的 1.484 倍（95% CI:1.058～2.082）；弯曲半径越大，连续管服役寿命的风险率越低，弯曲半径为 1219.2mm 风险率是弯曲半径为 533.4mm 风险率的 0.612 倍（95% CI:0.448～0.836）；内压每增加一个单位，连续管服役风险率将增加 0.118 倍（95% CI:0.846～1.477）。

为了进一步探讨腐蚀环境对连续管服役寿命的影响情况，模型 II 中考虑了无腐蚀、弱酸性环境和 H_2S 环境三种情况。分析结果显示，H_2S 环境的腐蚀风险率分别是无腐蚀、弱酸性环境风险率的 2.509 倍（95% CI:1.906～3.303）和 1.770 倍（95% CI:1.361～2.361）。表明腐蚀环境对连续管服役寿命影响非常大。同时，模型 II 的似然比指数（Loglikelihood）比模型 I 有所优化，说明模型 II 的拟合状况更优。为了进一步探讨不同焊接方式对连续管服役寿命的影响，模型III中纳入了焊接变量，包含无焊缝、斜接焊缝和直焊缝三种方式。结果表明斜接焊缝的风险率是无焊缝的 1.673 倍（95% CI:1.272～2.200），直焊缝的风险率是无焊缝的 5.595 倍（95% CI:4.167～7.431）。由此得出焊接方式对连续管服役寿命的影响十分显著，同时得出模型III的似然比指数比模型 II 有所优化，说明模型III的拟合状况最佳。

表 10.6　Cox 比例风险回归结果

因素		模型 I		模型 II		模型III	
		风险率 HR（95% CI）	β	风险率 HR（95% CI）	β	风险率 HR（95% CI）	β
OD	1	1.00	—	1.00	—	1.00	—
	2	1.495（1.066，2.098）**	0.402	1.512（1.065，2.147）**	0.413	1.423（1.002，2.021）**	0.352
	3	1.484（1.058，2.082）**	0.395	1.451（1.031，2.041）**	0.372	1.386（0.986，1.949）**	0.327
WT	1	1.00	—	1.00	—	1.00	—
	2	0.991（0.676，1.452）	−0.009	0.946（0.641，1.395）	−0.056	0.942（0.638，1.390）	−0.060
	3	0.972（0.655，1.440）	−0.029	0.957（0.643，1.425）	−0.044	0.904（0.605，1.351）	−0.101
BR	1	1.00	—	1.00	—	1.00	—
	2	0.900（0.660，1.228）	−0.105	0.936（0.686，1.278）	−0.066	1.000（0.732，1.367）	0.000
	3	0.612（0.448，0.836）***	−0.491	0.663（0.487，0.903）***	−0.411	0.747（0.550，1.014）*	−0.292
	4	0.666（0.474，0.934）**	−0.407	0.685（0.488，0.962）**	−0.378	0.722（0.512，1.016）*	−0.326
	5	0.827（0.602，1.136）	−0.190	0.820（0.596，1.126）	−0.199	0.857（0.623，1.178）	−0.154
	6	1.160（0.361，3.725）	0.148	1.021（0.316，3.301）	0.021	1.113（0.343，3.605）	0.107
	7	0.565（0.270，1.182）	−0.571	0.583（0.277，1.227）	−0.539	0.651（0.309，1.374）	−0.429

续表

因素		模型 I		模型 II		模型III	
		风险率 HR (95% CI)	β	风险率 HR (95% CI)	β	风险率 HR (95% CI)	β
Pr		1.118(0.846，1.477)	0.111	1.148(0.866，1.523)	0.138	1.042(0.788，1.378)	0.041
CR	1	—	—	1.00	—	1.00	—
	2	—	—	1.770(1.361，2.361)***	0.571	1.650(1.278，2.130)***	0.501
	3	—	—	2.509(1.906，3.303)***	0.920	2.262(1.735，2.951)***	0.816
WD	1	—	—	—	—	1.00	—
	2	—	—	—	—	1.673(1.272，2.200)***	0.514
	3	—	—	—	—	5.595(4.167，7.431)***	1.722
Loglikelihood		3966.070		3921.984		3798.479	

注：***-$p<0.01$；**-$p<0.05$；*-$p<0.10$。

2）模型可行性验证

连续管疲劳寿命累积降低率与 Cox 模型分析连续管疲劳寿命累积生存率是相似的。为验证模型的可行性，利用文献[16]中由实验和理论研究获得的疲劳寿命累积降低率与 Cox 模型计算的累积生存率进行对比。由图 10.4 可知，随着疲劳寿命次数的增加，连续管疲劳寿命累积降低率与 Cox 模型累积生存率下降趋势是一致的。对比两者计算结果可知，在疲劳寿命 100 次时误差最大，其最大误差为 25%，其余结果对比误差均小于 25%。造成误差的主要原因为 Cox 模型计算结果是在大量的实验结果分析基础上获得的，结果更加准确，且该误差范围在工程中是允许的，由此证实 Cox 模型是可行的。

3）三种模型累积生存分析

由图 10.5 可知，三种模型的累积生存率随着疲劳寿命的增加迅速降低，腐蚀环境和焊缝的累积生存率下降更为迅速。为了连续管全寿命安全使用，对连续管在常规因素下的服役寿命进行四级评价，基于对连续管累积生存率的分析和现场连续管失效统计结果[11,14]，提出了四级评价准则。当连续管累积生存率大于等于 0.6 时，连续管的疲劳寿命约为 60 次，此时需要进行"初级评价"。当累积生存率小于 0.6 大于等于 0.3 时，连续管疲劳寿命在 60～220 次之间，此时连续管出现损伤和失效的概率较大，需要对连续管进行"精细评价"。当累积生存率小于 0.3 大于等于 0.1 时，连续管疲劳寿命在 220～350 次之间，属于高危作业，为了更大限度发挥连续管服役寿命，钻磨作业或者钻井作业的连续管需要降低使用载荷，根据评定结果选择继续在速度管柱或者气举等作业中使用，还是报废，该阶段为"降级使用"。当累积生存率小于 0.1 时，连续管随时有可能发生失效，建议该阶段进行"直接报废"。

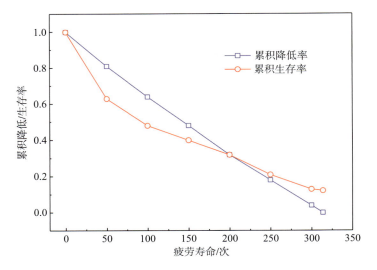

图 10.4 连续管 Cox 模型累积生存率与累积降低率对比

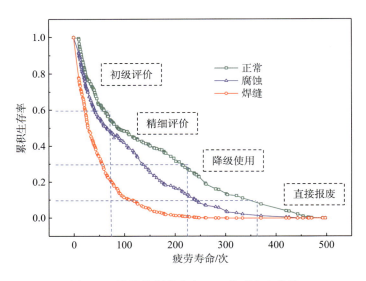

图 10.5 连续管服役寿命 Cox 模型生存曲线

由图 10.5 可知,在腐蚀环境下,连续管累积生存率为 0.1 时,疲劳寿命约为 240 次,相比常规环境下疲劳寿命降了约 31%,焊缝在腐蚀环境下疲劳寿命为 100 次时累积生存率接近 0,处于失效状态。由此可以看出,连续管在腐蚀环境和焊缝条件下累积生存率下降非常快,而且腐蚀环境比较复杂、焊缝制造工艺多样化,建议加大对腐蚀环境和带焊缝的连续管安全评定研究,力争提出符合该因素的评价准则。

10.2　基于机器学习的疲劳寿命研究

10.2.1　机器学习预测疲劳寿命方法简介

1. BP 神经网络模型

人工神经网络在处理复杂线性和非线性关系问题上性能较优，其中，BP 神经网络是目前应用比较广泛的多层前馈神经网络[17,18]。在网络结构合理、权值适当情况下，BP 神经网络能够以任意精度逼近任何连续性非线性函数[19,20]。

采用 BP 神经网络预测，需要确定隐含层数及其节点数。隐含层节点数采用经验公式计算，并根据训练集的均方误差(归一化后)最小值来确定隐含层节点数[21]。经验公式如式(10.9)所示。

$$l = \sqrt{m+n} + a \tag{10.9}$$

式中，l 为隐含层节点个数；m 为输入层节点个数；n 为输出层节点个数；a 取 $1\sim10$ 的整数。

隐含层神经元 Y_j 将激活后的输出信号传递给输出层的所有神经元 Z_k，输出层单元将该信号进行加权求和并应用于激活函数，如式(10.10)所示。

$$Z_k = f_\varphi(\sum_{i=1} W_{jk} \cdot Y_j - \gamma_k) \tag{10.10}$$

式中，W_{jk} 为隐含层单元 Y_j 与输出层单元 Z_k 之间的权值；γ_k 为输出层神经元 Z_k 的阈值；f_φ 为输出层神经元的激活函数，通常选用的是 sigmoid 函数，即 $f(t) = 1/(1+\mathrm{e}^{-t})$。

2. PSO-BP 模型

BP 神经网络具有较强的非线性映射能力，但通常会陷入局部最优解，使预测准确度降低。PSO-BP 模型利用 PSO 算法的全局寻优能力，在其求解空间内搜索 BP 模型的最优权值和阈值[22,23]。PSO-BP 模型构建主要包括样本数据预处理、PSO 参数寻优、BP 网络训练三个部分，具体流程如图 10.6 所示。

粒子位置的优劣由适应度函数确定，本节选择模型输出值与期望值的误差作为适应度函数。适应度值越小，表明模型越准确，适应度函数如式(10.11)所示。

$$\mathrm{error} = \frac{1}{n}\sum_{i=1}^{n}(\hat{y}_i - y_i)^2 \tag{10.11}$$

式中，error 为输出值与期望值的误差；$\hat{y}_i$ 为期望值；y_i 为模型输出值；n 为样本数量。

PSO 算法初始化为一群随机粒子,通过迭代获取最优解并用位置、速度表示粒子特征。假设在一个 D 维的搜索空间，第 i 个粒子用 $x_i = (x_{i1}, x_{i2}, \cdots, x_{iD})$ 表示；第 i 个粒子速度表示为 $v_i = (v_{i1}, v_{i2}, \cdots, v_{iD})$；第 i 个粒子的最优位置即个体极值表示为 $p_{\mathrm{best}} = (p_{i1}, p_{i2}, \cdots, p_{iD})$；全局极值为 $g_{\mathrm{best}} = (p_{g1}, p_{g2}, \cdots, p_{gD})$。在每次迭代中，每个粒子通过寻找个体极值 p_{best} 和全局

极值 g_{best} 更新粒子的速度和位置，如式(10.12)所示。

$$\begin{cases} v_{iD} = \omega \times v_{iD} + c_1 r_1 (p_{iD} - x_{iD}) + c_2 r_2 (p_{gD} - x_{iD}) \\ x_{iD} = x_{iD} + v_{iD} \end{cases} \tag{10.12}$$

式中，v_{iD} 为第 i 个粒子的速度；x_{iD} 为第 i 个粒子的位置；ω 为惯性权值；c_1, c_2 均为加速常数；r_1, r_2 均为 $[0,1]$ 内的均匀随机数。

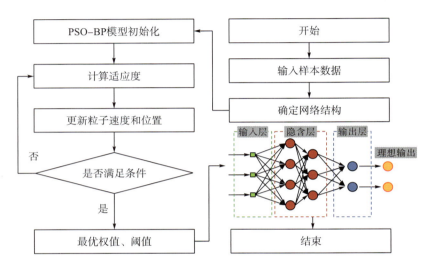

图 10.6 PSO-BP 模型构建流程

本书粒子群速度范围为 $[-1,1]$，位置范围为 $[-5,5]$。PSO-BP 模型结构参数如表 10.7 所示。

表 10.7 PSO-BP 模型结构参数

模型	基本单元	参数
BP	学习速率	0.01
	最大训练步数	100
	隐含层激活函数	tansig
	输出层激活函数	tansig
PSO	最大进化次数	40
	种群规模	1
	加速常数 c_1 和 c_2	$c_1 = c_2 = 1.5$
	速度范围	$[-1,1]$
	位置范围	$[-5,5]$

3. 灰色关联法(GRA)

连续管疲劳寿命的影响因素较多，本节采用灰色关联法对多个影响因素进行分析，根据各参数变化趋势相异或相同程度判别各参数间关联强弱[24]。由于参数量纲不一致，在进行灰色关联分析之前，采用均值法对数据进行无量纲化处理，如式(10.13)所示。

$$x_i(k) = \frac{X_i(k)}{\overline{X_i}} \tag{10.13}$$

式中，$x_i(k)$ 为第 i 个特征中第 k 个无量纲化处理后的样本；$\overline{X_i}$ 为第 i 个特征的均值；$X_i(k)$ 为第 i 个特征中的第 k 个样本。

灰色关联系数表示理想值与归一化后数值的关联程度，如式(10.14)所示。

$$\xi_i = \frac{\min\limits_{i}\min\limits_{k}|y(k)-x_i(k)| + \rho \max\limits_{i}\max\limits_{k}|y(k)-x_i(k)|}{|y(k)-x_i(k)| + \rho \max\limits_{i}\max\limits_{k}|y(k)-x_i(k)|} \tag{10.14}$$

式中，ξ_i 为关联系数；$\min\limits_{i}\min\limits_{k}|y(k)-x_i(k)|$、$\max\limits_{i}\max\limits_{k}|y(k)-x_i(k)|$ 分别为两级最小差和两级最大差；ρ 为分辨系数，取值为 0.5。

关联系数是比较数列中每个数值与参考数列对应数值的关联程度，数据过于分散，不利于进行整体性比较。因此，需要将每个时刻的关联系数取平均值，整合为 1 个值即关联度，以作为比较数列与参考数列的关联程度指标，如式(10.15)所示。

$$r_i = \frac{1}{n}\sum_{i=1}^{n}\xi_i(k), \quad k=1,2,\cdots,n \tag{10.15}$$

式中，r_i 为第 i 个特征的关联度。

10.2.2　寿命预测方法选取与结果验证

1. 数据选取及预处理

本章数据选取 4 种型号连续管的疲劳试验统计结果，连续管编号分别为 CT1-110、CT2-110、CT3-110 和 CT4-110，试验参数包括连续管直径、壁厚、弯曲半径、内压以及失效时的循环次数(疲劳寿命)，每种型号各含有 310 组数据，试验条件均一致。将连续管直径、壁厚、弯曲半径和内压作为输入特征，连续管疲劳寿命作为输出特征。其中，CT1-110连续管的疲劳试验数据如表 10.8 所示。

表 10.8　CT1-110 连续管的疲劳试验数据

序号	直径/mm	壁厚/mm	弯曲半径/mm	内压/MPa	疲劳寿命/次
1	31.750	2.413	813	4	462
2	31.750	2.413	813	11	369
3	31.750	2.413	813	35	135
			⋮		
308	73.025	4.826	1067	29	36
309	73.025	4.826	1067	46	12
310	73.025	4.826	1067	58	3

为使试验结果更准确，首先对试验数据进行归一化处理，如式(10.16)所示。

$$x_i' = a\frac{x_i - x_{\min}}{x_{\max} - x_{\min}} + b \tag{10.16}$$

式中，x_i' 为归一化后的数值；$x_{\min}, x_{\max}$ 分别为所有训练和测试数据的最小值和最大值；a, b 均为比例因子，本节中 $a = 1$，$b = 0$。

2. 预测结果分析

将 4 种型号连续管的疲劳试验数据进行均值化处理，连续管的疲劳寿命设为参考数列，连续管直径、壁厚、弯曲半径和内压设为比较数列，分别计算各影响因素与连续管疲劳寿命的灰色关联度，结果如图 10.7 所示。由图 10.7 可知，弯曲半径对连续管疲劳寿命的影响最大，直径和壁厚对连续管疲劳寿命的影响次之，内压对连续管疲劳寿命的影响最小。在实际中，连续管疲劳产生的主要原因是循环反复的弯曲矫直变形，弯曲半径过小则极易使连续管产生严重塑性变形，使其疲劳性能大幅降低。

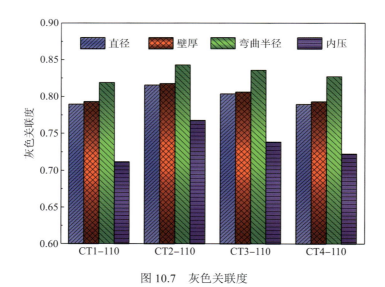

图 10.7 灰色关联度

将 4 种型号连续管疲劳试验结果中的 70% 设为训练集，剩余 30% 设为测试集，测试集不参与模型训练，对于预测模型是全新的样本数据，可以检验模型的预测和泛化性能。建立 PSO-BP 预测模型，4 种型号连续管的模型训练集和测试集预测结果如图 10.8～图 10.11 所示。从图中可看出，4 组 PSO-BP 训练集的预测值与实际值较为吻合，表明该模型的训练精度较高；4 组测试集的预测值与实际值同样较为吻合，即该模型针对全新数据仍具有较高的预测精度，说明该模型具有很好的泛化性。

为评价所建模型的准确性和有效性，采用平均绝对误差(MAE)、平均绝对百分比误差(MAPE)、均方根误差(RMSE)以及决定系数(R^2)4 种评价指标评价 PSO-BP 模型的预测性能，如式(10.17)～式(10.20)所示。

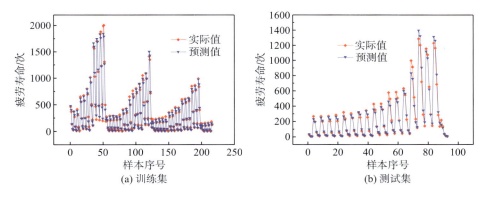

图 10.8　CT1-110 预测值与实际值对比结果

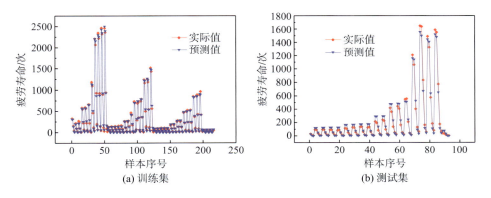

图 10.9　CT2-110 预测值与实际值对比结果

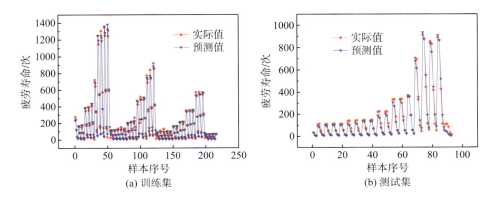

图 10.10　CT3-110 预测值与实际值对比结果

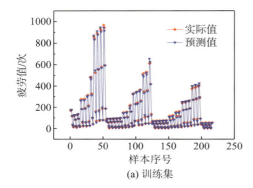
(a) 训练集

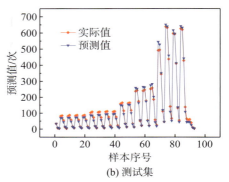
(b) 测试集

图 10.11　CT4-110 预测值与实际值对比结果

$$MAE = \frac{1}{N}\sum_{n=1}^{N}\left|O_{pred} - T_{real}\right| \tag{10.17}$$

$$MAPE = \frac{1}{N}\sum_{n=1}^{N}\frac{\left|O_{pred} - T_{real}\right|}{\left|T_{real}\right|} \times 100\% \tag{10.18}$$

$$RMSE = \sqrt{\frac{1}{N}\sum_{n=1}^{N}\left(O_{pred} - T_{real}\right)^2} \tag{10.19}$$

$$R^2 = 1 - \frac{\sum_{n=1}^{N}\left(O_{pred} - T_{real}\right)^2}{\sum_{n=1}^{N}\left(T_{real} - O_{avg}\right)^2} \tag{10.20}$$

式中，O_{pred} 为预测输出值；T_{real} 为样本实际值；T_{avg} 为预测输出平均值；N 为样本总数。

根据归一化处理后的数据集进行训练 PSO-BP 模型，得到各指标结果见表 10.9，其中 MAE 和 RMSE 值均较小，表明 4 种型号连续管的训练集和测试集的预测结果精度均较高，疲劳寿命的预测值与实际值相差较小，且两个数据集 R^2 均大于等于 0.980，最高可达 0.998，进一步说明 PSO-BP 模型对数据的处理能力和模型的泛化能力较强。

表 10.9　PSO-BP 模型预测结果评估

	训练集				测试集			
	MAE	MAPE	RMSE	R^2	MAE	MAPE	RMSE	R^2
CT1-110	0.008	0.148	0.013	0.996	0.014	0.161	0.022	0.998
CT2-110	0.007	0.285	0.010	0.998	0.015	0.383	0.020	0.984
CT3-110	0.011	0.320	0.018	0.992	0.016	0.400	0.024	0.980
CT4-110	0.007	0.144	0.009	0.998	0.011	0.201	0.015	0.993

10.2.3　多因素影响下疲劳寿命预测

为进一步验证 PSO-BP 模型的准确性和可靠性，将其与 BP 神经网络、Elman 神经网络、径向基函数(radial basis function，RBF)神经网络、随机森林(random forest，RF)和支持向量回归(support vector regression，SVR)5 种机器学习方法进行对比。模型数据选取 CT1-110 的试验结果，数据的 70%设为训练样本集，剩余 30%作为测试样本集，所选的 5 种模型的结构参数以取得最优预测结果为准进行设置，为保证结果的可对比性，本节建立的 PSO-BP 模型与上述 5 种模型选取的数据集保持一致。

多模型预测结果对比如图 10.12 所示。由图 10.12(a)可知，RF 模型的预测结果大部分位于 1.5 倍误差带范围以内，但在低寿命预测区间范围内，RF 模型的部分预测结果位于 2 倍误差带之外，其他 5 种模型的预测结果基本分布于 1.5 倍误差带范围内，由此可知，RF 模型的训练精度低于其余 5 种模型；此外，PSO-BP 模型的训练集预测结果分布在中值线附近且分布较为稳定，表明该模型训练精度较高。由图 10.12(b)可知，RBF 模型的预测结果大部分位于 1.5 倍误差带范围以外，小部分结果分布于 3 倍误差带范围以外，因此，RBF 模型对新数据的泛化性能最差；RF 模型的预测结果略微优于 RBF 模型；PSO-BP 模型的预测结果均分布在 1.5 倍误差带范围以内，预测结果优于其余 5 种模型，因此可知，PSO-BP 模型对新数据的处理能力最强且泛化性最高。

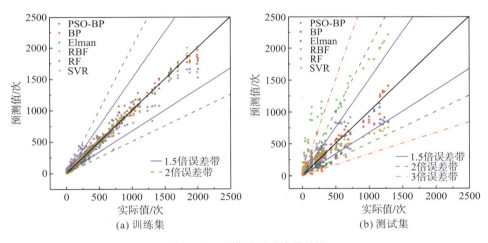

图 10.12　多模型预测结果对比

根据 6 种模型预测结果，归一化运算后得到各模型的评价指标，如表 10.10 所示。在训练集样本中，RF、Elman 模型的 MAE 和 RMSE 值均高于其余 4 种模型，且相关系数 R^2 也低于其余 4 种模型，表明模型的训练精度较差；RBF 模型训练集的 MAPE 值最大，表明部分结果偏离较大，但整体训练性能较好；其余 3 种模型的误差和相关系数相差较小，表明模型训练精度较高。在测试集样本中，PSO-BP 和 BP 模型的相关系数 R^2 大于等于 0.930，综合考虑测试集的误差、相关系数和计算时长，可得出该 2 种模型的预测性能优于其他 4 种模型；PSO-BP 模型预测值的 RMSE 为 0.022，低于 BP 网络的 0.042，说明 PSO-BP 模型的预测值变化较为平缓；PSO-BP 模型预测值的平均绝对误差 MAE 为 0.014，低于 BP 模型的 0.029，说明 PSO-BP 模型的离散程度较小；PSO-BP 模型预测值的 MAPE 为 0.161，低于 BP 的 0.571，说明 PSO-BP 模型的预测值与实际值偏离误差更小。

表 10.10　多模型预测性能评估

模型	训练集				测试集				时长/s
	MAE	MAPE	RMSE	R^2	MAE	MAPE	RMSE	R^2	
PSO-BP	0.008	0.148	0.013	0.996	0.014	0.161	0.022	0.998	2.63
BP	0.0003	0.204	0.018	0.993	0.029	0.571	0.042	0.930	0.51
Elman	0.025	0.288	0.035	0.971	0.018	0.470	0.063	0.844	138.82
RBF	0.006	0.546	0.008	0.998	0.155	0.593	0.213	0.783	0.32
RF	0.028	0.251	0.048	0.948	0.056	0.422	0.078	0.762	0.57
SVR	0.008	0.213	0.018	0.992	0.052	0.444	0.078	0.763	0.33

选取测试集前 15 组数据，进一步对比 PSO-BP 模型和 BP 模型的预测性能，如图 10.13 所示。由图 10.13(a)可知，PSO-BP 模型的预测值更接近于实际值，具有较好的波动性和跟随性。图 10.13(b)为 2 种模型对应同一样本的实际预测误差，PSO-BP 模型的最小误差为 0.27%，最大误差为 79.59%；BP 模型的最小误差为 3.25%，最大误差为 716.53%，因此，PSO-BP 模型的预测误差远低于 BP 模型。经过粒子群优化后的 BP 模型对数据的处理性能优于 BP 模型，且对新数据的预测性能更好。由于粒子群算法可在全局范围内搜索最优解，所以 PSO-BP 模型的计算时间大于 BP 模型。由表 10.10 可知，2 种模型处理数据时长小于 3s，因此，在不考虑短时长情况下，可以认为 PSO-BP 模型的预测性能最优。

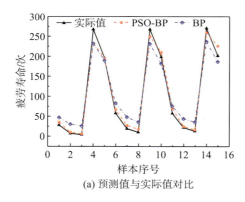

(a) 预测值与实际值对比

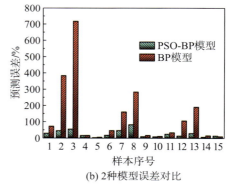

(b) 2种模型误差对比

图 10.13　PSO-BP 和 BP 模型性能对比

参 考 文 献

[1] 李根生, 宋先知, 黄中伟, 等. 连续管钻井完井技术研究进展及发展趋势[J]. 石油科学通报, 2016, 1(1): 81-90.

[2] 钟虹, 何沙, 刘少胡. 连续管全寿命安全评定与管理策略研究[J]. 西南石油大学学报(自然科学版), 2021, 43(2): 158-166.

[3] Kleinbaum D G, Klein M. Survival analysis: a self-learning text[M]. New York: Springer, 2012.

[4] 张彦宁, 郭忠印, 高坤, 等. 基于分层 COX 模型的跟驰反应延迟时间生存分析[J]. 交通运输系统工程与信息, 2020, 20(1): 54-60.

[5] 李林波, 高天爽, 姜屿. 基于生存分析的夜间驻留停车需求预测[J]. 东南大学学报(自然科学版), 2020, 50(1): 192-199.

[6] 王航, 付光攀, 杨斌, 等. 基于 Cox 比例风险模型的电力电缆故障影响因素分析[J]. 高电压技术, 2016, 42(8): 2442-2450.

[7] 国家质量监督检验检疫总局, 中国国家标准化管理委员会. 连续油管: GB/T 34204—2017[S]. 北京: 中国标准出版社, 2017.

[8] Reichert B, Nguyen T, Rolovic R, et al. Advancements in fatigue testing and analysis[C]//SPE/ICoTA Coiled Tubing and Well Intervention Conference and Exhibition. March 22-23, 2016. Houston, Texas, USA. SPE, 2016.

[9] API. API 16ST, Recommended Practice for Coiled Tubing Well Control Equipment Systems[S]. 2009.

[10] 陈芊. 生存分析 log-rank 检验和 Cox 回归样本含量估计研究[D]. 太原: 山西医科大学, 2009.

[11] Newman K R. Development of a new CT life tracking process[C]//SPE/ICoTA Coiled Tubing & Well Intervention Conference & Exhibition. March 26-27, 2013. The Woodlands, Texas, USA. SPE, 2013.

[12] 李强, 徐刚, 陈丽梅. 生存分析的应用误区[J]. 中国人口科学, 2019(1): 101-112, 128.

[13] 严若华, 李卫. Cox 回归模型比例风险假定的检验方法研究[J]. 中国卫生统计, 2016, 33(2): 345-349.

[14] Burgos R, Mattos R F, Bulloch S. Delivering value for tracking coiled-tubing failure statistics[C]//SPE/ICoTA Coilecd Tubing and Well Intervention Conference and Exhibition. March 20-21, 2007. The Woodlands, Texas, USA. SPE, 2007.

[15] Liu Z, Kenison M, Campbell G. A hybrid approach of coiled tubing fatigue assessment considering effects of localized damage based on magnetic flux leakage measurements[C]//SPE/ICoTA Coiled Tubing and Well Intervention Conference and Exhibition. March 22-23, 2016. Houston, Texas, USA. SPE, 2016.

[16] Nasiri S, Khosravani M R, Weinberg K. Fracture mechanics and mechanical fault detection by artificial intelligence methods: a review[J]. Engineering Failure Analysis, 2017, 81: 270-293.

[17] Han Y L. Artificial neural network technology as a method to evaluate the fatigue life of weldments with welding defects[J]. International Journal of Pressure Vessels and Piping, 1995, 63(2): 205-209.

[18] Luo H Y, Li Z N, Xiong Q W. Study on wind-induced fatigue of heliostat based on artificial neural network[J]. Journal of Wind Engineering and Industrial Aerodynamics, 2021, 217: 104750.

[19] Mortazavi S N S, Ince A. An artificial neural network modeling approach for short and long fatigue crack propagation[J]. Computational Materials Science, 2020, 185: 109962.

[20] 马磊, 陆卫东, 魏国营. 基于 GASA-BP 神经网络的煤层瓦斯含量预测方法研究[J]. 中国安全生产科学技术, 2022, 18(8): 59-65.

[21] 管志川, 胜亚楠, 许玉强, 等. 基于 PSO 优化 BP 神经网络的钻井动态风险评估方法[J]. 中国安全生产科学技术, 2017, 13(8): 5-11.

[22] 范勇, 裴勇, 杨广栋, 等. 基于改进 PSO-BP 神经网络的爆破振动速度峰值预测[J]. 振动与冲击, 2022, 41(16): 194-203, 302.

[23] 赵丽娟, 张波, 张雯. 基于改进 PSO-BP 的采煤机截割部行星架疲劳寿命分析及预测[J]. 机械强度, 2021, 43(4): 977-981.

[24] 时强胜, 张小俭, 陈巍, 等. 基于灰色关联度分析-响应面法的橡胶软模端面抛磨表面粗糙度预测[J]. 中国机械工程, 2021, 32(24): 2967-2974.